U0790027

生态学研究

城市湿地生态系统生态学

董　鸣　主编

科 学 出 版 社
北　京

内 容 简 介

本书以城市湿地生态系统为主要对象，以生态学为主视角，较广泛地涉及城市湿地生态系统的理论与应用的多个方面：从城市湿地生态系统的类型到空间格局分布特征，从城市湿地生态系统的结构到功能与服务，从城市湿地生态系统的健康、保护到恢复、修复与管理。本书收集和综述的文献为近年来城市湿地生态系统生态学的研究成果，包括我国的研究现状、进展及成就，国内外研究现状的比较，学科发展建议等。

本书可供从事生态学研究及相关领域研究或教学的研究人员、教师，以及研究生和本科生参阅，也可为生态学、环境科学和城市管理科学相关业务管理部门提供决策参考。

图书在版编目（CIP）数据

城市湿地生态系统生态学/董鸣主编. —北京：科学出版社，2018.1
（生态学研究）
ISBN 978-7-03-052852-0

Ⅰ.①城… Ⅱ.①董… Ⅲ. ①城市–沼泽化地–生态系生态学–研究
Ⅳ. ①P941.78

中国版本图书馆 CIP 数据核字(2017)第 110705 号

责任编辑：马　俊 / 责任校对：彭　涛
责任印制：赵　博 / 封面设计：刘新新

科学出版社 出版
北京东黄城根北街 16 号
邮政编码：100717
http://www.sciencep.com
北京富资园科技发展有限公司印刷
科学出版社发行　各地新华书店经销
*
2018 年 1 月第　一　版　开本：787 × 1092 1/16
2025 年 1 月第四次印刷　印张：14 3/4
字数：295 000
定价：98.00 元
（如有印装质量问题，我社负责调换）

《城市湿地生态系统生态学》编委会

主　编

董　鸣

编　委

张杭君　刘　建　吴玉环　陈　波　吴　明

王　繁　徐俊锋　李文兵　宋垚彬　潘　旭

肖　涛　王慧中　王仁卿　曾　波　卢剑波

金仁村　陈　艳

丛 书 序

生态学是当代发展最快的学科之一，其研究理论不断深入、研究领域不断扩大、研究技术手段不断更新，在推动学科研究进程的同时也在改善人类生产生活和保护环境等方面发挥着越来越重要的作用。生态学在其发展历程中，日益体现出系统性、综合性、多层次性和定量化的特点，形成了以多学科交叉为基础，以系统整合和分析并重、微观与宏观相结合的研究体系，为揭露包括人类在内的生物与生物、生物与环境之间的相互关系提供了广阔空间和必要条件。

目前，生态系统的可持续发展、生态系统管理、全球生态变化、生物多样性和生物入侵等领域的研究成为生态学研究的热点和前沿。在生态系统的理论和技术中，受损生态系统的恢复、重建和补偿机制已成为生态系统可持续发展的重要研究内容；在全球生态变化日益明显的现状下，其驱动因素和作用方式的研究备受关注；生物多样性的研究则更加重视生物多样性的功能，重视遗传、物种和生境多样性格局的自然变化和对人为干扰的反应；在生物入侵对生态系统的影响方面，注重稀有和濒危物种的保护、恢复、发展和全球变化对生物多样性影响的机制和过程。《国家中长期科学和技术发展规划纲要（2006—2020 年）》将生态脆弱区域生态系统功能的恢复重建、海洋生态与环境保护、全球环境变化监测与对策、农林生物质综合开发利用等列为生态学的重点发展方向。而生态文明、绿色生态、生态经济等成为我国当前生态学发展的重要主题。党的十八大报告把生态文明建设放在了突出的地位。如何发展环境友好型产业，降低能耗和物耗，保护和修复生态环境；如何发展循环经济和低碳技术，使经济社会发展与自然相协调，将成为未来很长时间内生态学研究的重要课题。

当前，生态学进入历史上最好的发展时期。2011 年，生态学提升为一级学科，其在国家科研战略和资源的布局中正在发生重大改变。在生态学领域中涌现出越来越多的重要科研成果。为了及时总结这些成果，科学出版社决定陆续出版一批学术质量高、创新性强的学术著作，以更好地为广大生态学领域的从业者服务，为我国的生态建设服务，《生态学研究》丛书应运而生。丛书成立了专家委员会，以协助出版社对丛书的质量进行咨询和把关。担任委员会成员的同行都是各自研究领域的领军专家或知名学者。专家委员会与出版社共同遴选出版物，主导丛书发展方向，以保证出版物的学术质量和出版质量。

我荣幸地受邀担任丛书专家委员会主任，将和委员会的同事们共同努力，与出版社紧密合作，并广泛征求生态学界朋友们的意见，争取把丛书办好。希望国内同行向丛书踊跃投稿或提出建议，共同推动生态学研究的蓬勃发展！

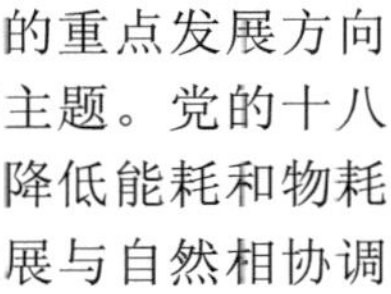

丛书专家委员会主任

2014 年春

前　言

湿地是水陆交错带（交替带），具有很强的时空变化。湿地生态系统不仅有着自己的属性和特征，而且兼有陆生生态系统和水生生态系统的一些特点。随着人类社会的进步和科技的发展，湿地所具有的独特、多重、强大的生态系统功能和生态系统服务逐渐地被揭示出来。同时，湿地面临的由自然因素和人为因素所导致的巨大威胁及其严重后果也逐渐地被人们深刻认识到。这些都使得湿地作为地球重要的生态系统类型和人类共有的宝贵生态财富引起了世界各国学术界、科技界，以及其他社会各界和政府的持续关注。

在人类历史长河里，文明的发生和发展因地域和年代的不同而各异，表现出高度的多样性。然而，人类生存和发展与湿地有着紧密联系，这却是古今中外一以贯之、概莫能外的；"逐水而居""择水而居""以水而居"和"依水而居"这样的描述在文献中历历可见。正是以湿地为基础，人类祖先聚居形成部落，进而发展出城邦和城市区域。根据发生和发展的不同，常将湿地划分为不同的类型，从而形成分类体系。

在丰富多样的湿地中，城市湿地与人类的生产和生活最为密切相关。本书从生态系统的角度，尝试将城市湿地（urban wetland）定义为：毗邻城市或位于城市之内，并与城市相互作用的湿地，其相互作用体现在生态系统组成、结构、功能和（或）服务等方面。城市湿地在类型上也是丰富多样的，不同类型的城市湿地具有不同的发生和发展规律及特征。

城市湿地生态系统拥有巨大的生态效益、环境效益、经济效益和社会效益。然而，人们在享受大自然给予的恩赐的同时，却在追求城市效率的过程中忽略了保护湿地的生态功能，致使大量的湿地在城市化进程中被蚕食和破坏。湿地退化和消失会引发洪灾隐患、水体污染、环境恶化等严重后果，从而成为社会经济发展的瓶颈，对人类社会发展产生严峻挑战。这已成为世界各地城市化过程中的通病，引起了政府部门、学术界和科技界前所未有的重视，催生并推动了旨在保护和恢复城市湿地的公众教育、制度建设和重点研发工作。在当下中国，城市湿地保护和恢复已成为生态文明建设的重要内容。

城市湿地研究是一个新兴的研究领域，广泛地涉及生态学、生物学、地理学、土壤学、环境科学、城市学等自然科学领域和社会科学领域及其交叉的众多学科。本书以城市湿地生态系统为主要对象，以生态学为主视角，较广泛地涉及城市湿地生态系统的理论与应用的多个方面：从城市湿地生态系统的类型到空间格局分布特征，从城市湿地生态系统的结构到功能与服务，从城市湿地生态系统的健康、保护到恢复、修复与管理。

全书包括十一章，即，

第一章"城市湿地的类型与分布"

第二章"城市湿地生态系统结构"

第三章"城市湿地生态系统的生物多样性"

第四章"城市湿地空间格局"

第五章"城市湿地生态系统功能"

第六章“城市湿地生态系统服务”
第七章“城市湿地生态系统健康”
第八章“城市湿地生态系统保护”
第九章“城市湿地生态系统恢复”
第十章“城市湿地生态系统修复”
第十一章“城市湿地生态系统管理”
各章编写人员分别为，
第一章：陈波、宋垚彬、董鸣
第二章：刘建、王仁卿、董鸣
第三章：吴玉环
第四章：徐俊锋、陈慧丽、胡潭高、卢剑波
第五章：潘旭、张亚琳、姜丹、余华、胡宇坤
第六章：吴明、宁潇、邵学新
第七章：肖涛、曾波、余波、宋垚彬、董鸣
第八章：王繁、王慧中
第九章：李文兵、蒋跃平、戴文红、董鸣
第十章：张杭君
第十一章：宋垚彬、陈艳、金仁村、董鸣

在本书的编写过程中，于 2016 年 6 月 4 日在杭州召开了“城市湿地生态系统生态学”研讨会，本书绝大部分作者参加了该会议。会议中，大家充分讨论、集思广益，对本书的完成起到了很好的推进作用。

李文兵和宋垚彬同我一道完成了统稿工作，余华和戴文红审读了全书文字。借此机会向各位同行在本书编写和出版过程中所给予的倾力支持和竭诚合作表示衷心的感谢！

本书的出版得到了科学出版社的大力支持，科学出版社编辑为本书的出版进行了认真的编辑加工工作，特此感谢！

鉴于国内尚未见到城市湿地生态系统生态学的专门著作，本书尝试系统地梳理和归纳已有的相关知识，抛砖引玉，期望能够为城市湿地生态系统的保护与恢复提供一定的理论参考。由于相关学科的迅速发展和编写人员能力所限，书中不妥之处在所难免，敬请广大同行批评指正。

董鸣

2017 年 3 月 13 日

目　录

第一章　城市湿地的类型与分布

第一节　引　　言

湿地是地球表面主要的生态系统之一，据估计，全球湿地总面积约为 8.56×10^8 hm^2，占世界陆地面积的 4%～6%（Mitsch & Gosselink 2000；刘兴土等 2012）。虽然湿地生态系统在全球的分布极不均匀（表 1-1）（Zedler & Kercher 2005），但在世界自然保护联盟（IUCN）、联合国环境规划署（UNEP）和世界自然基金会（WWF）等编制的《世界自然资源保护大纲》中，湿地生态系统与森林生态系统、海洋生态系统并称为全球价值最高的三大生态系统（陈宜瑜 1995；吕宪国 2004；Foti et al. 2013）。

表 1-1　全球湿地分布及其在各地区的最小估计面积（引自 Zedler & Kercher 2005）

地区	面积/（$\times10^6$ km^2）
非洲	1.21～1.24
亚洲	2.04
东欧	2.29
西欧	0.29
新热带区	4.15
北美洲	2.42
大洋洲	0.36
总计	12.76～12.79

湿地是介于水体和陆地之间的生态交错区，它既不同于陆地系统，也不同于水体系统，其形成过程、土壤类型、水文和植被等具有独有的特征，即地表积水或土壤饱和、淹水土壤、厌氧条件和适应湿生环境的动植物。地球上不同经纬度、不同海拔分布着类型各异的湿地生态系统。湿地生态系统是自然界中生物多样性最丰富和生态功能最强的生态系统之一（吕宪国 2004；Zedler & Kercher 2005；Myers et al. 2013），具有重要的生态服务功能（Costanza et al. 1997；Clarkson et al. 2013）。虽然湿地在全球面积中所占的比例不高，但其提供的生态系统服务占全球总生态系统服务的 40%左右（Zedler & Kercher 2005）。

一直以来，湿地生态系统为人类的生产和生活提供了丰富多样的资源，是人类重要的生存环境，被誉为“地球之肾”。然而随着经济发展（Verhoeven et al. 2010；闫长平和马延吉 2010；Myers et al. 2013；周梦瑶等 2015）、城市化过程（潮洛蒙和俞孔坚 2003；Faulkner 2004；孙广友等 2004；王建华和吕宪国 2007；Kaushal & Belt 2012；董鸣等 2013；陈鹏等 2014；Hettiarachchi et al. 2014a；Larson et al. 2016）和全球气候变化的影响（Verhoeven et al. 2006；Erwin 2009；牛振国等 2012；Foti et al. 2013；Werner et al. 2013），地球上的湿地生态系统一直处于缩减和退化的状态之中（Sakané et al. 2011；Sullivan et al. 2014）。据估计，全球目前已消失约 50%的湿地，并且，发达国家和发展中国家均面临着湿地退化的现实。美国自从欧洲殖民者定居以来，已有53%的湿地消失或退化（Dahl 1990；Tsai et al. 2012），其中消失的湿地中有87%是因为农业活动（Gutzwiller & Flather 2011）。自20世纪80年代起，美国农业活动的影响作用逐渐下降，城市化过程对湿地的影响逐步增强，有57%的湿地因城市化过程丧失（Brady & Flather 1994）。加拿大则因农业活动、城市化和工业用地等导致85%的湿地消失（Kennedy & Mayer 2002）。欧洲各国由于农业开发历史悠久，大多数湿地已被高强度开发。例如，英国自罗马时代以来大约已有23%的河口湿地、50%的盐生沼泽和40%的湿生草地丧失（牛振国等 2009）。据估算，新西兰在过去150年里已有近90%的原始湿地消失，是世界上湿地消失最多的国家（Gerbeaux 2003；Clarkson et al. 2013）。哥伦比亚已有24%的湿地消失，其中西部考卡河谷（Cauca River Valley）地区在1950～1980年的30年间，约有80%的湿地丧失，主要与高强度的乡村放牧活动有关（Patino & Estupinan-Suarez 2016）。

滨海湿地一直遭受人类的高强度干扰，在全球尺度上，已经约有35%的红树林、29%的海草和30%的珊瑚礁消失（Barbier et al. 2008；Waycott et al. 2009；Cui et al. 2016）。美国滨海地区，约39%的淡水湿地因为城市化而消失（Dahl 2011），而加利福尼亚州因城市化已导致75%的滨海湿地消失（Kent & Mast 2005）。

中国作为世界上湿地类型比较齐全、数量丰富的国家之一，拥有从寒温带到热带、从内陆到沿海、从高山区到平原区类型多样的湿地，几乎拥有《关于特别是作为水禽栖息地的国际重要湿地公约》（简称《湿地公约》）中所有类型的湿地。我国的湿地生态系统具有一个明显的特征，即同一个地区内具有多种类型的湿地，以及一种湿地类型分布于多个地区（崔丽娟等 2007）。

我国包括沼泽、河流和湖泊在内的湿地面积约占全国陆地面积的4.9%（Jiang et al. 2015）。国家林业局于2014年1月13日公布的第二次全国湿地资源调查结果表明：按照《湿地公约》的规定，我国湿地分为5类，其中近海与海岸湿地579.59万hm^2、河流湿地1055.21万hm^2、湖泊湿地859.38万hm^2、沼泽湿地2173.29万hm^2、人工湿地674.59万hm^2。与我国1995～2003年进行的第一次湿地资源调查同口径比较，湿地总面积减少339.63万hm^2，减少率为8.82%。其中，自然湿地减少337.62万hm^2，减少率为9.33%；湿地面积年均减少率为0.92%，自然湿地年均减少率为0.97%。国家林业局曾于2013年3月制订出台了《推进生态文明建设规划纲要》，其中划定了湿地保护红线：全国湿地面积不少于8亿亩[①]，维护国家淡水安全。该纲要进一步指出这个湿地生态红线是数量上的约束要求，仍需划定具体的空间区域，并对生态红线保护区域的管理做出明确要求。

我国拥有约1.8×10^4 km长的大陆海岸线，大约分布着5800万hm^2的滨海湿地，约占全国天然湿地的3%，滨海湿地主要分布于东部及南部沿海自辽宁到广西的14个省（自治区、直辖市）内，其中山东、辽宁、江苏和福建分别分布着约30%、18%、16%和15%的滨海湿地。以杭州湾为界，以北的海岸以淤泥质为主，约占全部滨海湿地面积的60%（牛振国等 2012）。在我国，沿海地区由于围塘造堤导致50%以上的滨海湿地退化（An et al. 2007；Ma et al. 2014）。我国滨海湿地除了受自然条件和潮汐的影响外，因处于经济发达区域，其变化与农、林、牧、渔产业和人口增加等密切相关（宫宁等 2016）。

与此同时，我国内陆湿地也在持续减少。据估计，目前我国已消失23%的淡水沼泽、16.1%

① 1亩≈666.7 m^2，后同。

的湖泊和15.3%的河流（An et al. 2007）。牛振国等（2012）的研究进一步指出在1978～2008年，我国内陆湿地减少了49.37%。内陆湿地的减少程度在不同区域不同，影响因素也各有差异。例如，蒋锦刚等（2012）报道，若尔盖县的河流和湖泊、泥炭沼泽、沼泽化草甸和湿草甸的面积在1974～2007年逐渐减少。与此同时，以旱生植物为主的高覆盖度草地、居民点、建筑用地和沙地面积却在增加，在较短时间尺度上，人为因素是影响湿地变化的主要驱动力。在1950～2000年，三江平原北部湿地占比由原来的52.49%下降到15.71%（侯伟等2006）。内陆湿地与自然条件和农业耕作灌溉等密切相关，累计降水、耕地面积、有效灌溉面积等在水量相对较少的北方影响显著，湿地围垦及争夺湿地水源是导致内陆湿地锐减的主要原因（宫宁等 2016）。

近年来，随着人们保护湿地意识的提高及退耕还湿工程的开展，我国湿地的减少趋势开始减缓。据研究，在1978～2008年，我国湿地面积减少了约33%，而人工湿地增加了约122%，我国自然湿地减少的前期阶段，主要被开发为农田等常规土地利用方式，后期自然湿地则逐渐被开发为人工湿地，湿地减少的趋势放缓，气候变化和农业活动是我国湿地变化的主要驱动因素（牛振国等 2012）。国家林业局公布的第二次全国湿地资源调查结果表明，全国共有577个湿地自然保护区、468个湿地公园。全国受保护湿地面积为2324.32万hm^2，增加了525.94万hm^2，湿地保护率由30.49%提高到43.51%。

1.1 湿地概念

尽管人类很早就认识到湿地的存在，由于湿地生态系统具有类型的多样性、分布的广泛性、面积的差异性、淹水条件的易变性和边界的不确定性等特征，到目前为止，科学界仍未给出一个统一的湿地定义（陈宜瑜 1995；Hughes 1995；Scott & Jones 1995；Mitsch & Gosselink 2000；USEPA 2002；吕宪国 2004）。据估计，有关湿地的定义有近60种（杨永兴 2002；刘兴土等 2012）。

美国鱼类及野生生物管理局（United States Fish and Wildlife Service）较早曾定义湿地为被浅水和有时为暂时性或间歇性积水所覆盖的低地，并认为湿地通常应包括：草本沼泽（marsh）、木本沼泽（swamp）、泥炭鲜沼泽（bog）、湿草甸（wet meadow）、淤泥沼泽（sludge）和河漫滩（river overflow land）等（Shaw & Fredine 1956）。后来，又重新定义湿地是指陆生系统和水生系统之间过渡的土地，在这些土地上，水位经常在地表或接近地表，或为浅水所覆盖。Cowardin等（1979）明确指出，湿地必须具备下述3个特征之一：①至少在土地上有周期性地生长着优势的水生植物；②基质中占优势的是不透水的水成土壤；③非土壤基质在生长季的某些时候被水所饱和或被浅水所覆盖。

1971年2月在伊朗拉姆萨签署的《湿地公约》给出了一个相对宽泛的定义，即湿地是指天然或者人工、长久或者暂时性的沼泽地、泥炭地或水域地带，带有或静止或流动的淡水、半咸水、咸水水体，包括低潮时水深不超过6 m的水域。同时，还包括邻近湿地的河湖沿岸、沿海区域，以及位于湿地范围内的岛屿或低潮时水深不超过6 m的海水（Ramsar 1982）。《湿地公约》的定义涵盖的对象比较宽泛，据此定义湿地可以包括河流、湖泊、沼泽、珊瑚礁及人工湿地，如水库、鱼（虾）塘、盐池、水稻田等，因此，该定义被广泛应用于湿地的研究和保护管理实践中。

尽管如此，在湿地资源比较丰富、类型比较复杂的国家，相关学者仍结合本地的实际情况和研究重点，给出了湿地不同的定义。例如，加拿大学者 Zoltai（1980）早期定义湿地为“湿土占优势，在解冻季节的多数日子里水位接近或超过矿质土壤，生长有水生植物的土地”。后来 Zoltai 等（1988）又指出“湿地是水淹或地下水位接近地表或浸润时间长，从而促进湿成或水成过程，并以水成土壤、水生植被和适应潮湿环境的生物活动为标志的土地”。在此基础上，加拿大政府管理机构后来采用了重新修订的湿地定义，即湿地是指水体浸润时间长，从而促进湿成或水成过程，并以排水性差的土壤、水生植被和适应潮湿环境的生物活动为标志的土地（Kennedy & Mayer 2002）。

新西兰学者则强调了湿地“是永久或间歇性的湿润区域、浅水及能支持动植物适应湿润条件的自然生态系统的水域边缘区域”（Clarkson et al. 2013）。

英国学者尤其强调湿地中的水分，认为湿地“是一个地面受水浸润的地区，具有自由水面，通常是四季存水，但也可以在有限的时间段内没有积水。自然湿地的主要控制因子是气候、地形和地质，人工湿地则有其他控制因子”（Lloyd et al. 1993）。

美国陆军工程兵团也认为“湿地是在一定的频率和延续时间内被地面水或地下水淹没或浸润的地区”（余国营 2001）。

此外，Mitsch（1994）曾从动力地貌的角度分析湿地，认为“湿地是区别于其他地貌系统（如河流地貌系统、海湾、湖泊等水体）的具有不断起伏水位且水流缓慢的浅水地貌系统”。Wilen 和 Tiner（1993）则从生态学的角度强调湿地是陆地与水生系统之间的生态过渡地带，其地表为浅水所覆盖或者其水位在地表附近变化。

我国有关湿地的认识起始于 20 世纪 50 年代对泥炭和沼泽地的研究，并在此基础上逐步深入展开，直至 20 世纪 80 年代我国才开始流行“湿地”一词，并认识到沼泽是湿地的主要类型和基本组分之一（吕宪国和刘晓辉 2008）。《中国自然保护纲要》曾分别定义了沼泽和海涂，认为“沼泽是陆地上有薄层积水或间隙性积水，生长有沼生和湿生植物的土壤过湿阶段，其中有泥炭积累的沼泽称为泥炭沼泽。海涂即指沿海滩涂，是指沿海涨潮时被水淹没，退潮时露出水面的软底质的广大潮间平地（即潮间带和潮上浪花飞溅带）”，同时指出国际上已把沼泽和海涂合称为湿地（中国自然保护纲要编写委员会 1987）。《环境科学大辞典》将湿地定义为“陆地和水域的交汇处，即地表有暂时或永久的浅层积水，以水生植物为优势种，包括沼泽、海涂、湖滩、湿草地及浅水湖泊（不包括河流、水库和深水湖）”，并进一步指出国际上常把沼泽和水深 6 m 以下的水面称为湿地（环境科学大辞典编辑委员会 1991）。在 1994 年召开的“中国湿地生态环境保护规划”会议中，将湿地定义为“处于陆地和水域的交汇处，水位接近或处于地表面，或有浅水层，一般以低水位时水深 2 m 处为界。湿地应具有以下特征：①至少周期性的以水生、湿生植物为优势种；②底层土主要是湿土；③在每年的生长季节底层土被淹没 4 个月以上”（朱建国和李应中 1996）。郎惠卿（1999）也指出湿地应具有 3 个特点：①地表多水，水是导致湿地形成、发展、演替、消亡与再生的关键，无水不成湿地，地表过湿，有季节性或常年性积水、淡水、半咸水或咸水；②水多导致土壤潜育化，有明显潜育层，有的有泥炭层，为水成土；③受多水的影响，生长有湿生植物、沼生植物、水生植物或喜湿的盐生植物。在强调了湿地的综合特征的基础上，孙广友（2000）认为“湿地是地球表层的地理综合体，是地表经常过湿或被浅水体（一般深度＜3 m）掩盖的部分，并且生长着水生-湿生生物群，湿地土壤具有泥炭层或潜育层，是一种水陆复合生态系统”。余国营（2001）也指出湿地的自然综合特征，认为“湿地是地球表层上由水、土和挺水植物或湿生植物（可伴生其他水生生物）相互构成，其内部过程长期为水所控制的自然综合体”。王翀和林慧龙（2012）定义湿地“是以天然降水、自然补水或人工补水为水源，以挺水植物、浮叶植物、沉水植物或漂浮植物为阶段优势种，由土地和水汇接而成，它既不完全是土地，也不完全是水，而是介于二者之间，能够提供较高生产力、生物多样性和生态功能的具有一定面积的特定生态系统”。

传统上，湿地定义可以被分为广义的定义和狭义的定义两大类（Scott & Jones 1995）。广义的湿地定义包括《湿地公约》的定义和我国林业部门的定义。一个以管理为目的的、广义的湿地定义，有利于开展湿地集水区的统一管理（殷书柏和吕宪国 2006；刘兴土等 2012）。一般来讲，狭义的湿地定义应包括水、土壤和植被等 3 个主要的湿地因素，狭义的湿地概念一般都遵循下列 3 个基本原则：①湿地以水的存在为特征，无论在地表，还是在植物的根区；②湿地的土壤条件通常不同于邻近的高地，多为水成土；③湿地植被由适合于湿润环境的植物所组成，但缺乏耐受洪水胁迫的植物。目前，我国学者也强调湿地的 3 个构成要素：积水、过湿地和湿生生物。同时，也给出水深 2 m 以内，积水期长达 4 个月以上等量化指标（佟凤勤和刘兴土 1995；赵魁义 1995；刘兴土等 2012）。

杨永兴（2002）主张将湿地的定义划分为管理定义和科学定义，其中《湿地公约》的定义属于管理性质的定义，该定义虽然没有揭示出湿地的科学概念及其内涵的实质，但这个定义具有明显的边界，尤其是该定义具有法律约束力，在湿地的实践管理中易于操作。他指出湿地的科学定义为：“湿地是一类既不同于水体，又不同于陆地的特殊过渡类型生态系统，为水生生态系统界面与陆生生态系统界面相互延伸扩展的重叠空间区域”。同时，湿地应该具有 3 个明显特征：①湿地地表长期或季节性处在过湿或积水状态；②地表生长有湿生植物、沼生植物、浅水生植物（包括部分喜湿的盐生植物），且具有较高的生产力，生活着湿生动物、沼生动物、浅水生动物和适应该特殊环境的微生物群；③发育着水成或半水成土壤，并具有明显的潜育化过程。Mitsch 和 Gosselink（2000）认为由于研究者的认识和研究目的的不同，不同的研究者强调湿地生态系统的不同方面。湿地科学是在多种相关学科的基础上逐渐形成和发展起来的，其科学体系尚待完善，尤其是一些重要的湿地特征指标缺少长期的定点观测与研究，导致了目前研究者对湿地的认识仍不深入的状况。

也有学者指出，湿地由于没有明确的边界，从而导致认识的混乱（Zedler & Kercher 2005）。殷书柏和吕宪国（2006）指出，早期关于湿地定义的主要分歧表现在对湿地特征的不同关注方面，而目前有关湿地定义的分歧主要表现在对湿地边界标准的认识方面，现阶段对湿地边界的认识之所以比较困难，主要是因为湿地作为一种从水体到陆地的自然过渡地带，其水文、土壤和植被特征具有渐变性，同时具有季节性变化和年际的波动性。Zedler 和 Kercher（2005）认为需要在全球尺度和区域尺度两个方面认识湿地，在全球尺度上应该尽量统一湿地的概念。一个统一的湿地概念不仅有利于湿地科学的深入发展，而且有利于湿地分类、科学管理和合理利用。因此，应进一步明确湿地科学的研究对象和研究区域，并界定湿地的科学概念（殷书柏和吕宪国 2006；刘兴土等 2012）。

目前，多数湿地定义都包含以下两点共识：①作为一个自然综合体，湿地是处于水陆交界处的生态系统，包含水文、土壤和植被等 3 个基本特征；②湿地概念的内涵已从强调“水饱和的土地”逐渐转化为强调“湿地生态系统的生态过程和服务”，即水-土-生物三者之间存在着相互影响、相互制约的生态过程（Kennedy & Mayer 2002）。《湿地公约》曾指出湿地的生态特征是“维系着湿地及其产品、功能和特性的湿地生态系统生物、物理和化学组分及其相互关系的总称”。随后，《湿地公约》于 2005 年重新将湿地生态特征的定义修改为“是反映湿地在某一特定时间的生态系统的组成、过程及服务的总称”（Millennium Ecosystem Assessment 2005）。

1.2　湿地类型及其分类系统

湿地分类是目前湿地科学研究中最为复杂的问题之一。由于湿地在地球表面的分布类型复杂多样，直到现在仍没有一个广为认同的分类原则和分类系统（Kennedy & Mayer 2002；Zedler & Kercher 2005；崔丽娟等 2007；刘兴土等 2012；Myers et al. 2013）。

湿地分类研究始于 20 世纪初欧洲和北美洲关于沼泽和泥炭地的分类。例如，将泥炭沼泽划分为低位（富营养）沼泽、中位（中营养）沼泽、高位（贫营养）沼泽（刘子刚和马学慧 2006）。早期开展的分类工作主要是在实地调研的基础上，结合湿地所处的地理位置、水体概况、水生生物和植被等特征进行描述性分类（Keiper et al. 2002）。

美国于 20 世纪 50 年代开展重要水禽研究时，曾采用 Martin 等（1953）的湿地分类系统，依据湿地所处的地理环境、植物的生活方式，以及水体的水深和含盐量等，将湿地分为内陆淡水湿地、内陆咸水湿地、海岸淡水湿地和海岸咸水湿地等 4 类，然后再按植被型、水深和淹水频率将每一类进一步划分为 20 种湿地类型（表 1-2），即“39 号通报”（Shaw & Fredine 1956）。该分类系统较充分地考虑了湿地的地貌、植被和水体，但只包括 4 个类，分类较简单。

表 1-2　美国“39 号通报”中的湿地分类系统（引自 Shaw & Fredine 1956）

湿地类	湿地型	特征描述
内陆淡水湿地	季节性洪泛区或平原	土壤被水淹没，但在生长季节大部分时间里排水良好，分布于低洼盆地或平地
	淡水草甸	生长季节无长期积水，表面淹水在几厘米之内
	浅水沼泽	生长季节土壤积水，水深一般为 15 cm 左右
	深水沼泽	土壤积水 15～100 cm
	淡水水体	水深＜2 m
	灌丛沼泽	土壤积水，水深一般＞15 cm
	木本沼泽	土壤积水，水深一般为 30 cm
	藓类沼泽	土壤积水，覆盖有海绵状苔藓
内陆咸水湿地	盐碱平地	大雨过后地表淹水，生长季节地表积水，水深在几厘米之内
	盐碱沼泽	生长季节土壤积水，水深一般为 70～100 cm，分布于浅水湖泊周围
	盐碱水体	长期被水淹没的地方，水深不稳定
海岸淡水湿地	浅水沼泽	生长季节土壤积水，高潮时水深为 15 cm，分布于潮汐性河流、海湾、三角洲深水沼泽，在向岸一侧
	深水沼泽	高潮时水深为 15～100 cm，沿潮汐性河流分布
	淡水水体	潮汐性河流和海湾浅水部分
海岸咸水湿地	盐滩	生长季节土壤淹水，且很有规律地被高潮海水淹没，向陆一侧分布有盐化草甸和盐沼
	盐化草甸	生长季节土壤淹水，几乎不被潮水淹没，分布在盐沼的向陆一侧
	不规则淹水盐沼	在生长季节不规律地被风暴潮淹没，沿海湾等岸边分布
	规律性淹水盐沼	平均高潮淹水＞15 cm，沿开阔海洋和海湾分布
	海湾	平均低潮线以下的浅海
	红树林盐沼	平均高潮水深为 15～100 cm，土壤覆盖，沿佛罗里达南海岸分布

后来，美国鱼类及野生生物管理局基于湿地分类和制图的需要，于20世纪70年代重新开展全国湿地普查时，由Cowardin等（1979）构建了包括系（system）、亚系（subsystem）、类（class）、亚类（subclass）和优势型（dominant type）5个层次的湿地分类系统。其中，在系一级上，依据湿地所处地理环境和成因将湿地划分成海洋湿地、河口湿地、河流湿地、湖泊湿地和沼泽湿地5个系；亚系主要根据水文特征划分；在亚系之下为类，主要依据占优势的植被特征和基底组成等湿地外貌特征划分；亚类主要根据植被特征划分；然后用附加的优势种特征描述优势型。为了更好地描述有关生境的水模式、水化学、土壤特性和人为影响，该分类系统还含有水模式、水化学、土壤等修正因子，可用于湿地型以下的水平。该分类系统较全面且易于操作，因此使用范围较广，已成为美国湿地资源调查、登记和管理的基础。

Brinson（1993）依据湿地地貌、水文特征和水动力特征3个属性，提出了水文动力地貌学分类方法（hydrogeomorphic method，HGM）。根据湿地所处地理环境，将湿地地貌分成河流地貌、凹地貌、海岸地貌和泥炭湿地。水文特征中主要依据湿地水的补给源，将湿地水源补给划分为降水补给类、地表漫流补给类和地下水补给类。根据湿地水流强度和流向将水动力特征分成垂直起伏流、无定向的水平流和双向水平流。该分类系统被认为是一个定性与定量、层次化与模块化相结合的分类系统，并且是一个基于湿地生态功能和生态过程的分类系统，能较好地反映湿地的水文与水动力特征，同时也能有效鉴别湿地景观的动态变化。

加拿大湿地类型相对简单，因此加拿大政府管理部门采用了一个相对简单的湿地分类系统。该分类系统包括类型组（class）、类型（form）、种类（type）等3级。其中，第一级类型组主要根据湿地起源来确定；第二级类型依据湿地形态学特征划分；第三级种类主要依据植被特征划分。该系统的湿地类型组包括：①藓类沼泽湿地；②草本沼泽湿地；③河漫滩和湖滨高草腐泥湿地；④森林沼泽湿地；⑤浅水湿地（Zoltai & Vitt 1995）。

《湿地公约》将湿地分为海洋和海岸湿地、内陆湿地和人工湿地3个大类，在每个大类下面又分别细分为若干小类，共计35种（陆健健等 2006）。后来《湿地公约》又对原有湿地分类系统进行了修改，增加了一些类型，最终形成了一个包括12类海洋和海岸湿地、20类内陆湿地及10类人工湿地的湿地分类系统（表1-3），并指出该系统列出的类别仅提供一个很宽泛的框架，以便研究者和管理部门可以快速确定每个湿地代表的主要栖息地（唐小平和黄桂林 2003；刘子刚和马学慧 2008）。

表1-3 《湿地公约》的分类系统（引自陆健健等 2006）

湿地类	湿地型	特征描述
海洋和海岸湿地	浅海水域	低潮时水位≤6 m水域，包括海湾和海峡
	海草床	潮下藻类、海草、热带海草植物生长区
	珊瑚礁	珊瑚礁及其邻近水域
	岩石海岸	海岸岛礁与海边峭壁
	沙滩、砾石与卵石滩	滨海沙洲、沙岛、沙丘及丘间沼泽
	河口水域	河口水域和河口三角洲水域
	滩涂	潮间带泥滩、沙滩和海岸其他淡水沼泽
	盐沼	滨海盐沼、盐化草甸
	红树林沼泽	海岸咸水、淡水森林沼泽

续表

湿地类	湿地型	特征描述
海洋和海岸湿地	咸水、碱水潟湖	有通道与海水相连的咸水、碱水潟湖
	海岸淡水潟湖	淡水三角洲潟湖
	滨海岩溶洞穴水系	滨海岩溶洞穴
内陆湿地	内陆三角洲	内陆河流三角洲
	河流	河流及其支流、溪流、瀑布
	时令河	季节性、间歇性、不规则性小河、小溪
	湖泊	面积＞8 hm^2 的淡水湖泊，包括大型牛轭湖
	时令湖	季节性、间歇性淡水湖，面积＞8 hm^2
	盐湖	咸水、半咸水、碱水湖
	时令盐湖	季节性、间歇性咸水、半咸水湖及其浅滩
	内陆盐沼	内陆盐沼及泡沼
	时令碱水、咸水盐沼	季节性盐沼及其泡沼
	淡水草本沼泽	草本沼泽及面积＜8 hm^2 生长植物的泡沼
	泛滥地	季节性洪泛地、湿草甸，面积＜8 hm^2
	草本泥炭地	藓类泥炭地和草本泥炭地，无林泥炭地不在此列
	高山湿地	高山草甸、融雪形成的暂时水域
	苔原湿地	高山苔原、融雪形成的暂时水域
	灌丛湿地	以灌丛为主的淡水沼泽，无泥炭积累
	淡水森林沼泽	淡水森林沼泽、季节性泛滥森林沼泽
	森林泥炭地	森林泥炭地
	淡水泉	淡水泉及绿洲
	地热湿地	温泉
	内陆岩溶洞穴水系	地下溶洞水系
人工湿地	鱼虾养殖塘	鱼虾养殖池塘
	水塘	农用池塘、储水池塘，面积＜8 hm^2
	灌溉地	灌溉渠系与稻田
	农用洪泛湿地	季节性泛滥农用地，包括集约管护和放牧的草地
	盐田	采盐场
	蓄水区	水库、拦河坝、堤坝形成的面积＞8 hm^2 的储水区
	采掘区	积水取土坑、采矿地
	污水处理厂	污水场、处理池和氧化塘等
	运河、排水渠	输水渠系
	地下输出系统	人工管护的岩溶洞穴水系等

由于海陆交互作用的复杂性，海洋和海岸湿地的植被类型、水文特征、土壤沉积物等具有明显的差异，一般情况下，海陆交界的湿地主要包括上缘为大潮的高潮线、下缘为大潮的低潮线之间的潮间带及潮间带以下的生物地貌。

内陆湿地主要表现在各种植被类型和水文特征的不同组合，纬度和海拔是影响植被类型和水文特征的关键因子。常见的湖泊湿地和河流湿地，一般发育在湖泊或河流的边缘地带，这个地带的生态因子、植物群落和生态过程一般具有梯度变化。

在《湿地公约》中，人工湿地包括鱼虾养殖塘、水塘、灌溉地、农用洪泛湿地、盐田、蓄水区、采掘区、污水处理厂、运河、排水渠和地下输出系统等 10 类。该公约对地球上的湿地类型进行了初步的划分，涵盖的湿地类型比较丰富，具有较高的准确性和一定的通用性。如前所述，补水缔约国的政府管理机构仍根据各自的实际情况和需要制订了适合本国研究和管理的分类系统，即便在一个国家内部，由于国土面积巨大和地形地貌差异等，分类系统也未必统一，如澳大利亚的北部属于热带，南部属于温带，因此南北都各自发展了更为细致的分类系统。北部有湿地植被和地理学分类系统、昆士兰湿地分类系统等。南部有一般性的湿地植被分类系统和区域性的假分级湿地分类系统（唐小平和黄桂林 2003）。

我国存在类似的情况。我国大陆地形极其复杂，按地势特征、高程和起伏情况，可分为平原、盆地、高原、丘陵、山地，在气候方面，从南到北、从东到西呈现出由湿润到极干旱的变化趋势，导致湿地类型的多样化和复杂化，因此不少学者在不同的空间尺度上开展湿地类型划分的研究。

在我国，早期的湿地研究起始于沼泽，早在 20 世纪 60 年代初不少学者就注意到建立沼泽综合分类的必要性。柴岫（1965）曾较早提出若尔盖高原沼泽的分类方案，该方案将沼泽分为发育阶段（低位沼泽）、类型（蒿草杂类草沼泽和苔草沼泽）、亚类（河谷蒿草、杂类草沼泽等）和小景观（以沼泽植物建群种命名的 8 类沼泽小景观）等。郎惠卿等（1983）以沼泽不同发育阶段的差异特征为依据，划分出富营养沼泽型、中营养沼泽型和贫营养沼泽型，然后根据沼泽植物群系和群丛划分沼泽组、沼泽体。

杨永兴（1988）依据生态学原则，采用主成分和聚类判别分析相结合的方法，对我国三江平原沼泽进行生态分类，将该区沼泽划分为 2 个沼泽类、4 个沼泽亚类和 8 个沼泽体。沼泽的水文性质决定了其生态特征及其积累泥炭的功能与动态发展，沼泽亚类主要由其微地貌的差异决定，沼泽体的差异主要反映在微地貌、沼泽植被及有无泥炭的积累方面。

马学慧和牛焕光（1991）以沼泽土壤中的纯灰分含量和 pH 为指标，首先划分了富营养、中营养和贫营养沼泽，然后再根据沼泽植被的生态型和沼泽植物群系划分出 3 个沼泽亚类和 12 个沼泽组。

刘兴土（1997）则提出了沼泽综合分类体系，首先划分为淡水沼泽及盐碱沼泽两大类，然后再进一步划分沼泽型、沼泽组、沼泽体。

针对三江平原沼泽，吕宪国（2004）将沼泽划分为类、亚类、体 3 级。首先，根据有无泥炭积累将沼泽分为泥炭沼泽和潜育沼泽。其次，根据地貌类型和水源补给状况，将沼泽进一步划分为山前倾斜平原沼泽、阶地沼泽、河漫滩沼泽和湖滨沼泽 4 个亚类。最后，再根据对环境条件具有敏感指示性的植被特征划分沼泽体。

虽然国内学者有关沼泽的分类有所不同，但认为沼泽具有 3 个相互制约的基本特征：①地表经常过湿或有薄层积水；②必须生长有湿生植物；③土层严重潜育化或有泥炭的形成和积累（吕宪国和刘晓辉 2008）。

自 20 世纪 80 年代起，我国学者开始进行湿地的分类研究工作。此前一直没有将湿地作为一个整体加以综合研究，另外，有关湿地的研究目的和方法，以及湿地的地域性分布等存在差异，致使我国目前仍未建立一个统一完善的湿地分类系统（吕宪国和刘晓辉 2008）。

陆健健（1990）依照《湿地公约》将我国湿地分为如下类型：①浅海湾及海峡（低潮时

水深≤6 m)；②河口、三角洲；③小型岛屿；④岩石海滩；⑤沙质海滩；⑥潮滩、泥滩；⑦红树林沼泽滨海；⑧滨海微咸及咸水湖泊和沼泽；⑨盐场；⑩鱼塘、虾池；⑪河、溪（流速慢的)；⑫河、溪（流速快的)；⑬河滩沼泽地；⑭淡水湖泊及相邻的沼泽地；⑮沼泽地及小型淡水池塘（≤8 hm^2)；⑯内陆水系盐水湖及相邻的咸水沼泽；⑰水库（人工湖)；⑱季节性淹水草甸、草地；⑲稻田；⑳水浇田、灌溉农田；㉑沼泽树林、暂时性淹水林；㉒泥炭沼泽地。

王飞和谢其明（1990）将我国湿地分为 4 种类型，即沼泽、浅水湖和湖滩、浅水河和河滩、滩涂等。

陈建伟和黄桂林（1995）提出了“系—亚系—类—亚类—型—优势型”的分级式分类系统。该系统首先根据湿地成因或水文地理将我国湿地分为海洋及沿岸、内陆、人造 3 个系，每个系下划分为若干亚系；在亚系中根据基质淹没时间、状态再分为若干个类；每个类则根据表面状况进一步分成亚类；每个亚类下再进一步分为型。其中，自然湿地主要依据基质特性、水化学、植物特性等划分为型，而人工湿地则依据其目的、用途划分为型。在该系统中，我国湿地包括 3 个系 10 个类 39 个型 20 个优势型。

在我国湿地所处的行政区划、地貌、气候、植被等自然要素的基础上，崔丽娟等（2007）建立了湿地分类编码系统。其中，行政区划为第 1 级，地形地貌、湿度带、水分带分别为第 2～4 级，土壤与植被为第 5 级、第 6 级，《湿地公约》的湿地分类系统为第 7 级。

唐小平和黄桂林（2003）总结出另外一个包括 6 级的湿地分级式分类系统。其中，第 1 级根据成因将全国湿地生态系统分为天然湿地和人工湿地两大类，第 2 级分为 9 类，第 3 级共分为 16 类，第 4 级为基本级，共分为 41 类，包括天然湿地 29 类、人工湿地 12 类。对一些类型复杂的湿地，该系统还提出了第 5 级、第 6 级的分类。

我国从寒温带到热带，从平原到山地、高原，从沿海到内陆都有类型多样的湿地分布，按照《湿地公约》对湿地类型的划分，我国拥有除了苔原湿地以外的 31 类天然湿地（海洋和海岸湿地，以及内陆湿地）和 9 类人工湿地（刘子刚和马学慧 2008)。

王翀和林慧龙（2012）提出了依照“生物气候—湿地基底物质结构—植被”的内陆天然湿地的综合顺序分类方法，将湿地分为 3 个基本级别，即类、亚类和型。第 1 级类为湿地分类的基本单位，以生物气候要素中的水热组合为指标；第 2 级为亚类，以湿地的基底物质结构作为指标；第 3 级为型，以植被为指标，将我国内陆自然湿地分为 21 类。

此外，一些学者在不同空间尺度上，针对区域和具体省份多样化的湿地类型开展了一些研究工作，如王学雷等（2002）认为可将湖北湿地类型划分为河流、湖泊、沼泽和沼泽化草甸，以及库塘四大类，其中河流湿地包括永久性河流、季节性或间歇性河流、洪泛平原湿地等 3 个类型，沼泽和沼泽化草甸包括藓类沼泽、草本沼泽、灌丛沼泽和森林沼泽等 4 个类型。

陈征海等（2002）根据浙江省天然湿地的特点，将其分为 4 个大类 16 个类型，4 个大类包括近海与海岸湿地、河流湿地、湖泊湿地、沼泽和沼泽化草甸湿地等。其中，浙江省的海岸湿地面积较大，分布集中，其他湿地面积较小，分布广而零散。天然湿地主要分布在沿海地区与平原地区，山区分布较少。李根有等（2002）进一步报道了浙江省的主要湿地植被类型及其分类系统，将其划分为落叶针叶林、常绿针叶林、红树林及半红树林、竹林、落叶阔叶林、常绿阔叶林、落叶阔叶灌丛、盐生灌丛、高草、低草和水域植被等 11 个植被型和 129 个群系。

姜芸和李锡泉（2007）将湖南省湿地划分为天然湿地和人工湿地两大系统四大类别 18 种类型。其中，天然湿地包括河流、湖泊、沼泽和其他（包括淡水泉和温泉）等，人工湿地包括水库、池塘、运河和人工渠、水田、鱼塘（含虾塘、蟹塘），以及污水处理厂等。

江苏省的湿地分布呈现东部地区以近海与海岸湿地为主，中部与南部多为湖泊湿地、自然河流湿地，北部主要以运河、输水河湿地类型为主，湿地有 5 类 16 型；天然湿地包括近海与海岸湿地、河流湿地、湖泊湿地、沼泽湿地 4 类 12 型；人工湿地包括库塘、输水河、水产养殖场、盐田 4 型（翟可等 2013）。

我国自 1992 年成为《湿地公约》缔约国以来，国家林业局在 1995～2001 年组织了第一次全国湿地资源调查（不含香港、澳门特别行政区和台湾省），综合国内已有的相关研究，在全国湿地普查中将我国湿地分为近海与海岸湿地、河流湿地、湖泊湿地、沼泽与沼泽化湿地和库塘湿地五大类 28 型，基本上与《湿地公约》中的分类一致（唐小平和黄桂林 2003；刘子刚和马学慧 2008；刘平等 2011）。

随后，国家林业局在 2009～2012 年开展了第二次全国湿地资源调查（不含香港、澳门特别行政区和台湾省）。在《湿地公约》分类系统的基础上，第二次湿地调查综合考虑了湿地成因和水文地理等要素，采用以湿地区、湿地斑块为主的调查区划方式。根据生态系统的完整性和地貌单元的独立性，按照省（自治区、直辖市）→湿地区→湿地斑块的方式进行湿地区划（刘平等 2011；唐小平等 2013）。第二次调查将湿地划分为近海与海岸湿地、河流湿地、湖泊湿地、沼泽湿地和人工湿地 5 类 34 型，其中近海与海岸湿地 12 型、河流湿地 4 型、湖泊湿地 4 型、沼泽湿地 9 型、人工湿地 5 型。与首次调查相比，新增了 6 型湿地，分别为河流湿地中的喀斯特溶洞湿地、沼泽湿地中的季节性咸水沼泽，以及人工湿地中的运河、输水河，水产养殖场，稻田/冬水田和盐田，几乎涵盖了我国所有湿地类型。湿地类型的增加保证了第二次调查的分类与《湿地公约》的分类基本相一致（表 1-4）。

表 1-4 全国第二次湿地调查划分标准

代码	类型名称	划分技术标准
Ⅰ	近海与海岸湿地	包括低潮时水深≤5 m 以内的海域及其沿岸海水浸湿地
Ⅰ1	浅海水域	低潮时水深≤5 m 的永久性浅水域，植被盖度＜30%，包括海湾、海峡
Ⅰ2	潮下水生层	海洋低潮线以下植被盖度≥30%，包括海洋草地
Ⅰ3	珊瑚礁	由珊瑚聚集生长而成的湿地，包括珊瑚岛及有珊瑚生长的海域
Ⅰ4	岩石性海岸	底部基质 75%以上是岩石，植被盖度＜30%的是硬质海岸，包括岩石性沿海岛屿、海岩峭壁，以及低潮水线至高潮浪花所及地带
Ⅰ5	沙石海滩	潮间植被盖度＜30%，底质以砂、砾石为主
Ⅰ6	淤泥海滩	植被盖度＜30%，底质以淤泥为主
Ⅰ7	潮间盐水沼泽	植被盖度≥30%的盐沼
Ⅰ8	红树林	以红树植物群落为主的潮间沼泽
Ⅰ9	海岸性咸水湖	有通道与海水相连的咸水潟湖
Ⅰ10	海岸性淡水湖	与海水相连的通道已经被阻隔，逐渐形成了淡水湖，包括淡水三角洲
Ⅰ11	河口水域	从近口段的潮区界（潮差为零）至口外河滨海段的淡水舌锋缘之间的永久性水域
Ⅰ12	三角洲	河口区由沙岛、沙洲、沙嘴等发育而成的低冲积平原
Ⅱ	河流湿地	宽度 10 m 以上，长度 5 km 以上的河流
Ⅱ1	永久性河流	仅包括河床

续表

代码	类型名称	划分技术标准
Ⅱ2	季节性或间歇性河流	
Ⅱ3	洪泛平原湿地	河水泛滥淹没的河流两岸地势平坦地区，包括河滩、泛滥的河谷、季节性泛滥的草地
Ⅱ4	喀斯特溶洞湿地	
Ⅲ	湖泊湿地	
Ⅲ1	永久性淡水湖	常年积水的淡水湖泊
Ⅲ2	季节性淡水湖	季节性或临时性的洪泛平原湖
Ⅲ3	永久性咸水湖	常年积水的咸水湖
Ⅲ4	季节性咸水湖	季节性或临时性积水的咸水湖
Ⅳ	沼泽湿地	
Ⅳ1	藓类沼泽	以藓类植物为主的泥炭沼泽
Ⅳ2	草本沼泽	植被盖度≥30%、以草本植物为主的沼泽
Ⅳ3	沼泽化草甸	包括分布在高山和高原地区的具有高寒性质的沼泽化草甸、冻原池塘、融雪形成的临时水域
Ⅳ4	灌丛沼泽	植被盖度≥30%，以灌木为主的沼泽
Ⅳ5	森林沼泽	以乔木为主的沼泽，植被郁闭度≥0.2
Ⅳ6	内陆盐沼	分布于我国北方干旱和半干旱地区的盐沼，由一年生和多年生盐生植物群落组成，含盐量＞0.6%，植被盖度≥30%
Ⅳ7	地热湿地	由温泉水补给的沼泽湿地
Ⅳ8	淡水泉或绿洲湿地	
Ⅳ9	季节性咸水沼泽	
Ⅴ	人工湿地	
Ⅴ1	库塘	
Ⅴ2	运河、输水河	
Ⅴ3	水产养殖场	
Ⅴ4	稻田/冬水田	
Ⅴ5	盐田	

需要指出的是，传统的湿地分类主要依据湿地的地理位置、地貌、水文等自然条件，多以湿地空间形态相似与相异性、发生特征等为依据，从全球或国家等大的区域尺度对湿地生态系统进行类型划分，在分类方法上以定性为主，一般可以把湿地分类方法分成成因分类法、特征分类法和综合分类法三大类（李玉凤和刘红玉 2014）。近年随着“3S”技术（遥感技术、地理信息系统和全球定位系统）的发展，景观生态分类的产生和发展能够从景观尺度对湿地进行详细的分类，拓展了湿地研究的内容和范畴，牛振国等（2009）在综合考虑已有研究，尤其是《湿地公约》和我国湿地调查的分类成果，以及基于遥感的湿地分类系统的基础上，完成了 9 hm^2 以上的水面、沼泽等湿地的初步遥感制图。

第二节　城市湿地的概念及其类型、分布

2.1　城市化及其对湿地的影响

城市是人类影响、改造自然环境最强烈的地方，是在多因素综合作用下形成的一种高级

的人类聚落形态，它是社会生产力发展到一定阶段的产物，是人类文明和社会进步的集中体现（宋永昌等 2000）。

自古以来人类依水而居，人类早期的居住点和农业活动均与水系有密切的联系（Verhoeven et al. 2010），在居住点的基础上逐渐发展起大小不同、风格各异的城市，城市立地的自然要素具有综合性和复杂性，包括地质、地貌、气候、水文、植被等多种条件都会影响城市的起源和发展，城市的结构和空间形态常由地貌决定，地貌条件在一定程度上可以影响到城市的进一步发展，城市按地貌类型可以划分为滨海城市、沿江城市、沿海城市、水乡城市、平原城市、丘陵城市、山地城市、盆地城市及高原城市等（宋永昌等 2000）。

湿地是城市最重要的立地条件，江河流域、河口、湖岸和海岸都是城市定址的首选地段，世界上约有 21%的人口居住在海岸线附近的城镇和乡村，而且这个比例仍在持续增加（Nicholls et al. 1999），在美国海岸线 80 km 范围内的城镇虽然只占 13%的国土面积，却拥有 51%的全国人口，澳大利亚则有 84%的人口居住在海岸带的城镇中（Lee et al. 2006）。

依托湿地建市是一条普遍规律，湿地周边既是人类居住的理想场所，又是城市发展的客观依托，世界上绝大部分历史文化名城都与湿地密切相关（孙广友等 2004；王海霞等 2005a；董鸣等 2013；Hettiarachchi et al. 2014a）。例如，美国的纽约、洛杉矶、芝加哥，英国的伦敦，澳大利亚的悉尼等都是沿海或临湖或沿河发展起来的特大城市，我国的重庆、武汉、南京等都是沿江发展的城市，而天津、大连、上海、杭州、宁波、广州、厦门等城市都是近海而离岸发展起来的。我国沿海区域海岸面积占国土面积的 13%，不仅承载着约 40%的全国人口，而且经济高速发展，创造了约 60%的国内生产总值（GDP）（赵晓涛等 2008；王毅杰和俞慎 2013）。

城市化过程一直深刻地影响着人类社会和地球的自然景观，这是一个社会、经济、文化等多种因素综合发展的过程。一般认为城市化至少包括两个最基本的内涵：①人口向城镇或城市地带集中的过程，即城市人口增加的过程；②城镇或城市面积的增加，或城镇和城市范围内土地利用方式的改变（宋永昌等 2000；Lee et al. 2006；Hepinstall-Cymerman et al. 2013）。

目前全球城市面积占陆地面积的 2%～3%（Francis & Hoggart 2009；Hepinstall-Cymerman et al. 2013），但有 50%～60%的人口居住于城市区域，而且这一比例仍将持续增加（UNFPA 2007）。我国城镇化水平在 2012 年达到 52%左右（樊杰等 2013），其中，长江三角洲地区以占全国 1.1%的国土面积，承载了 8.1%的常住人口，总体城镇化水平高达 70.6%（陈雯等 2013）。

城市作为一种以人类为中心的陆生生态系统，完全不同于自然或半自然的生态系统的典型特征至少表现在如下 4 个方面：①土地利用方式，包括水源面积、居住区面积、工商业中心、城郊等；②建筑基础设施，包括道路、输水排水管道、不透水地面及其他多样化的集中性设施；③人为持续释放的各种污染源；④人类的决策和规划（宋永昌等 2000；Forman 2016）。因此，城市化过程对自然和半自然生态系统的影响是一个不可逆的过程（Liu et al. 2016）。例如，湿地常常成为城市建设与扩张过程中首先被占用、填埋和改造的对象，成为城市化过程消失最快的成分之一（Pickett et al. 2001；Simenstad et al. 2005；王建华和吕宪国 2007；Gutzwiller & Flather 2011）。

城市化对城市湿地的影响主要包括两个方面：一方面，对湿地非生物环境的影响，主要包括对湿地的面积、水文、水质、土壤等方面的影响（Callaway et al. 2008；郑小康等 2008；

邵学新等 2009；陈如海等 2010；杨永兴等 2011；恭映璧等 2012），这些影响无一例外地与城市土地利用方式有关，如交通、住宅等用地方式都会对城市湿地产生影响（Zedler & Leach 1998；Ehrenfeld 2000；Faulkner 2004；Cohen et al. 2008；Hepinstall-Cymerman et al. 2013；Hettiarachchi et al. 2014b；Forman 2016）。其中与城市水体有关的影响主要包括不透水地面的增加、水系面积和走向的改变，以及水系的片段化（McCauley et al. 2013）。与此同时，由于城市人口的增加而导致城市需水量的增加，这些因素在一定程度上影响到包括湿地在内的城市水系（Everard & Moggridge 2012；Kaushal & Belt 2012；Sullivan et al. 2014）。

另一方面，城市化对城市湿地生物的影响，包括对湿地植物群落结构（Magee et al. 1999；Ehrenfeld 2005；闫芊等 2007；沈琪等 2008；贾兴焕等 2010；Alsfeld et al. 2010；崔丽娟等 2012；Matthew et al. 2013；Tsai et al. 2014；张琼等 2014）、植物种群（张骁栋等 2006；肖涛等 2014）、动物（Knutson et al. 1999；Guzy et al. 2012；陆强等 2013）和土壤微生物（Hartman et al. 2008；Yu & Ehrenfeld 2010）的影响。由于城市湿地水体常常受到污染的影响（Aitkenhead-Peterson et al. 2011），因此更有可能导致物种入侵（Ehrenfeld 2008；缪丽华等 2011；Larson et al. 2016）。

近年来，除了关注到城市化过程对城市湿地结构的影响外，人们已经开始注重城市化过程对湿地生态系统过程的影响。不少研究都表明任何城市湿地的生态过程及其功能均不同于自然湿地（Ehrenfeld 2000，2005；Kentula et al. 2004；Lee et al. 2006），尤其是城市湿地生态系统的物质循环过程常有明显变化（Stander & Ehrenfeld 2009）。值得注意的是，这些影响不仅发生在城市区域范围内，而且会通过水系连接而超出城市市域范围并在城市周边区域尺度上发生作用（Francis & Hoggart 2009；Everard & Moggridge 2012），特别是城市湿地水体理化性质、城市湿地物种组成方面常在区域尺度上发生变化（Aitkenhead-Peterson et al. 2011）。

2.2　城市湿地概念

20 世纪 60 年代，随着人们对湿地广泛而深入的研究，人们开始关注城市或城郊的湿地，并将这些湿地生态过程和功能与城市功能结合起来考虑（Zedler & Leach 1998）。

国外学者常用“urban wetland”（Zedler & Leach 1998；Manuel 2003）、“wetlands within an urban context”（Ehrenfeld 2000）、“wetland in city”、“wetland in an urbanized area”（Holland et al. 1995）、“wetland in an urbanized environment”（Magee et al. 1999）、“wetland in urban setting”（Manuel 2003）和“wetland in an urbanized landscape”（Bernhardt & Palmer 2007；McCauley et al. 2013）等描述城市湿地，此外关于城市湿地也有“urbanized wetland”（Yam et al. 2015）和“wetland in human-dominated landscape”（Hettiarachchi et al. 2014b）等表述。

依照《湿地公约》的湿地定义和类型，相关文献中的“urban stream syndrome”（Walsh et al. 2005）、“streams in urbanizing landscape”（Bernhardt & Palmer 2007）、“urban river”（Everard & Moggridge 2012）和“urban watershed continuum”（Kaushal & Belt 2012）也包括了某种类型的城市湿地。

城市的范围或界限没有统一的规定，其范围常根据流域、通勤半径、行政管理等划分（Pickett et al. 2011）。一般对于“城市”的地域有 3 种界定：①城市的行政地域，依照国家行政区划方案的规定，并依照法律规定所管辖的地域范围；②城市的实体地域，实体地域集中了各种城市设施，以非农业用地和非农业经济活动为主体城市建成区；③城市的功能地域，一般是日常社会经济活动所波及的范围（周一星和史育龙 1995）。陈彦光（2008）认为常用的城市地域概念包括都市区、城区和城市化地区等。不同国家在研究城市时，其界定的城市地域范围并不相同，我国学者一般采用城市的行政地域（周一星和史育龙 1995；宋永昌等 2000）。

在一定程度上，“城市湿地”是一个不仅相当宽泛而且比较简单的术语，从字面理解，城市湿地是指位于城市的湿地，或位于城市化环境或城市化区域的湿地。Hettiarachchi 等（2014b）所表达的“wetland in human-dominated landscape”则强调了“位于以人为主导作用的景观之中的湿地”。

城市湿地处于城市或城市化地区，这是一个以人为核心和决定因素的地区，因此，城市湿地一方面遭受人类的负面干扰；另一方面人类可以通过立法、管理等手段科学规划城市湿地及其与城市的和谐关系（Magee et al. 1999；董鸣等 2013；Hettiarachchi et al. 2014b）。

《湿地公约》只是将湿地分为滨海湿地、内陆湿地和人工湿地 3 个大类，其中并没有划分出城市湿地。面对全球快速城市化过程带来的严峻城市问题，人们意识到城市湿地保护和管理的迫切性，以及城市湿地生态服务的重要性，《湿地公约》在其 27 号决议“湿地与城市化”中，明确了城市湿地（urban wetland）和城市边缘湿地（peri-urban wetland）的概念，其中城市湿地“是指位于城市、城镇和大都市市域范围内的湿地”，城市边缘湿地“是指位于与城市毗邻的城郊和乡村的湿地”（Ramsar 2008）。2012 年《湿地公约》颁布了更为详细的 X1.11 决议——“城市湿地和城市边缘湿地的规划与管理原则”，继续沿用 2008 年所给的定义（Ramsar 2012）。

鉴于我国快速的城市化过程，城市湿地引起学者广泛的关注，不少学者对城市湿地的概念进行了研究。倪晋仁等（1998）认为城市湿地是随着城市基础设施的扩建，使其生态属性发生变化所形成的并与自然湿地截然不同的湿地系统。朱莹和王超（2004）认为城市湿地是指城市内部或城市近郊的湿地系统。孙广友等（2004）根据城市湿地的分布范围，定义城市湿地为分布于城市（镇）的湿地。王海霞等（2006）认为城市湿地是城市生态环境的重要组成部分，是以自然景观为主的城市公共开放空间，并指出城市湿地是指分布于城市核心区和近郊区，与城市形成、发展息息相关，为实现城市建设目标提供保障的各类湿地。王建华和吕宪国（2007）较细致地探讨了城市湿地的概念和内涵，认为城市湿地是指城市区域之内的海岸与河口、河岸、浅水湖沼、水源保护区、自然和人工池塘，以及污水处理厂等具有水陆过渡性质的生态系统。吴丰林等（2007）认为城市湿地是分布于城市（镇），受城市影响，在生态学属性、景观格局和功能服务等方面已明显不同于自然湿地的人工、半人工湿地或城市建设中残留的自然湿地。汤坚等（2011）认为城市湿地是一个地域上的概念，泛指城市内及其邻近区域的湿地，可能包括所有湿地类型，常见有河流、湖泊、水库、池塘、沼泽、水稻田和滨海湿地等类型。李春华等（2012）认为城市湿地应具有水文、地貌、植物、动物等 4 个要素，是指在城市境内及其周边地区被水所覆盖，有周期性水生植物生长，且有稳定的动物种群的自然或人工生态系统。城市湿地是指位于城市中，由水文、地貌、植物、动物等要素构成的，要素之间相互联系、相互作用形成的具有防洪、污水净化和气候调节等特定功能的一种水陆生态系统（李春华等，2012）。刘令聪等（2013）认为应将城市湿地定义为城市区域内具有水陆过渡性质，以及具有自然湿地不可替代的人文、娱乐休闲和教育价值，但人为干扰强烈的生态系统。杨芳和邝奕轩（2013）将城市地域理解为城市化地区，并认为城市湿地是分布于城市化地区的地表的浅积水或潮湿区，发育有水生土壤和湿生、水生生物群的综合体，包括湖泊、沼泽、河流及低于潮位下 6 m 深的海域。宁中华等（2015）认为城市湿地是城市景观单元中最重要的近自然空间，包括分布于城市区域内天然的、人工的河流湿地、湖泊湿地、沼泽湿地及河口海岸湿地等。张慧等（2016）将城市湿地定义为位于城市及其周边，与城市人居环境产生互动作用的水陆过渡性质的生态系统。城市湿地不同于其他类型湿地，主要体现在城市湿地所具备的休闲教育功能及其变化所受到的人为影响上。同时，将城市湿地的主要类型划分为湖泊、河流、沼泽、池塘、蓄水池、水库、沟渠、运河和城市滨海湿地等。陈久和（2003）曾注意到城市边缘地带的湿地，并认为城市边缘地带的湿地生态系统具有 3 个方面的脆弱性特征：①构成该生态系统的群体因子和个体因子存在内在的不稳定性；②该生态系统对外界的干扰和影响（自然的或社会的）较敏感；③在外来干扰和外部环境变化的胁迫下，该生态系统的群体因子和个体因子易遭受某种程度的损失或损害，并且难以复原。王海霞等（2005b）认为城市周边湿地指的是分布在城市外围、与城市发展息息相关的各类湿地，包括河流、湖泊、沼泽、水库、运河等，它们是城市的主要供水源地、交通运输通道和生态安全屏障。

可以看出，国内学者对城市湿地的定义首先都强调了城市湿地的具体位置，即城市湿地是指分布于城市地域范围内的湿地，杨芳和邝奕轩（2013）则强调城市化地区。其次，上述国内学者的相关定义主要包括以下几个特点：①有些强调了城市湿地的类型，包括自然湿地、半人工湿地和人工湿地等；②有些强调了城市湿地的部分生态服务和功能；③还有些强调了湿地是生态系统，并指出了其基本要素。

综合上述相关国内外文献，以及我们对城市湿地的认识（董鸣等 2013），我们所理解的城市是一个行政管理的地域范围，同时认为描述城市湿地应从以下几个方面考虑：①生态系统生态学是认识城市的重要理论基础；②城市湿地是城市生态系统的重要组成部分；③作为城市生态系统的组成部分，城市湿地明显受到人类活动的影响；④城市湿地本身也是一种生态系统，不仅具有其自身独特的结构和功能，同时也具有重要的生态系统服务特征。因此，如本书前言所定义的，我们认为城市湿地是指毗邻或组成城市并与城市或城市其他组成部分有着密切持续联系的相互作用的湿地。城市湿地是构成城市生态系统的组分之一，具有独特的生态系统结构、功能和服务特征和多样化的类型。

2.3　城市湿地的类型和分布

城市湿地因城市的地理位置、地形地貌、水文条件、植被及城市的性质等表现出复杂多样的类型（Boutin & Keddy 1993；Walsh 2000；陆健健等 2006；王建华和吕宪国 2007；董鸣等 2013）。

目前，国际上对城市湿地的分类尚不明确。一般基于城市的地理位置、城市内部的地形地貌，结合《湿地公约》或其他分类系统进行研究（向闱等 2006；雷霆和崔国发 2010；Aitkenhead-Peterson et al. 2011；Everard & Moggridge 2012；恭映璧等 2012；Hettiarachchi et al. 2014b）。

由于城市既可建在河、湖湿地上，也可建在河口海岸湿地上，如考虑河口滨海湿地对城市发展影响的特殊性，则将城市划分为河岸城市、湖滨城市、河口滨海城市、沼泽湿地城市4个基本类型（表1-5），如上海、广州属于河口滨海城市，南京、哈尔滨属于河岸城市，杭州、苏州等属于湖滨城市。

表1-5　湿地与城市（改自王海霞等 2005a）

湿地类型	景观结构	主要功能	城市类型
河口滨海湿地	丁字形（线状、指状河道与面状浅海交汇）	流域资源、淡水、交通、商旅、信息、审美、海洋资源等	河口滨海城市
河流湿地	线状、条带状、指状（近河口）、网状（复杂水道）	流域资源、淡水、交通、商旅、信息、审美	河岸城市
湖泊湿地	面状为主，兼具条带状	湖区资源、淡水、交通、商旅、审美	湖滨城市
沼泽湿地	面状湿草地	土地资源、草场	沼泽湿地城市

一般城市湿地包括自然城市湿地和人工城市湿地两大类，在两大类下再进行若干划分。自然城市湿地或原本就存在于城市区域内，或是在城市扩张中被纳入了自身的区域。人工城市湿地是经过人为因素形成的，在城市中被用于工业排污处理或者其他用途，如城市公共绿地中的湿地，以及居住区内人工挖掘而成的水塘和溪流等景观湿地。

孙广友等（2004）认为城市湿地可以包括河流湿地、湖泊湿地、沼泽湿地及河口海岸湿地等，它们既有天然的也有人工的。王海霞等（2005a）结合城市湿地的特点，特别是人为影响强度、综合功能等因素，初步提出城市湿地的二级分类体系，其中：一级类型主要依据人类影响程度，据此认为城市湿地包括自然湿地、半人工湿地和人工湿地3种类型。二级类型主要依据水文、地貌和生态等因子，在各一级类型下又划出13个二级类型（表1-6）。

表1-6　城市湿地分类简表（引自王海霞等 2005a）

类型等级	一级（类）	二级（型）
分类依据	人类影响程度	水文、地貌、生态
类型名称	自然湿地	河口海岸湿地
		河流湿地
		湖泊湿地
		沼泽湿地
		地热、泉水湿地
	半人工湿地	半人工河流湿地
		半人工湖泊湿地
		半人工沼泽湿地
		半人工园林湿地
	人工湿地	人工河流湿地
		人工湖泊湿地
		人工沼泽湿地
		人工园林湿地

参照《湿地公约》的湿地分类系统，以及我国目前湿地调查和监测所采用的湿地分类系统，宫兆宁等（2006）认为北京湿地类型包括两个大类，即自然湿地和人工湿地，其中自然湿地主要为河流，人工湿地包括鱼虾蟹池、湖泊、稻田、水库、人工河渠和拦水坝等（表1-7）。

表 1-7　北京湿地分类体系（引自宫兆宁等 2006）

一级	二级	三级	四级
自然湿地	河流	常年性河流	一级永久性河流
			二级支流
		季节性河流	一级河流
			二级支流
		洪泛平原湿地	低河漫滩
		河谷	高河漫滩
			阶地
人工湿地	鱼虾蟹池		
	湖泊	永久性淡水湖	
		季节性淡水湖	
	稻田		
	水库	大型水库	
		中型水库	
		小型水库	
	人工河渠	人工运河	
		人工水渠	
	拦水坝		

雷霆和崔国发（2010）认为北京郊区湿地类型主要为河流湿地和库塘湿地，依据《湿地公约》中的湿地分类系统，并结合区域的基质、土壤类型、污染源、水资源现状和人为干扰状况等，对北京市郊区湿地类型采用三级分类进行划分：第一级根据湿地的成因划分为人工湿地和天然湿地。将自然形成、人为水利设施对水文特征和生态系统结构特征影响极少的湿地归入天然湿地，将人工水利设施或人为开掘的湿地归入人工湿地。第二级则根据水文特征和功能作用划分为永久性河流、季节性河流、运河、库塘和湿地公园。其中，将天然湿地中常年有水且全年无断流现象的湿地划为永久性河流；将一年中存在断流期或长期断流的湿地划为季节性河流；将人工湿地中行使蓄水、消洪、灌溉等功能的湿地划入库塘；将人为开掘的以航运为主要功能的湿地划入运河；将用于观赏游览、科研教育建造的湿地划入湿地公园。第三级根据湿地水分、基质和人为干扰程度划分，最终将北京郊区湿地划为 22 个类型。

宫兆宁（2011）根据北京湿地系统的具体组成情况，将北京湿地划分为自然湿地和人工湿地两大类，其中自然湿地包括河流湿地，人工湿地则包括水库湖泊、坑塘稻田、人工水渠和公园湿地等。李静等（2013）结合杭州市的湿地实地调查情况，划分出杭州城市的二级分类湿地类型（表 1-8）。

陈鹏等（2014）参照国家林业局《全国湿地资源调查技术规程（试行）》，结合厦门滨海湿地特点，将厦门湾滨海湿地景观分为自然湿地（包括浅海、滩涂、河流、河口）和人工湿地（包括沙滩、水库坑塘、养殖区、盐田）等两大类 8 种类型。

曹娓等（2012）指出城市湿地总体分为两类：一类是半人工与自然湿地的复合体，另一类是人工湿地，如河流与湖泊（杭州西湖、南京玄武湖），以及一些城市建设的城市湿地公园等属于半人工与自然湿地；而城市中的人工湿地则较复杂，主要包括：①淡水或海水养殖区域，如池塘、鱼虾蟹养殖塘等；②农用湿地，水塘、蓄水池、小型水池、稻田、水沟、水

表 1-8 杭州城市湿地资源分类系统（引自李静等 2013）

一级分类	二级分类	实例
沼泽湿地	芦苇沼泽	西溪湿地
湖泊湿地	永久性淡水湖	西湖、华家池
河流湿地	永久性河流	钱塘江、贴沙河、余杭塘河等
人工湿地	水产池塘	下沙镇乔司农场
	水塘	西湖区袁浦镇水塘
	灌溉地	西湖区三墩镇水田区
	蓄水区	九溪珊瑚沙水库
	运河、排输水渠系	京杭大运河

渠及季节性洪泛耕地等；③盐田、盐池；④工业湿地，污水处理系统中的沉淀池、氧化池、处理厂等；⑤蓄水区，水库（具有缓慢的季节性水位变化）、水电坝（具有周、月度的季节性水位变化）；⑥运河。

崔保山等（2004）按照国家林业局颁布的分类标准，结合南沙地区的实际情况做出初步的湿地分类系统，将其划分为近海及海岸湿地、库塘和灌溉地与水生作物地 3 类，其中，近海及海岸湿地包括浅海水域、岩石性海岸、潮间砂石海滩、潮间淤泥海滩、红树林沼泽和河口水域；库塘包括水库、水产和农用池塘；灌溉渠系、稻田、水生作物地是本区具有特殊功能效益和特定用途的湿地。并且他考虑了这些湿地的易变性和不稳定性，确定了南沙地区的重点湿地。

2.4 城市湿地的分类原则及分类

近年来，城市湿地生态系统的研究和保护利用日益受到重视，但目前仍没有一套完善的城市湿地分类系统，在一定程度上阻碍了城市湿地科研和保护管理工作的深入开展。随着对城市湿地认识的深入，依据《湿地公约》并结合我国目前湿地调查监测所采用的湿地分类系统，建立一套城市湿地分类系统有助于城市湿地资源调查、监测和保护，以及城市湿地生态服务功能的核算。

我们认为在构建城市湿地分类系统上，应坚持如下原则。

（1）完整性和综合性原则：构建的分类系统能直接覆盖所有的城市湿地类型，适合各城市湿地类型的实际情况，不仅有利于深入研究城市湿地生态过程，也有利于综合分析不同城市湿地的起源、发展。

（2）层次性与简洁性原则：城市湿地类型的划分、城市湿地分类的结构是分级式的，由大到小，主要类型应符合《湿地公约》建议采用的湿地分类系统，并与我国湿地调查与监测所采用的湿地分类系统相结合；同时，能够比较简洁地反映多样化的城市湿地类型。

（3）可识别性与对比性原则：能够判断、解析城市湿地生态系统的属性及其主要特征。同时，充分考虑城市湿地生态系统的动态发展过程，纵向深入分析城市湿地的起源与变迁；也可以与其他不同城市的湿地生态系统进行横向比较。

（4）可操作性和实用性原则：应符合科学研究和湿地主管部门对湿地分类的习惯和俗称，在科学研究和管理决策的实践中易于操作，在较长的时间和大范围内都能适用于开展城市湿地的科学研究，并能为城市湿地管理部门的规划提供依据。

根据上述原则，以《湿地公约》和全国第二次湿地调查划分标准为基础，结合城市湿地类型实际情况，我们对城市湿地的类型进行了初步划分并建立了一套分类系统（表 1-9）。

表 1-9　城市湿地的分类系统

城市地理位置（1 级）	城市规模（2 级）	湿地性质（3 级）	湿地类型（4 级）
滨海城市	大城市	自然湿地	浅海水域
			海草床
			珊瑚礁
			岩石海岸
			沙滩、砾石与卵石滩
			河口水域
			滩涂
			盐沼
			红树林沼泽
			咸水、碱水潟湖
			海岸淡水潟湖
			滨海岩溶洞穴水系
			河流
			湖泊
		人工湿地	鱼虾养殖塘
			水塘
			灌溉地
			农用洪泛湿地
			盐田
			蓄水区
			采掘区
			污水处理厂
			运河、排水渠
			地下输出系统
	中小城市	自然湿地	浅海水域
			海草床
			珊瑚礁
			岩石海岸
			沙滩、砾石与卵石滩
			河口水域
			滩涂
			盐沼
			红树林沼泽
			咸水、碱水潟湖
			海岸淡水潟湖
			滨海岩溶洞穴水系
			河流

续表

城市地理位置（1级）	城市规模（2级）	湿地性质（3级）	湿地类型（4级）
滨海城市	中小城市	自然湿地	湖泊
		人工湿地	鱼虾养殖塘
			水塘
			灌溉地
			农用洪泛湿地
			盐田
			蓄水区
			采掘区
			污水处理厂
			运河、排水渠
			地下输出系统
内陆城市	大城市	自然湿地	内陆三角洲
			河流
			时令河
			湖泊
			时令湖
			盐湖
			时令盐湖
			内陆盐沼
			时令碱水、咸水盐沼
			淡水草本沼泽
			泛滥地
			草本泥炭地
			高山湿地
			灌丛湿地
			淡水森林沼泽
			森林泥炭地
			淡水泉
			地热湿地
			内陆岩溶洞穴水系
		人工湿地	鱼虾养殖塘
			水塘
			灌溉地
			农用洪泛湿地
			盐田
			蓄水区
			采掘区
			污水处理厂
			运河、排水渠

续表

城市地理位置（1级）	城市规模（2级）	湿地性质（3级）	湿地类型（4级）
内陆城市	大城市	人工湿地	地下输出系统
	中小城市	自然湿地	内陆三角洲
			河流
			时令河
			湖泊
			时令湖
			盐湖
			时令盐湖
			内陆盐沼
			时令碱水、咸水盐沼
			淡水草本沼泽
			泛滥地
			草本泥炭地
			高山湿地
			灌丛湿地
			淡水森林沼泽
			森林泥炭地
			淡水泉
			地热湿地
			内陆岩溶洞穴水系
		人工湿地	鱼虾养殖塘
			水塘
			灌溉地
			农用洪泛湿地
			盐田
			蓄水区
			采掘区
			污水处理厂
			运河、排水渠
			地下输出系统

1级：根据城市的地理位置，将城市分为滨海城市和内陆城市。

滨海城市是指坐落于沿海附近的城市，内陆城市则是指那些远离海岸的城市，也包括沿海省份的一些内陆城市。

2级：根据城市化程度，将城市分为大城市与中小城市。

世界各国目前对大中小城市规模概念尚未有统一定论。我国在快速的城市化过程中，城市数量和规模都有了明显增长，为此，国务院印发了《国务院关于调整城市规模划分标准的通知》，该通知对原有城市规模划分标准进行了调整，明确了新的城市规模划分标准：以城区常住人口为统计口径，将城市划分为5类7档：城区常住人口＜50万的城市为小城市，其中，20 万～50 万的城市为Ⅰ型小城市，＜20 万的城市为Ⅱ型小城市；城区常住人口 50 万～100 万的城市为中等城市；城区常住人口 100 万～500 万的城市为大城市，其中，300 万～500 万的城市为Ⅰ型大城市，100 万～300 万的城市为Ⅱ型大城市；城区常住人口 500 万～1000 万的城市为特大城市；城区常住人口＞1000 万的城市为超大城市。孙晓等（2016）结合目前我国城市人口规模现状，将全国地级及其以上城市划分为巨大、特大型城市（＞300 万），大型城市（100 万～300 万），中小型城市（＜100 万）3 类。

3 级：按城市湿地的特征进行划分。城市湿地体现出成因的复杂性和类型的多样性。将湿地分为自然湿地与人工湿地。其中，自然湿地的分布主要由区域地理环境条件决定，自然湿地是指湿地生态系统的结构（包括生物和非生物结构），以及生态过程和服务功能没有受到或受人类活动干扰很小，而人工湿地的分布除与自然条件密切相关外，受区域经济生产活动等人文影响因素较大。

4 级：按城市湿地成因的自然属性和水文地理等要素进行分类。在第 4 级主要参照《湿地公约》和我国目前湿地调查监测所采用的湿地分类系统制定划分标准。

参阅相关城市的资料和文献，根据上述分类系统，可以简要准确分析相关城市的湿地类型。

天津市（38°34′～40°15′N，116°43′～118°4′E）地处华北平原东北部、海河流域下游，东邻渤海。天津的湿地包括人工湿地和天然湿地两大类型，其中，天然湿地包括浅海水域、河口水域、滩涂、河流、湖泊、沼泽，人工湿地包括灌溉地（水田）、养殖塘、盐田、水库、排水渠等（曹喆等 2004；刘东云等 2012）。

上海市（30°40′～31°53′N，120°51′～122°12′E）地处长江三角洲前缘，东濒东海，南临杭州湾，其北为长江入海口。长江口湿地是我国一块重要的滨海湿地，主要包括崇明岛东滩、长兴岛头部岸滩、南汇东滩、横沙东滩、南支各沙洲和外海拦门沙洲，以及邻近的沿江沿海部分湿地。上海湿地分为自然湿地和人工湿地两大类，其中，自然湿地包括河流、湖泊、滩涂等，人工湿地包括水塘、稻田等，滩涂湿地是上海经济、社会可持续发展的重要资源，如崇明东滩地处亚太候鸟迁徙路线中段，是东亚最大的候鸟保护区之一，2001 年被列入国际重要湿地名录，2005 年经国务院批准成为国家级自然保护区（谭娟等 2014；尹占娥等 2015）。

武汉市（29°58′～31°22′N，113°41′～115°5′E）位于长江和汉水的交汇处，是我国中部地区的内陆城市，具有丰富的水资源，市内湖泊、河流众多，湿地分布广泛，享有百湖之市的美誉。自然湿地包括河流和湖泊（包括河、湖漫滩，如长江滩涂、江心洲）、沼泽和泛滥地（分布在长江干流江段和汉江干流江段上，如长江天兴洲泛滥地），人工湿地包括水塘和灌溉地（水稻田）（向闻等 2006；孔春芳等 2012）。

杭州市（29°11′～30°34′N，118°20′～120°37′E）地处东南沿海的长江三角洲南翼，是长江三角洲地区的重要中心城市。杭州西北部和西南部是浙西中山丘陵区，东北部和东南部属浙北平原，市区内河网密布，具有典型的江南水乡特色及湿地生态系统的特征。杭州有着江（钱塘江）、河（京杭运河）、湖（西湖、白马湖和湘湖）、海（杭州湾）、溪（西溪）、山（天竺山和老和山）交融的自然环境，其中杭州湾是我国南北滨海湿地的分界线。市域内钱塘江由西南向东北，流经全市大部分地区，京杭运河和杭甬运河贯通市区南北。杭州市区的自然湿地包括浅海水域和滩涂（杭州湾）、河流、湖泊、沼泽湿地等，人工湿地包括养殖塘、水塘、蓄水区（水库）、灌溉地（水田）等（杭州市地方志编纂委员会 2003；李静等 2013）。

尤其是杭州城西地区水网密集，主要为苕溪水系，因地形差异，形成东、西两个不同水系：西部水系以东苕溪为主干，支流众多，呈羽状形；东部水系多属人工开凿的河流，河港交错，湖泊棋布，呈网状形。苕溪水系经市区西北汇入太湖；西湖、西溪、白马湖、湘湖融入其中。该区域拥有包括河流、湖泊、养殖塘、水塘和水田在内的多种湿地类型。总面积约为 390 km^2，因湿地类型的多样化和水系分布集中而成为罕见的城市湿地群（董鸣等 2013）。

西安市（33°39′～34°45′N，107°40′～109°49′E）位于黄河流域中部关中盆地，南依秦岭，北临渭河，地势东南高、西北低，地下水的流向由东南向西北。西安历史上是沼泽密布、河溪成网的地区。目前西安的自然湿地以河流和湖泊（包括河、湖漫滩）、沼泽为主，人工湿地以蓄水区（水库）、灌溉地（水田）和水塘（坑塘）为主（刘宏斌等 2004；王亚文和曹明明 2005）。

大庆市（45°23′～47°28′N，123°45′～125°47′E）位于松嫩平原中部，黑龙江西部，市域内自然湿地包括沼泽（草本沼泽）、盐沼（草丛盐沼）、湖泊、河流，人工湿地包括蓄水区（水库）、排水渠和稻田等（王继富等 2005）。

很多国家都认识到湿地对城市可持续发展的重要作用，关于城市湿地保护、恢复、重建方面的研究工作受到高度重视，特别是湿地在城市景观规划中的运用（Zedler & Leach 1998；Ehrenfeld 2000；Kennedy & Mayer 2002；Bernhardt & Palmer 2007；Erwin 2009；Hettiarachchi et al. 2014a），其中湿地公园作为湿地保护管理体系的重要组成部分，受到各国政府的高度重视。湿地公园是指拥有一定的规模和范围，以湿地景观为主体，以湿地生态系统保护为核心，兼顾湿地生态系统服务功能展示、科普宣教和湿地合理利用示范，蕴含一定的文化或美学价值，具有一定的基础设施，可供人们进行科学研究和生态旅游，并予以特殊保护和管理的湿地区域（崔丽娟等 2009；王立龙等 2010）。

城市湿地公园是生态型城市建设中城市绿地系统和城市水系统的重要组成部分，《城市湿地公园规划设计导则（试行）》（2005）定义“城市湿地公园是一种独特的公园类型，是指纳入城市绿地系统规划的，具有湿地生态功能和典型特征的，以生态保护、科普教育、自然野趣和休闲游览为主要内容的公园”。同时进一步指出城市湿地公园与其他水景公园的区别，在于湿地公园强调了湿地生态系统的生态特性和基本功能的保护和展示，突出了湿地所特有的科普教育内容和自然文化属性。城市湿地公园与湿地自然保护区的区别，在于湿地公园强调了利用湿地开展生态保护和科普活动的教育功能，以及充分利用湿地的景观价值和文化属性丰富居民休闲游乐活动的社会功能。

需要指出的是，城市湿地公园并不包含在上述城市湿地的分类系统之中，我国自 2004 年开始设立国家城市湿地公园以来，截至 2016 年底，我国的城市湿地公园已经达到 53 个。目前已有的城市湿地公园多为河流型公园，即湿地公园内主要以河流湿地为主，其次是湖泊型和沼泽型湿地公园及人工水库复合型城市湿地（张庆辉等 2013）。

著名的杭州西溪国家湿地公园（西溪湿地）位于杭州市的西郊（30°3′35″～30°21′28″N，120°0′26″～120°9′27″E），是国内第一个集城市湿地、农耕湿地、文化湿地于一体的国家湿地公园。杭州西溪国家湿地公园内 6 条纵横交错的河流（沿山河、顾家桥港、五常河、严家港、蒋村港、紫金港）围合汇聚，隶属于杭州市区运河水系的运西片，处于低山丘陵与平原的过渡地带。该区域内的行洪河道主要包括南北向的五常港、蒋村港、紫金港，这些河流最终均向北汇入余杭塘河，东西向的主要有沿山河。流域内河网密布，河流总长约 100 km，水系输入、输出较为复杂，池塘、河港、沟汊、溪流共同构成水环境（谢长永等 2011）。按本部分上述的城市湿地分类系统划分，杭州西溪湿地内部自然湿地包括河流（包括河流滩地），人工湿地包括养殖塘、水田、水塘、排水渠等。西溪湿地内部大小水塘有 2700 余个，为突出其农耕与文化特色，各种养殖塘又分别被称为柿基鱼塘、桑基鱼塘、竹基鱼塘、蔗基鱼塘、菜基鱼塘（蒋毅科等 2008）。

第三节　总结与展望

对于拥有丰富湿地资源的城市来讲，保护和合理利用湿地资源不仅是城市生态环境保护的需要，也是城市可持续发展的根本需要。因此，在城市地域甚至更大空间尺度上及时准确地掌握城市湿地的类型及其动态变化，将有利于城市湿地的合理开发和保护实践。

近些年，国内外相关学者针对城市中具体的湿地开展了比较深入的研究，但通过前文可以发现在城市湿地的研究中，有两个基本的问题并没有解决，即城市湿地的概念和城市湿地类型的划分。在湿地科学的研究中，湿地的概念和分类是湿地科学理论的核心问题之一，也是湿地科学发展水平的标志。另外，科学的湿地分类方法是湿地资源保护、利用和管理的基础，也是不同尺度、不同层次的湿地资源清查及评价工作中必须解决的基本问题。因此，城市湿地的科学定义和科学分类同样是城市湿地研究领域和城市生态建设实践中的基本问题，鉴于此，我们定义了城市湿地的概念，同时依据《湿地公约》和我国湿地调查与监测所采用的湿地分类系统，针对多样化的城市类型，结合城市湿地类型实际情况和相关研究成果，初步建立了一套城市湿地的分类体系，希望在抛砖引玉的同时，能够引起相关研究者的兴趣，共同促进城市湿地科学研究的发展。

《湿地公约》认为，自 21 世纪以来，受经济发展、城市化过程和全球气候变化等影响，湿地退化已成为一种全球现象，因此，2015 年 6 月召开的《湿地公约》第 12 届缔约方大会讨论并审议了湿地城市认证等决议草案，提出了世界湿地城市（World Wetland City）理念，其认定的湿地城市是一个指定的城镇（城市或农村），通过它的居民、地方政府和资源持续促进保护和合理利用其范围内或附近的国际重要湿地和其他湿地，尊重它的物理和社会环境及其传统，支持可持续的、有活力的、创新型的经济发展，以及与这些湿地相联系的教育活动（Ramsar 2015；马梓文和张明祥 2015），可以预见世界湿地城市的理念和认证不仅会促进城市湿地科学深入发展，而且会引起各国政府更加注重城市湿地的建设和保护工作。

结合《湿地公约》有关研究中心和指导原则的转变，我们认为除了对城市湿地的科学定义和分类体系继续进行深入研究外，在今后城市湿地的研究中，应该深入开展并加强以下几个方面的工作。

（1）开展典型城市湿地生态系统生态过程及其服务的综合研究，需要基于对生态系统结构与功能的深入研究（Stander & Ehrenfeld 2009），并且与自然湿地类型作比较。为此，应该建立国家城市湿地生态系统监测研究台站及其网络。

（2）在进行城市湿地生态过程和生态服务的研究时，应注重城市湿地生态学研究的时空尺度。在时间尺度上，城市湿地因人为干扰如移植植物、疏浚等导致地上植被和地下土壤发育遭受经常性干扰，土壤结构和功能的恢复常常需要更长的时间尺度（Ballantine & Schneider 2009；Hossler & Bouchard 2010），在空间尺度上需要综合考虑到城市湿地与区域的水资源治理、土地利用方式的联系。针对具体的城市湿地类型，要充分考虑城市湿地内部的异质性和多样化特征。

（3）湿地景观研究是近 20 多年来发展迅速的研究领域之一，并已结合到城市湿地的研究中。结合“3S”技术，开展城市湿地景观分类不仅有助于完善城市湿地生态系统分类，也有助于反映城市湿地生态系统的景观空间分异和组织关联，揭示其空间结构与功能特征。

（4）将城市湿地生态系统的研究与国家或地方的重大生态环保政策结合起来，如城市湿地的研究工作应尽快与我国政府近年相继实施的生态红线和海绵城市建设联系起来，从社会-经济-自然复合生态系统的角度深入开展城市湿地生态系统的研究。

参 考 文 献

曹娓，马珂，王渊. 2012. 城市湿地的功能及城市发展对其影响研究. 安徽农业科学, 40(12): 7224-7225.

曹喆，丁立强，梅鹏蔚. 2004. 天津市湿地环境变迁及成因分析. 湿地科学, 2(1): 74-79.

柴岫. 1965. 若尔盖高原的沼泽. 北京：科学出版社.

潮洛蒙，俞孔坚. 2003. 城市湿地的合理开发与利用对策. 规划师, 19(7): 75-77.

陈建伟，黄桂林. 1995. 中国湿地分类系统及其划分指标的探讨. 林业资源管理, (5): 65-71.

陈久和. 2003. 城市边缘湿地生态环境脆弱性研究——以杭州西溪湿地为例. 科技通报, 19(5): 395-398.

陈鹏，傅世锋，超祥，等. 2014. 1989～2010 年间厦门湾滨海湿地人为干扰影响评价及景观响应. 应用海洋学学报, 33(2): 167-174.

陈如海，詹良通，陈云敏，等. 2010. 西溪湿地底泥氮、磷和有机质含量竖向分布规律. 中国环境科学, 30(4): 493-498.

陈雯，宋伟轩，杨桂山. 2013. 长江三角洲城镇密集区的城市化发展态势、动力与趋势. 中国科学院院刊, 28(1): 28-38.

陈彦光. 2008. 三个城市地域概念的辨析. 城市发展研究, 15(2): 81-84.

陈宜瑜. 1995. 中国湿地研究. 长春：吉林科学技术出版社.

陈征海，刘安兴，李根有，等. 2002. 浙江天然湿地类型研究. 浙江大学学报(农业与生命科学版), 28(2): 156-160.

崔保山，杨志峰，李英华，等. 2004. 城市拓展中湿地的综合保护与发展. 自然资源学报, 19(4): 462-471.

崔丽娟，李伟，赵欣胜，等. 2012. 北京西卓家营湿地沉水植物群落组成与水环境因子的关系. 林业科学, 48(6): 18-23.

崔丽娟，王义飞，张曼胤，等. 2009. 国家湿地公园建设规范探讨. 林业资源管理, (2): 17-20.

崔丽娟，张曼胤，何春光. 2007. 中国湿地分类编码系统研究. 北京林业大学学报, 29(3): 87-92.

董鸣，王慧中，匡廷云，等. 2013. 杭州城西湿地保护与利用战略概要. 杭州师范大学学报(自然科学版), 12(5): 385-390.

樊杰，刘毅，陈田，等. 2013. 优化我国城镇化空间布局的战略重点与创新思路. 中国科学院院刊, 28(1): 20-27.

宫宁，牛振国，齐伟，等. 2016. 中国湿地变化的驱动力分析. 遥感学报, 20(2): 172-183.

宫兆宁，张翼然，宫辉力，等. 2011. 北京湿地景观格局演变特征与驱动机制分析. 地理学报, 66(1): 77-88.

宫兆宁，赵文吉，宫辉力，等. 2006. 基于遥感技术北京湿地资源变化研究. 中国科学, 36(S1): 94-103.

恭映璧，靖磊，彭磊，等. 2012. 长沙城市斑块湿地资源的时空演变. 生态学报, 32(23): 7302-7311.

国家林业局. 2000. 中国湿地保护行动计划. 北京：中国林业出版社.

韩大勇，杨永兴，杨杨，等. 2012. 湿地退化研究进展. 生态学报, 32(4): 1294-1307.

杭州市地方志编纂委员会. 2003. 杭州年鉴. http: //www.hangzhou.gov.cn/col/col805837/index.html [2016-10-28].

侯伟, 匡文慧, 张树文, 等. 2006. 近 50 年来三江平原北部土地利用/土地覆被变化及生态效应分析. 生态环境学报, 15(4): 752-756.

环境科学大辞典编辑委员会. 1991. 环境科学大辞典. 北京: 中国环境科学出版社.

贾兴焕, 吴明, 邵学新, 等. 2010. 西溪湿地封闭水塘浮游植物群落特征及其影响因素. 生态学杂志, 29(9): 1743-1748.

姜芸, 李锡泉. 2007. 湖南省湿地标准与分类以及湿地资源. 中南林业科技大学学报, 27(2): 92-95.

蒋锦刚, 李爱农, 边金虎, 等. 2012. 1974～2007 年若尔盖县湿地变化研究. 湿地科学, 10(3): 318-326.

蒋毅科, 吴明, 丁平, 等. 2008. 杭州西溪国家湿地. 中国城市林业, 6(4): 20-24, 33.

孔春芳, 王静, 张毅, 等. 2012. 武汉城市湿地景观格局时空结构演化及驱动机制研究. 中山大学学报(自然科学版), 51(4): 119-128.

郎惠卿. 1999. 中国湿地植被. 北京: 科学出版社.

郎惠卿, 祖文辰, 金树仁. 1983. 中国沼泽. 济南: 山东科学技术出版社.

雷霆, 崔国发. 2010. 北京市郊区湿地类型划分及分布. 湿地科学, 8(3): 293-298.

李春华, 江莉佳, 曾广. 2012. 国外城市湿地研究的现状、问题及前瞻. 中南林业科技大学学报, 32(12): 25-30.

李春晖, 郑小康, 牛少凤, 等. 2009. 城市湿地保护与修复研究进展. 地理科学进展, 28(2): 271-279.

李根有, 陈征海, 刘安兴, 等. 2002. 浙江省湿地植被分类系统及主要植被类型与分布特点. 浙江农林大学学报, 19(4): 356-362.

李静, 王秀珍, 黄敬峰. 2013. 1978～2010 年杭州城市湿地动态变化定量研究. 科技通报, 29(3): 201-207.

李玉凤, 刘红玉. 2014. 湿地分类和湿地景观分类研究进展. 湿地科学, 12(1): 102-108.

李玉凤, 刘红玉, 曹晓, 等. 2010. 城市湿地公园景观健康空间差异研究——以杭州西溪湿地公园为例. 地理学报, 65(11): 1429-1437.

林巧莺, 林广发, 陈志鸿, 等. 2006. 1993～2003 年厦门市湿地动态变化及其驱动因素分析. 湿地科学, 4(4): 298-303.

刘东云, 黄晓磊, 杜林芳, 等. 2012. 天津湿地景观格局动态变化. 生态学杂志, 31(11): 2914-2920.

刘宏斌, 金奇庭, 李卓, 等. 2004. 西安地区湿地资源研究. 西北大学学报(自然科学版), 34(3): 349-354.

刘令聪, 林萍, 汪学华, 等. 2013. 城市湿地特征及其生态恢复. 湿地科学与管理, 9(1): 54-56.

刘平, 关蕾, 吕偲, 等. 2011. 中国第二次湿地资源调查的技术特点和成果应用前景. 湿地科学, 9(3): 284-289.

刘兴土. 1997. 中国沼泽综合分类系统的探讨. 地理科学, 17: 389-400.

刘兴土, 姜明, 文波龙. 2012. 我国湿地学科建设与发展的若干问题探讨. 杭州师范大学学报(自然科学版), 11(4): 289-294.

刘子刚, 马学慧. 2006. 湿地的分类. 湿地科学与管理, 2(1): 60-63.

刘子刚, 马学慧. 2008. 中国湿地概览. 北京: 中国林业出版社.

陆健健. 1990. 中国湿地. 上海: 华东师范大学出版社.

陆健健, 何文珊, 童春富, 等. 2006. 湿地生态学. 北京: 高等教育出版社.

陆健健, 王伟. 2007. 湿地生态恢复. 湿地科学与管理, 3(1): 33-35.

陆强, 陈慧丽, 邵晓阳, 等. 2013. 杭州西溪湿地大型底栖动物群落特征及与环境因子的关系. 生态学报, 33(9): 2803-2815.

吕宪国. 2004. 湿地生态系统保护与管理. 北京: 化学工业出版社.

吕宪国, 刘晓辉. 2008. 中国湿地研究进展——献给中国科学院东北地理与农业生态研究所建所 50 周年. 地理科学, 28(3): 301-308.

马学慧, 牛焕光. 1991. 中国的沼泽. 北京: 科学出版社.
马梓文, 张明祥. 2015. 从《湿地公约》第12次缔约方大会看国际湿地保护与管理的发展趋势. 湿地科学, (5): 523-527.
缪丽华, 陈博君, 季梦成, 等. 2011. 西溪湿地外来植物及其风险管理. 湿地科学与管理, 7(2): 49-54.
倪晋仁, 殷康前, 赵智杰. 1998. 湿地综合分类研究: Ⅰ. 分类. 自然资源学报, 13(3): 214-221.
宁中华, 龙爽, 袁媛, 等. 2015. 城市湿地与城市生态安全关系初探. 东北师大学报(自然科学版), 47(1): 158-162.
牛振国, 宫鹏, 程晓, 等. 2009. 中国湿地初步遥感制图及相关地理特征分析. 中国科学: 地球科学, 39(2): 188-203.
牛振国, 张海英, 王显威, 等. 2012. 1978～2008年中国湿地类型变化. 科学通报, 57(16): 1400-1411.
邵学新, 吴明, 蒋科毅, 等. 2009. 西溪国家湿地公园底泥重金属污染风险评价. 林业科学研究, 22(6): 801-806.
沈琪, 刘珂, 李世玉, 等. 2008. 杭州西溪湿地植物组成及其与水位光照的关系. 植物生态学报, 32(1): 114-122.
宋晓林, 吕宪国. 2009. 中国退化河口湿地生态恢复研究进展. 湿地科学, 7(4): 379-384.
宋永昌, 由文辉, 王祥荣. 2000. 城市生态学. 上海: 华东师范大学出版社.
孙广友. 2000. 中国湿地科学的进展与展望. 地球科学进展, 15(6): 666-672.
孙广友, 王海霞, 于少鹏. 2004. 城市湿地研究进展. 地理科学进展, 23(5): 94-100.
孙晓, 刘旭升, 李锋, 等. 2016. 中国不同规模城市可持续发展综合评价. 生态学报, 36(17): 5590-5600.
谭娟, 黄沈发, 王卿, 等. 2014. 上海市滩涂湿地生态系统健康评价及成因分析. 长江流域资源与环境, 23(12): 1705-1713.
汤坚, 顾长明, 周小春. 2011. 城市湿地的保护与利用. 北京林业大学学报, 33(s2): 54-56.
唐小平, 黄桂林. 2003. 中国湿地分类系统的研究. 林业科学研究, 16(5): 531-539.
唐小平, 王志臣, 张阳武, 等. 2013. 全国湿地资源调查技术体系设计及结果分析. 林业资源管理, (6): 62-69.
佟凤勤, 刘兴土. 1995. 中国湿地生态系统研究的若干建议//陈宜瑜. 中国湿地研究. 长春: 吉林科学技术出版社: 10-14.
王翀, 林慧龙. 2012. 中国内陆天然湿地的类型特征及分布规律——Ⅰ类的划分. 草业学报, 21(1): 262-272.
王飞, 谢其明. 1990. 论湿地及其保护和利用——以洪湖湿地为例. 自然资源学报, 5(4): 297-303.
王海霞, 孙广友, 宫辉力, 等. 2016. 北京市可持续发展战略下的湿地建设策略. 干旱区资源与环境, 20(1): 27-32.
王海霞, 孙广友, 于少鹏, 等. 2005a. 湿地对城市形成、演进及可持续发展制约机制的探讨. 湿地科学, 3(2): 104-109.
王海霞, 孙广友, 于少鹏, 等. 2005b. 湿地与我国内陆城市的可持续发展. 干旱区资源与环境, 19(3): 6-9.
王继富, 刘兴土, 陈建军. 2005. 大庆市湿地退化的生态表征与保护对策研究. 湿地科学, 3(2): 143-148.
王建华, 吕宪国. 2007. 城市湿地概念和功能及中国城市湿地保护. 生态学杂志, 26(4): 555-560.
王立龙, 陆林, 唐勇, 等. 2010. 中国国家级湿地公园运行现状、区域分布格局与类型划分. 生态学报, 30(9): 2406-2415.
王学雷, 蔡述明, 曾艳红. 2002. 湖北湿地的保护与利用. 长江流域资源与环境, 11(5): 437-441.
王亚文, 曹明明. 2005. 西安地区湿地的历史与现状. 湿地科学, 3(2): 154-159.
王毅杰, 俞慎. 2013. 三大沿海城市群滨海湿地的陆源人类活动影响模式. 生态学报, 33(3): 998-1010.
魏兰, 汪小钦, 陈芸芝. 2011. 近10年福州市滨海湿地变化研究. 湿地科学, 9(3): 251-256.
吴丰林, 周德民, 胡金明. 2007. 基于景观格局演变的城市湿地景观生态规划途径. 长江流域资源与环境, 16(3): 368-372.
向闻, 刘苏, 刘胜祥. 2006. 武汉市湿地分布现状调查与分析. 湿地科学, 4(2): 155-160.
肖涛, 宋垚彬, 姜丹, 等. 2014. 植物功能性状对城市湿地水体富营养化的响应研究进展. 湿地科学与管理, 10(2): 62-65.
谢长永, 徐同凯, 黄瑞建, 等. 2011. 杭州西溪湿地区域尺度水质的比较分析. 杭州师范大学学报(自然科学版), 10(3): 242-247.
徐东霞, 章光新. 2007. 人类活动对中国滨海湿地的影响及其保护对策. 湿地科学, 5(3): 282-288.
闫长平, 马延吉. 2010. 人类产业活动对湿地环境的影响研究进展. 湿地科学, 8(1): 98-104.
闫芊, 陆健健, 何文珊. 2007. 崇明东滩湿地高等植被演替特征. 应用生态学报, 18(5): 1097-1101.
杨芳, 邝奕轩. 2013. 城市湿地的保护与可持续利用. 城市问题, (5): 26-30.
杨永兴. 1988. 三江平原沼泽的生态分类. 地理研究, 9(1): 27-35.
杨永兴. 2002. 国际湿地科学研究的主要特点、进展与展望. 地理科学进展, 21(2): 111-120.
杨永兴, 刘长娥, 杨杨. 2011. 长江河口九段沙中沙互花米草湿地植物-土壤间营养元素含量灰色关联分析. 环境科学研究, 21(1): 66-72.
殷书柏, 吕宪国. 2006. 湿地边界确定研究进展. 地理科学进展, 25(4): 41-48.
尹占娥, 田娜, 殷杰, 等. 2015. 基于遥感的上海市湿地资源与生态服务价值研究. 长江流域资源与环境, 24(6): 925-930.
余国营. 2001. 湿地研究的若干基本科学问题初论. 地理科学进展, 20(2): 177-183.
翟可, 徐惠强, 姚志刚, 等. 2013. 江苏省湿地保护现状、问题及对策. 南京林业大学学报(自然科学版), 37(3): 175-180.
张慧, 李智, 刘光, 等. 2016. 中国城市湿地研究进展. 湿地科学, 14(1): 103-107.
张庆辉, 赵捷, 朱晋, 等. 2013. 中国城市湿地公园研究现状. 湿地科学, 11(1): 129-135.
张琼, 宋垚彬, 蒋跃平, 等. 2014. 植物入侵对城市湿地生态系统中本地植物的影响. 杭州师范大学学报(自然科学版), 13(6): 628-633.
张世瑕, 王紫雯, 张继明. 2007. 流域湿地的景观生态特性分析与景观特征指数的运用——以杭州沿山河流域和西溪湿地为例. 浙江大学学报(工学版), 41(6): 1053-1060.
张骁栋, 葛滢, 叶哲璐, 等. 2006. 杭州人工湿地与西溪湿地 4 种植物光合生理生态比较. 湿地科学, 4(2): 138-144.
张绪良, 徐宗军, 张朝晖, 等. 2010. 中国北方滨海湿地退化研究综述. 地质论评, 56(4): 561-567.
张永民, 赵士洞, 郭荣朝. 2008. 全球湿地的状况、未来情景与可持续管理对策. 地球科学进展, 23(4): 415-420.
赵魁义. 1995. 湿地研究的现状与展望//陈宜瑜. 中国湿地研究. 长春: 吉林科学技术出版社: 1-9.
赵晓涛, 杨威, 周丹, 等. 2008. 影响我国河口地区可持续发展的五大问题. 海洋开发与管理, 25(3): 91-93.
郑小康, 李春晖, 黄国和, 等. 2008. 流域城市化对湿地生态系统的影响研究进展. 湿地科学, 6(1): 87-96.
中国自然保护纲要编写委员会. 1987. 中国自然保护纲要. 北京: 中国环境科学出版社.
周梦瑶, 宋垚彬, 李文兵, 等. 2015. 海南湿地保护现状及主要威胁因素探析. 杭州师范大学学报(自然科学版), 14(6): 602-607, 640.
周一星, 史育龙. 1995. 建立中国城市的实体地域概念. 地理学报, 62(4): 289-301.
朱建国, 李应中. 1996. 中国湿地研究现状综述. 中国农业资源与区划, 2(2): 21-24.
朱莹, 王超. 2004. 浅述城市及边缘湿地的特性及其保护. 甘肃环境研究与监测, 17(2): 34-40.
Aitkenhead-Peterson J A, Nahar N, Harclerode C L, et al. 2011. Effect of urbanization on surface water chemistry in south-central Texas. Urban Ecosyst, 14(2): 195-210.
Alsfeld A J, Bowman J L, Jacobs A D. 2010. The influence of landscape composition on the biotic

community of constructed depressional wetlands. Restor Ecol, 18(2): 370-378.
An S, Li H, Guan B, et al. 2007. China's natural wetlands: past problems, current status, and future challenges. Ambio, 36(4): 335-342.
Ballantine K, Schneider R. 2009. Fifty-five years of soil development in restored freshwater depressional wetlands. Ecol Appl, 19(6): 1467-1480.
Barbier E B, Koch E W, Silliman B R, et al. 2008. Coastal ecosystem based management with nonlinear ecological functions and values. Science, 319: 321-323.
Bernhardt E S, Palmer M A. 2007. Restoring streams in urbanizing landscapes. Freshwater Biol, 52: 738-751.
Boutin C, Keddy P A. 1993. A functional classification of wetland plants. J Veg Sci, 4: 591-600.
Brady S J, Flather C H. 1994. Changes in wetlands on nonfederal rural land of the conterminous United States from 1982 to 1987. Environ Manage, 18(5): 693-705.
Brinson M M. 1993. A hydrogeomorphic classification for wetlands. Technical Report WRP-DE-4, US Army Corps of Engineers Engineer Waterways Experiment Station.
Callaway J C, Sullivan G, Zedle J B. 2008. Species-rich plantings increase biomass and nitrogen accumulation in a wetland restoration experiment. Ecol Appl, 13(6): 1626-1639.
Clarkson B R, Ausseil A G E, Gerbeaux P, et al. 2013. Wetland ecosystem services. *In*: Dymond J R. Ecosystem Services in New Zealand–Conditions and Trends. Lincoln: Manaaki Whenua Press: 192-202.
Cohen M J, Dunne E J, Bruland G L. 2008. Spatial variability of soil properties in cypress domes surrounded by different land uses. Wetlands, 28: 411-422.
Costanza R, d'Arge R, de Groot R, et al. 1997. The value of the world's ecosystem services and natural capital. Nature, 387: 253-260.
Cowardin L M, Carter V, Golet F C, et al. 1979. Classification of wetlands and deepwater habitats of the United States. Washington D.C.: US Fish & Wildlife Service Pub. FWS/OBS-79/31.
Cui B, He Q, Gu B, et al. 2016. China's coastal wetlands: understanding environmental changes and human impacts for management and conservation. Wetlands, 36: 1-9.
Dahl T E. 1990. Wetlands losses in the United States 1780's to 1980's. Washington D.C.: Fish and Wildlife Service, U.S. Department of the Interior.
Dal T E. 2011. Status and trends of wetlands in the conterminous United States 2004 to 2009. U.S. Department of the Interior; Fish and Wildlife Service, Washington D.C.
Ehrenfeld J G. 2000. Evaluating wetlands within an urban context. Urban Ecosyst, 15(3-4): 253-265.
Ehrenfeld J G. 2005. Vegetation of forested wetlands in urban and suburban landscapes in New Jersey. J Torr Bot Soc, 132(2): 262-279.
Ehrenfeld J G. 2008. Exotic invasive species in urban wetlands: environmental correlates and implications for wetland management. J Appl Ecol, 45: 1160-1169.
Erwin K L. 2009. Wetlands and global climate change: the role of wetland restoration in a changing world. Wetlands Ecol Manage, 17(1): 71-84.
Everard M, Moggridge H L. 2012. Rediscovering the value of urban rivers. Urban Ecosyst, 15(2): 293-314.
Faulkner S. 2004. Urbanization impacts on the structure and function of forested wetlands. Urban Ecosyst, 7(2): 89-106.
Forman R T T. 2016. Urban ecology principles: are urban ecology and natural area ecology really different? Landscape Ecol, 31: 1653-1662.
Foti R, del Jesus M, Rinaldo A, et al. 2013. Signs of critical transition in the Everglades wetlands in response to climate and anthropogenic changes. Proc Nat Acad Sci, 110(16): 6296-6300.
Francis R A, Hoggart S P G. 2009. Urban river wall habitat and vegetation: observations from the river Thames through central London. Urban Ecosyst, 12(4): 465-485.
Gerbeaux P. 2003. The Ramsar Convention: a review of wetlands management in New Zealand. Pacific Ecol, 4: 37-41.
Goldberg N, Reiss K C. 2016. Accounting for wetland loss: wetland mitigation trends in northeast Florida 2006-2013. Wetlands, 36: 373-384.

Gutzwiller K J, Flather C H. 2011. Wetland features and landscape context predict the risk of wetland habitat loss. Ecol Appl, 21(3): 968-982.

Guzy J C, Mccoy E D, Deyle A C, et al. 2012. Urbanization interferes with the use of amphibians as indicators of ecological integrity of wetlands. J Appl Ecol, 49(4): 941-952.

Hartman W H, Richardson C J, Vilgalys R, et al. 2008. Environmental and anthropogenic controls over bacterial communities in wetland soils. Proc Nat Acad Sci, 105(46): 17842-17847.

Hepinstall-Cymerman J, Coe S, Hutyra L R. 2013. Urban growth patterns and growth management boundaries in the Central Puget Sound, Washington, 1986-2007. Urban Ecosyst, 16(1): 109-129.

Hettiarachchi M, McAlpine C, Morrison T H. 2014a. Governing the urban wetlands: a multiple case-study of policy, institutions and reference points. Environ Conserv, 41(3): 276-289.

Hettiarachchi M, Morrison T H, Wickramsinghe D, et al. 2014b. The eco-social transformation of urban wetlands: a case study of Colombo, Sri Lanka. Landscape Urban Plan, 132(132): 55-68.

Holland C C, Honea J E, Gwin S E, et al. 1995. Wetland degradation and loss in the rapidly urbanizing area of Portland, Oregon. Wetlands, 15(4): 336-345.

Hossler K, Bouchard V. 2010. Soil development and establishment of carbon-based properties in created freshwater marshes. Ecol Appl, 20(2): 539-553.

Houlahan J E, Keddy P A, Makkay K, et al. 2006. The effects of adjacent land use on wetland species richness and community composition. Wetlands, 26: 79-96.

Hughes J M R. 1995. The current status of European wetland inventories and classifications. Vegetatio, 118: 17-28.

Jiang B, Wong C P, Chen Y, et al. 2015. Advancing wetland policies using ecosystem services-China's way out. Wetlands, 35(5): 983-995.

Kaushal S S, Belt K T. 2012. The urban watershed continuum: evolving spatial and temporal dimensions. Urban Ecosyst, 15(2): 409-435.

Keiper J B, Walton W E, Foote B A. 2002. Biology and ecology of higher Diptera from freshwater wetlands. Ann Rev Entomol, 47: 207-232.

Kennedy G, Mayer T. 2002. Natural and constructed wetlands in Canada: an overview. Water Qual Res J Can, 37(2): 295-325.

Kent B J, Mast J N. 2005. Wetland change analysis of San Dieguito Lagoon, California, USA: 1928-1994. Wetlands, 25(3): 780-787.

Kentula M E, Gwin S E, Pierson S M. 2004. Tracking changes in wetlands with urbanization: sixteen years of experience in Portland, Oregon, USA. Wetlands, 24: 734-743.

Knutson M G, Sauer J R, Olsen D A, et al. 1999. Effects of landscape composition and wetland fragmentation on frog and toad abundance and species richness in Iowa and Wisconsin, USA. Conserv Biol, 13(6): 1437-1446.

Larson M A, Heintzman R L, Titus J E, et al. 2016. Urban wetland characterization in south-central New York State. Wetlands, 36: 821-829.

Lee S Y, Dunn R J K, Young R A, et al. 2006. Impact of urbanization on coastal wetland structure and function. Austr Ecol, 31(2): 149-163.

Liu F, Zhang Z, Shi L, et al. 2016. Urban expansion in China and its spatial-temporal differences over the past four decades. J Geogr Sci, 26(10): 1477-1496.

Lloyd J W, Tellam J H, Rukin N, et al. 1993. Wetland vulnerability in East Anglia: a possible conceptual framework and generalized approach. J Environ Manage, 37(2): 87-102.

Ma K, You L, Liu J, et al. 2012. A hybrid wetland map for China: a synergistic approach using census and spatially explicit datasets. PLoS One, 7(10): e47814.

Ma Z, Melville D S, Liu J, et al. 2014. Rethinking China's new Great Wall. Science, 346(6212): 912-914.

Magee T K, Ernst T L, Kentula M E, et al. 1999. Floristic comparison of freshwater wetlands in an urbanizing environment. Wetlands, 19(3): 517-534.

Manuel P M. 2003. Cultural perceptions of small urban wetlands: cases from the Halifax Regional

Municipality, Nova Scotia, Canada. Wetlands, 23(4): 921-940.
Martin A C, Hotchkiss N, Uhler F M, et al. 1953. Classification of wetlands of the United States. US Fish and Wildlife Service. Special Scientific Report, Wildlife No. 20.
Matthew E D, Kelly J C, Reiss C. 2013. Temporal stability of vegetation indicators of wetland condition. Ecol Indic, 34: 69-75.
McCauley L A, Jenkins D G, Quintana-Ascencio P F. 2013. Isolated wetland loss and degradation over two decades in an increasingly urbanized landscape. Wetlands, 33(1): 117-127.
Michener W K, Blood E R, Bildstein K L, et al. 1997. Climate change, hurricanes and tropical storms, and rising sea level in coastal wetlands. Ecol Appl, 7: 770-801.
Millennium Ecosystem Assessment. 2005. Ecosystems and human well-being: wetlands and water synthesis. Washington D.C.: World Resources Institute.
Mitsch W J. 1994. Global Wetlands: Old World and New. Amsterdam: Elsevier.
Mitsch W J, Gosselink J G. 2000. Wetland. 3rd. New York: John wiley Sons, Inc.
Myers S C, Clarkson B R, Reeves P N, et al. 2013. Wetland management in New Zealand: are current approaches and policies sustaining wetland ecosystems in agricultural landscapes? Ecol Eng, 56: 107-120.
Nicholls R J, Hoozemans F M J, Marchand M. 1999. Increasing flood risk and wetland losses due to global sea-level rise: regional and global analyses. Global Environ Change, 9: 69-87.
Patino J E, Estupinan-Suarez L M. 2016. Hotspots of wetland area loss in Colombia. Wetlands, 36: 935-943.
Pickett S, Cadenasso M, Grove J. 2001. Urban ecological systems: linking terrestrial ecological, physical, and socioeconomic components of metropolitan areas. Ann Rev Ecol Syst, 32: 127-157.
Pressey R L, Adam P. 1995. A review of wetland inventory and classification in Australia. Vegetatio, 118(1-2): 81-101.
Ramsar. 2008. Resolution X. 27. http: //www.ramsar.org/document/resolution-x27-wetlands-and-urbanization [2016-9-10].
Ramsar. 2012. Resolution XⅠ.11. http: //www.ramsar.org/document/resolution-xi11-principles-for-the-planning-and-management-of-urban-and-peri-urban-wetlands[2016-8-2].
Ramsar. 2015. Draft Resolution XⅡ.10. http: //www.ramsar.org/document/cop12-dr-10-rev2-draft-resolution-xii10-world-wetland-city-wwc-accreditation[2016-9-9].
Sakané N, Alvarez M, Becker M, et al. 2011. Classification, characterisation, and use of small wetlands in East Africa. Wetlands, 31(6): 1103-1116.
Scott D A, Jones T A. 1995. Classification and inventory of wetlands: a global overview. Vegetatio, 118(1-2): 3-16.
Semeniuk C A, Semeniuk V. 1995. A geomorphic approach to global classification for inland wetlands. Vegetatio, 118(1): 103-124.
Shaw S P, Fredine C G. 1956. Wetlands of the United States: their extent and values to waterfowl and other wildlife. Washington D. C. Department of the Interior, Fish and Wildlife Service, Office of River Basin Studies. Circular 39.
Simenstad C, Tanner C, Crandell C, et al. 2005. Challenges of habitat restoration in a heavily urbanized estuary: evaluating the investment. J Coastal Res, 40: 6-23.
Song M, Dong M. 2002. Clonal plants and plant species diversity in wetland ecosystems in China. J Veg Sci, 13: 237-244.
Stander E K, Ehrenfeld J G. 2009. Rapid assessment of urban wetlands: do hydrogeomorphic classification and reference criteria work? Environ Manage, 43(4): 725-742.
Sullivan P L, Gaiser E E, Surratt D, et al. 2014. Wetland ecosystem response to hydrologic restoration and management: the everglades and its urban-agricultural boundary (FL, USA). Wetlands, 34(1): 1-8.
Tsai H P, Southworth J, Waylen P. 2014. Spatial persistence and temporal patterns in vegetation cover across Florida, 1982-2006. Physic Geogr, 35: 151-180.
Tsai J S, Venne L S, Mcmurry S T, et al. 2012. Local and landscape influences on plant communities in Playa wetlands. J Appl Ecol, 49(1): 174-181.

UNFPA. 2007. State of the world population 2007: unleashing the potential of urban growth. New York.
United Nations World Water Assessment Programme (WWAP). 2010. Water for sustainable urban human settlements. Briefing note. United Nations Human Settlements Programme (UN-HABITAT).
USDA (United States Department of Agriculture). 2003. Global distribution of wetlands. http: //www.nrcs.usda.gov/wps/portal/nrcs/detail/soils/use/?cid=nrcs142p2_054021[2016-8-6].
USEPA. 2002. Methods for Evaluating Wetland Condition: Wetlands Classification. Office of Water, US Environmental Protection Agency, Washington D.C. EPA-822-R-02-017.
Verhoeven J T A, Arheimer B, Yin C, et al. 2006. Regional and global concerns over wetlands and water quality. Trends Ecol Evol, 21: 96-103.
Verhoeven J T A, Setter T L. 2010. Agricultural use of wetlands: opportunities and limitations. Ann Bot, 105(1): 155-163.
Walsh C J. 2000. Urban impacts on the ecology of receiving waters: a framework for assessment, conservation and restoration. Hydrobiologia, 431: 107-114.
Walsh C J, Roy A H, Feminella J W, et al. 2005. The urban stream syndrome: current knowledge and the search for a cure. J North Am Benthol Soc, 24(3): 706-723.
Waycott M, Duarte C M, Carruthers T J, et al. 2009. Accelerating loss of seagrasses across the globe threatens coastal ecosystems. PNAS, 106: 12377-12381.
Werner B A, Johnson W C, Guntenspergen G R. 2013. Evidence for 20th century climate warming and wetland drying in the North American Prairie Pothole Region. Ecol Evol, 3(3): 3471-3482.
Wilen B O, Tiner R W. 1993. Wetlands of the United States. *In*: Whigham D F, et al. Wetlands of the World: Inventory, Ecology and Management. Amsterdam: Springer: 515-636.
Yam R, Huang K P, Hsieh H L, et al. 2015. An ecosystem-service approach to evaluate the role of non-native species in urbanized wetlands. Int J Environ Res Public Health, 12: 3926-3943.
Yu S, Ehrenfeld J G. 2010. Relationships among plants, soils and microbial communities along a hydrological gradient in the New Jersey pinelands, USA. Ann Bot, 105(1): 185-196.
Zedler J B, Kercher S. 2005. Wetland resources: status, trends, ecosystem services and restorability. Ann Rev Environ Res, 30: 39-74.
Zedler J B, Leach M K. 1998. Managing urban wetlands for multiple use: research, restoration, and recreation. Urban Ecosyst, 2(4): 189-204.
Zoltai S C, Taylor S J, Jeglum J K, et al. 1988. Wetlands of Boreal Canada. *In*: National Wetlands Working Group, Canada Committee on Ecological Classification. Wetlands of Canada. Quebec, Montreal: Polyscience Publications Inc.: 97-154.
Zoltai S C. 1980. An outline of the wetland regions of Canada. *In*: Rubec C D A, Pollett F C. Proceedings of a Workshop on Canadian Wetlands. Environment Canada, Lands Directorate, Ecological Land Classification, Series, 12: 1-8.
Zoltai S, Vitt D H. 1995. Canadian wetlands: environmental gradients and classification. Vegetatio, 118: 131-137.

第二章　城市湿地生态系统结构

第一节　引　　言

生态系统是由生物与非生物相互作用而形成的结构有序的系统。生态系统的结构对生态系统功能起着决定性作用，因此对生态系统结构的认知是理解和管理生态系统的基础。生态系统结构指的是构成生态系统的各要素成分及其关系，广义的生态系统结构包括空间结构（垂直结构和水平结构）、时间结构（年度动态和季节动态等）和功能结构（营养结构）。由于生态系统的时空动态在本书其他章节中有详述，因此本章所述的生态系统结构指的是生态系统的功能结构，即生态系统的组成成分和营养结构。城市湿地生态系统结构与其他生态系统一样，组成成分包括非生物环境、生产者、消费者和分解者 4 个部分，营养结构主要是食物链和食物网。

由于城市基础设施的建设和其他人为活动的影响，城市湿地生态系统结构既具有湿地生态系统的基本特点，又具有不同于自然湿地生态系统的一些城市特色。城市化和城市基础设施建设导致了城市地面水系人工化，城市中河流和湖泊湿地多数被人工改造过，很多城市河岸被裁弯取直和人工加固，多数湖岸被人工整理加固，而且湿地中的水质往往受到不同程度的污染，这些都对城市湿地生态系统结构造成深刻影响。

第二节　非生物环境

生态系统的非生物环境（abiotic environment）指的是生态系统中除了生物以外的所有组成部分，包括阳光，以及其他所有构成生态系统的基础物质水、无机盐、空气、有机质（如蛋白质、糖类、脂类和腐殖质等）、岩石等。阳光是绝大多数生态系统直接的能量来源，水、空气、无机盐与有机质都是生物不可或缺的物质基础，其中水是湿地生态系统的关键生态因素。城市湿地可以在暴雨和河流涨水期储藏过量的降水，能减弱危害城市下游的洪水，城市湿地的恢复和重建是建设“海绵城市”的重要措施（崔广柏等 2016）。

湿地生态系统处于大气、陆地、水体的多界面的交汇处，既包含了水体-陆地、陆地-大气、水体-大气的界面，又将水体-陆地-土壤-植被-大气等联结成连续的整体。城市湿地生态系统的无机环境组成与一般生态系统基本相同，但各类组成成分都具有城市生态系统的特点，具体表现在以下几个方面：①阳光，城市湿地生态系统的阳光往往可能被高大建筑物的遮挡，因此城市湿地中可能阳光不足；②水，城市湿地中水质和水量受到人类活动的严重影响，水质往往受到不同程度的污染，部分城市湿地甚至处于重度污染状态，水量往往受到人为调控而减少，部分城市湿地的水是人工泵入的；③空气，城市湿地中的空气往往受到城市工业化排放的污染气体的影响；④土壤，城市湿地的土壤往往受到强烈的人为扰动，甚至可能以人工土为主，城市中的人工湿地土壤还加了特殊的人工湿地填料（如沸石、无烟煤、页岩、蛭石、陶瓷滤料、砾石、钢渣和生物陶粒等）。

综上，城市湿地生态系统的非生物环境具有显著的城市特点，只有适应这些特点的动植物才能在城市湿地生态系统中生存，因此城市湿地生态系统中的无机环境特点对湿地中的生物组分具有重要的筛选作用，使得城市生态系统的生物组分具有不同于自然湿地生态系统的显著特点。

第三节　生　产　者

3.1　概述

生产者（producer）指能利用简单的无机物质制造有机物的自养生物（autotroph），主要包括所有绿色植物、蓝绿藻和少数化能合成细菌等自养生物。这些生物可以通过光合作用把水和二氧化碳等无机物合成为碳水化合物、蛋白质和脂肪等有机化合物，并把太阳辐射能转化为化学能，储存在合成的有机物的分子键中。生产者通过光合作用不仅为本身的生存、生长和繁殖提供营养物质和能量，而且它所制造的有机物质也是生态系统中消费者和分解者唯一的能量和物质来源。生产者对于湿地结构稳定和功能保障具有基础性作用，在吸收污染物和净化水体等方面也具有重要作用。

城市湿地生态系统属于城市水域生态系统，其生物群落由水生和陆生种类组成。湿地中物质循环、能量流动和物种迁移与演变活跃，具有较高的生物多样性和初级生产力。城市湿地中的生产者包括高等植物和藻类，以及地衣植物。在湿地生态系统中，浮游植物（主要是低等藻类）是重要的初级生产力，是食物网的基础。城市湿地中浮游植物的群落组成和密度等往往与湿地水质密切相关。城市湿地面临的主要问题之一是水体富营养化（王建华和吕宪国 2007），湿地水体富营养化主要是由人类活动引起水体中氮、磷浓度的增加，导致藻类大量繁殖，水体透明度和溶解氧降低，高等水生植物、鱼类和底栖动物大量死亡，从而使水体生态系统功能严重紊乱甚至崩溃（王建华和吕宪国 2007；田琳琳等 2012；肖涛等 2014）。

相对于城市中其他区域，城市湿地中植物种类往往较为丰富。例如，北京市城市湿地中具有高等植物 116 科 356 属 628 种，占北京市高等植物总数的近 1/3（陈云浩等 2012），其中被子植物有 99 科 329 属 597 种，种数较多的科依次为菊科、禾本科、豆科、莎草科、蓼科、蔷薇科、十字花科、唇形科等（陈卫等 2007）。北京湿地植物类型主要为草丛沼泽组和浅水植物湿地组，草丛沼泽组主要包括香蒲沼泽群落、芦苇沼泽群落、菖蒲沼泽群落、水葱沼泽群落等，浅水植物湿地组主要包括漂浮植物群落、浮叶植物群落和沉水植物群落，且容易形成单优群落（陈云浩等 2012）。因为城市湿地往往缺水并造成季节性干旱，所以城市湿地往往容易被旱生植物入侵，如葎草（*Humulus scandens*）、灰绿藜（*Chenopodium glaucum*）、鬼针草（*Bidens pilosa*）、黄花蒿（*Artemisia annua*）等在一定程度上入侵了北京的湿地生态系统，旱生植物入侵城市湿地会对湿地生态系统的景观和生态价值造成破坏（陈云浩等 2012）。

3.2　研究案例

湿地植物是城市湿地系统的主要生产者。为了阐明城市湿地植物群落与非城市湿地植物群落的差异，我们对济宁市南四湖新薛河人工湿地（城市湿地）和济宁市高楼乡自然湿地（非城市湿地）进行了调查和比较。

通过对南四湖新薛河人工湿地和高楼乡自然湿地植被群落进行样方调查，共记录湿地植物59种，其中浮水植物7种，包括漂浮植物5种［槐叶苹（*Salvinia natans*）、浮萍（*Lemna minor*）、荇菜（*Nymphoides peltata*）、水鳖（*Hydrocharis dubia*）、菱（*Trapa bispinosa*）］，浮叶植物2种［芡实（*Euryale ferox*）、莲（*Nelumbo nucifera*）］，沉水植物13种［穿叶眼子菜（*Potamogeton perfoliatus*）、篦齿眼子菜（*Potamogeton pectinatus*）、大茨藻（*Najas marina*）、黑藻（*Hydrilla verticillata*）、狐尾藻（*Myriophyllum verticillatum*）、黄花狸藻（*Utricularia aurea*）、金鱼藻（*Ceratophyllum demersum*）、罗氏轮叶黑藻（*Hydrilla verticillata* var. *roxburghii*）、狸藻（*Utricularia vulgaris*）、菹草（*Potamogeton crispus*）、五刺金鱼藻（*Ceratophyllum oryzetorum*）、小茨藻（*Najas minor*）、苦草（*Vallisneria natans*）］，挺水植物3种［芦苇（*Phragmites australis*）、香蒲（*Typha orientalis*）、菰（*Zizania latifolia*）］，其余多为湿生植物。按照生活型划分，乔木3种［毛白杨（*Populus tomentosa*）、楝（*Melia azedarach*）、旱柳（*Salix matsudana*）］，灌木1种［枸杞（*Lycium chinense*）］，其余均为草本。

人工湿地（城市湿地）群落包括毛白杨、芦苇、香蒲、黑藻、莲、双穗雀稗（*Paspalum paspaloides*）等类型。自然湿地（非城市湿地）群落包括莲、芦苇、盒子草（*Actinostemma tenerum*）、香蒲、荇菜-五刺金鱼藻等类型。其中，有17种植物仅见于人工白杨林，多为中生种类。有9种植物仅见于人工群落，除芡实、菱为人为引种之外，有4种属于湿生植物［刺儿菜（*Cirsium setosum*）、假稻（*Leersia japonica*）、水蓼（*Polygonum hydropiper*）、春蓼（*Polygonum persicaria*）］，3种为沉水植物（小茨藻、狐尾藻、黄花狸藻）。有6种植物仅见于自然湿地，包括3种沉水植物、1种漂浮植物（荇菜）、2种挺水植物（盒子草、菰）。有13种植物在人工湿地和自然湿地样地中均有分布，包括5种挺水植物［芦苇、莲、香蒲、双穗雀稗、喜旱莲子草（*Alternanthera philoxeroides*）］、5种沉水植物（菹草、黑藻、篦齿眼子菜、金鱼藻、五刺金鱼藻）、3种漂浮植物（浮萍、槐叶苹、水鳖）。

野外调查结果显示，南四湖流域人工恢复的城市湿地群落与自然湿地群落物种组成不尽相同，各具特有物种，大体显示自然湿地群落内漂浮植物和挺水植物种类较多，而人工湿地内湿生植物种类较多。人工白杨林作为湿生森林群落，其物种组成与其他湿地群落有较大差异。

通过野外群落调查和生物多样性指数计算，研究结果显示自然湿地的植物多样性指数均较高，尤其是香蒲群落、莲群落在自然湿地和城市人工湿地中存在显著差异，说明自然湿地群落的生物多样性比城市人工湿地群落略高。城市湿地中人工白杨林群落的多样性指数也较高，主要是因为该群落位于湿地边界的堤坝边，其生境与其他湿地群落的生境有较大差异。总的来说，生物多样性的比较结果显示，城市湿地的植物群落与自然湿地群落相比均匀度和多样性都更低，但城市湿地在覆盖度、生产力方面与自然湿地没有显著差异。原因可能是人工恢复倾向选择能适应当地生境、生长快速、易于管理的先锋物种，且人工恢复对地形、水文等条件有针对性地修复，使得群落种间关系更加合理，可能促进更多物种的定居。总之，城市湿地更多地受到人为选择和人工管理的影响。

第四节　消　费　者

4.1　概述

消费者（consumer）是针对生产者而言，它们不能将无机物质直接制造成有机物质，而是直接或间接地依赖于生产者所制造的有机物质，因此属于异养生物（heterotroph）。消费者归根结底都是依靠生产者为食（直接取食植物或间接取食以植物为食的动物）。直接吃植物的动物称为植食动物（herbivore），又称为一级消费者；以植食动物为食的动物称为肉食动物（carnivore），也称为二级消费者；依次类推还有三级消费者（或二级肉食动物）和四级消费者（或三级肉食动物）等。消费者还包括那些既吃植物也吃动物的杂食动物（omnivore），有些鱼类是杂食性的，它们既吃水藻、水草，也吃水生无脊椎动物。消费者还应当包括寄生生物。寄生生物靠取食其他生物的组织、营养物和分泌物为生。因此，生态系统中的消费者是指以其他生物为食的各种动物，包括植食动物、肉食动物、杂食动物和寄生动物等。

城市湿地生态系统的消费者即湿地中各类动物，主要包括低等的浮游动物、底栖动物和高等的鸟类、鱼类、兽类、两栖类、爬行类。例如，北京市湿地野生动物以鸟类和鱼类为主，并有少量兽类、两栖类和爬行类动物（陈云浩等 2012）。

浮游动物（zooplankton）是指悬浮于水中的水生动物，它们的身体一般都很微小，要借助显微镜才能观察到。浮游动物的种类极多，从低等的微小原生动物、腔肠动物、栉水母、轮虫、甲壳动物、腹足动物等，到高等的尾索动物，几乎每一类都有永久性的代表，其中以种类繁多、数量极大、分布又广的桡足类最为突出。此外，也包括阶段性浮游动物，如底栖动物的浮游幼虫和游泳动物（如鱼类）的幼仔、稚鱼等。浮游动物在水层中的分布也较广，无论是在淡水，还是在海水的浅层和深层，都有典型的代表。浮游动物是经济水产动物，是中上层水域中鱼类和其他经济动物的重要饵料，对渔业的发展具有重要意义。由于很多种浮游动物的分布与气候有关，因此浮游动物也可用作暖流、寒流的指示动物。

底栖动物（zoobenthos 或 benthic animal）是泛指生活在水体底部的肉眼可见的水生动物群落，它们生活史的全部或大部分时间生活于水体底部。除定居和活动生活以外，栖息的形式多为固着于坚硬的岩石和埋没于泥沙等松软的基底中。此外，还有附着于植物或其他底栖动物体表的，以及栖息在潮间带的底栖种类。在摄食方法上，以悬浮物摄食（suspension feeding）和沉积物摄食（deposit feeding）居多。底栖动物是一个庞杂的生态类群，其所包括的种类及其生活方式较浮游动物复杂得多，常见的底栖动物有水蚯蚓、摇蚊幼虫、螺、蚌、河蚬、虾、蟹和水蛭等，主要包括水栖寡毛类、软体动物和水生昆虫幼虫等。多数底栖动物长期生活在底泥中，具有区域性强、迁移能力弱等特点，对于环境污染及变化通常少有回避能力，其群落的破坏和重建需要相对较长的时间，且多数种类个体较大，易于辨认。同时，不同种类底栖动物对环境条件的适应性及其对污染等不利因素的耐受力和敏感程度不同。根据上述特点，利用底栖动物的种群结构、优势种类、数量等参量可以确切反映水体的质量状况（段学花等 2010）。

鸟类是湿地的重要消费者。湿地是很多濒危水禽的栖息地，城市湿地鸟类种类、总数、物种多样性都高于周围地区。例如，泰安稻屯洼国家城市湿地公园中属于国家Ⅰ级重点保护野生动物的鸟类有丹顶鹤、大鸨、绿孔雀，属于国家Ⅱ级重点保护野生动物的鸟类有 24 种（徐国东等 2007），数量都高于周围地区。《湿地公约》的全称为《关于特别是作为水禽栖息地的国际重要湿地公约》，就是为了强调湿地对鸟类的重要性。由于城市建设，城市区域的树林和湿地面积减少，鸟类栖息地大量丧失，导致鸟类种类和种群发生很大变化，鸟类数量减少，不适应城市环境的鸟类数量减少甚至绝迹，适应城市环境的鸟类数量增多（杨士弘等 2003）。例如，在北京湿地记录发现鸟类 302 种，其中以鸭科最多（陈卫等 2007）。

鱼类不但在城市湿地景观中具有重要地位，而且在湿地食物网络中占有重要地位，有些鱼类是初级消费者，有些鱼类是次级消费者，它们都是一些湿地鸟类和哺乳类的食物。例如，北京市湿地鱼类有 9 目 16 科 62 属，其中鲤形目（鲤科和鳅科）鱼类占 80%，是水体中鱼类的主要组成部分，其次是鲈形目，有 6 科 6 种（陈卫等 2007）。人工养殖对湿地的鱼类组成产生重要影响。例如，北京地区因为人工养殖导致本来不属于本地区的团头鲂（*Megalobrama amblycephala*）等大量出现（陈卫等 2007）。

城市湿地中兽类（哺乳动物）较少。例如，调查显示北京湿地中几乎没有完全水生的兽类，仅有的兽类水麝鼩（*Chimmarogale himalayica*）是一种适应水生生活的食虫动物（陈卫等 2007）。城市湿地中两栖类和爬行类一般也不丰富。例如，调查显示北京湿地中容易见到的两栖类动物仅有 3 种，容易见到的爬行类仅有 6 种（陈卫等 2007）。两栖动物的防御、扩散、迁移的能力弱，对环境的依赖性大。它们大多昼伏夜出，白天多隐蔽，黄昏至黎明时活动频繁，酷热或严寒时以夏蛰或冬眠方式度过。Falfushinska 等（2008）通过实验证明在城市湿地中，湖蛙（*Rana ridibunda*）更容易受到环境胁迫的影响。因此，城市湿地的人类干扰对两栖类影响较大。

另外，城市人类活动对城市湿地中的消费者具有重要影响。例如，城市居民随意地喂食、放养和放生对湿地生态系统中的鱼类、龟类等的组成和多度都有重要影响，甚至可能造成外来物种入侵。养殖业和垂钓等活动对湿地中的物种类群也有影响。总体来看，城市特有的环境条件和人类活动对城市湿地消费者具有深刻影响。

4.2 研究案例

为研究城市河流湿地的底栖动物组成，我们对山东省内徒骇河和马颊河进行了河流湿地底栖动物调查。在徒骇河和马颊河的上、中、下游（分别属于聊城、德州和滨州的城市郊区）共计设立 6 个研究地点（图 2-1），每个研究地点设采样点 4 处，共 24 个采样点。采样于 2013 年和 2014 年的 5～9 月进行。使用 30 cm × 30 cm 索伯网，每个点取 3 个泥样。泥样当场经过 40 目分样筛筛洗后放入 1 L 塑料瓶，保存于 75%乙醇中，于实验室进行底栖动物的分拣、鉴定和生物量测定。然后计算底栖动物的多样性指数（计算方法参考：Shannon & Weaver 1949；Simpson 1949；Margalef 1957；Depauw & Vanhooven 1983；Magurran 2004），进行多因素相关性分析。

徒骇河的底栖动物与水质基本数据见表 2-1，马颊河的底栖动物与水质基本数据见表 2-2。研究发现，因为研究区域水质较差，徒骇河-马颊河水系中底栖动物种类不多，样品中只出现 17 种，其中徒骇河 11 种，马颊河 9 种，有 3 种在两条河流中均有发现。个体总数最少的样点只有 39 个，最多的为 2477 个。我们分析了每个样点的物种，2013 年徒骇河所有样点

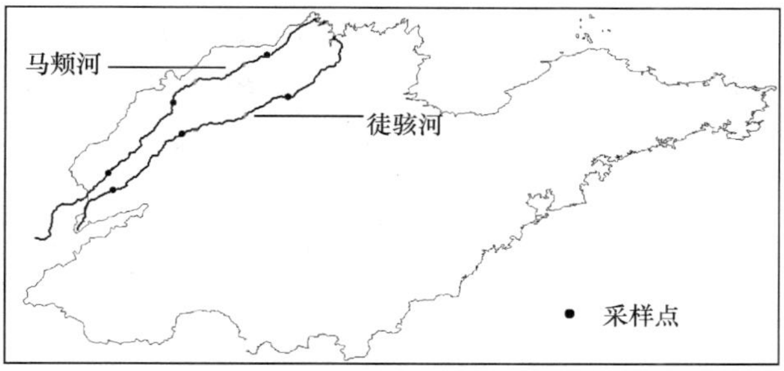

图 2-1 徒骇河和马颊河底栖动物研究地点示意图

表 2-1 徒骇河底栖动物与水质基本数据

参数指标	上游		中游		下游	
	2013 年	2014 年	2013 年	2014 年	2013 年	2014 年
多度/个	416	339	2477	60	39	70
丰富度/种	8	6	8	1	6	2
生物量/g	69.37	43.34	621.51	31.91	61.04	602.87
H'	1.43	1.61	0.33	0.00	1.73	0.94
OC/%	0.13	0.13	0.97	0.00	0.36	0.00
COD/（mg/L）	26.66	36.51	27.18	22.47	22.70	21.59
氨氮/（mg/L）	0.46	2.97	1.16	0.92	0.70	0.85
DO/（mg/L）	7.08	9.02	4.82	4.22	7.23	6.57

注：*H'*，香农-维纳多样性指数；OC，有机碳；COD，化学需氧量；DO，溶解氧

表 2-2 马颊河底栖动物与水质基本数据

参数指标	上游		中游		下游	
	2013 年	2014 年	2013 年	2014 年	2013 年	2014 年
多度/个	371	185	109	0	92	78
丰富度/种	7	4	3	0	7	8
生物量/g	0.01	39.93	55.06	0.00	3.29	380.63
H'	1.76	1.54	1.05	0.00	2.11	3.81
OC/%	0.14	0.50	0.00	0.50	0.09	0.51
COD/（mg/L）	36.00	28.27	30.20	33.35	29.76	32.52
氨氮/（mg/L）	0.78	2.76	1.02	0.67	1.12	1.61
DO/（mg/L）	7.51	7.19	6.87	6.40	7.32	6.43

注：*H'*，香农-维纳多样性指数；OC，有机碳；COD，化学需氧量；DO，溶解氧

平均香农-维纳多样性指数 *H'*为 0.84 ± 0.38，马颊河为 1.15 ± 0.48。2014 年由于徒骇河、马颊河在中游进行过河道疏浚，*H'*降为 0，因此，2014 年底栖动物物种多样性指数低于 2013 年。

徒骇河、马颊河底栖动物群落组成见表 2-3。在徒骇河与马颊河大部分河段，底栖动物的主要支配物种为软体动物（图 2-2）。中华圆田螺（*Cipangopaludina cahayensis*）与中华颤蚓（*Tubifex sinicus*）出现的频度均为 75%，但从图 2-2 可以看出软体动物的相对多度，除徒骇河 2013 年中游与马颊河 2014 年下游两处样点外，均占总体的大多数（80.1%）。寡毛纲在这两处样点的相对多度分别为 96.7%与 52%。摇蚊属的相对多度分别都为 50%，但在个体数、生物量上均无法成为支配物种。而其他昆虫类更少，且多数只出现在 2014 年马颊河下游。

表 2-3　徒骇河、马颊河底栖动物群落组成

动物名称	徒骇河						马颊河					
	上游		中游		下游		上游		中游		下游	
	A	B	A	B	A	B	A	B	A	B	A	B
扁卷螺 Planorbidae	+	+										
扁蛭 *Glossiphonia* sp.			+		+							
沟蜷 *Semisulcospira*									+			
河蚌 *Lamprotula*					+				+			
划蝽 *Corixa substriata*	+	+										+
霍甫水丝蚓 *Limnodrilus hoffmeisteri*	+	+					+				+	+
丽蚌 *Lamprotula* sp.			+			+						+
蜻蜓幼虫 Odonata							+					+
苏氏尾鳃蚓 *Branchiura sowerbyi*	+		+									
头鳃蚓属 *Branchiodrilus*			+					+			+	
椭圆萝卜螺 *Radix swinhoei*	+		+		+		+					
未知 unknown												+
摇蚊幼虫 Chironomidae	+	+	+					+				+
长臂虾 *Palaemon* sp.					+						+	+
中华颤蚓 *Tubifex sinicus*	+	+	+		+	+	+	+			+	+
中华新米虾 *Neocaridina denticulata sinensis*											+	
中华圆田螺 *Cipangopaludina cahayensis*	+	+	+	+	+		+	+	+		+	

注：A 表示 2013 年；B 表示 2014 年

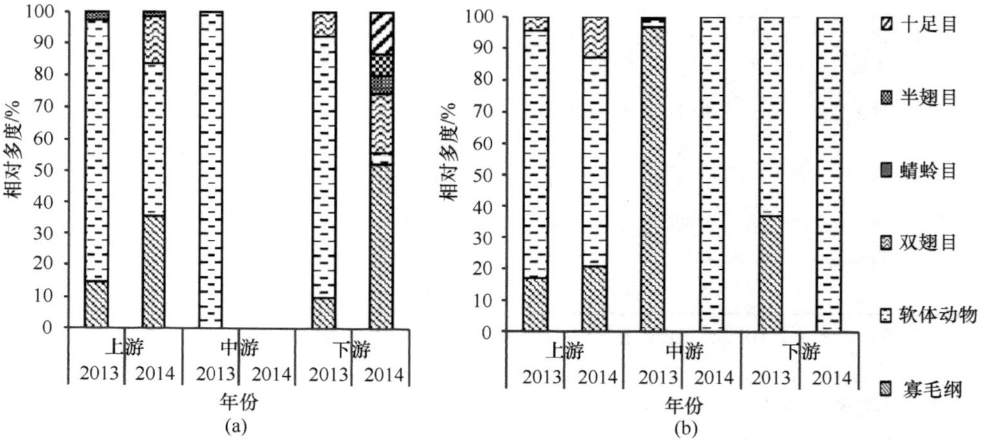

图 2-2　2013 年和 2014 年马颊河（a）与徒骇河（b）各个采样点主要底栖动物的相对多度

相关分析结果显示，寡毛纲与摇蚊属物种对底栖动物群落的多度影响较大（多度与有机碳的百分含量极显著相关，$r = 0.757$，$P = 0.007$）。而只对 2013 年的数据进行相关性分析，发现溶解氧（DO）对底栖动物群落结构影响非常显著，并且生物量/丰富度与 H' 显著相关（$r =$

0.889，P = 0.018）。说明底栖动物群落对水中溶解氧比较敏感。表 2-4 的相关性分析说明 4 种指数在同一样点有相同的趋势。香农-维纳多样性指数（Shannon-Wiener 多样性指数）与辛普森多样性指数（Simpson 指数）相关性最高（r = 0.888，P<0.001），而 Margalef 多样性指数与其他所有多样性指数均有显著相关性。

表 2-4　徒骇河、马颊河底栖动物群落多样性指数相关性分析

多样性指数		Belgian 指数	Margalef 多样性指数	Shannon-Wiener 多样性指数
Margalef 多样性指数	r	0.865		
	P	0.001		
Shannon-Wiener 多样性指数	r	0.564	0.795	
	P	0.071	0.003	
Simpson 指数	r	0.535	0.693	0.888
	P	0.090	0.018	<0.001

为了交通需要，往往在城市河流建有很多桥梁，桥梁、桥墩对城市河流湿地的生物具有重要影响。为了研究桥梁建设对城市河流的影响，我们对研究地点的桥下样点和非桥下参考点进行比较分析。研究发现参考点的物种丰富度与香农-维纳多样性指数要高于桥下样点（图 2-3）。参考点 3、4 的丰富度要高于平均值，但是香农-维纳多样性指数是所有样点中最低的。桥下点 5、7 香农-维纳多样性指数稍高于参考点，但是物种多样性较低。说明桥梁对底栖动物丰富度的影响要高于香农-维纳多样性指数（图 2-3）。

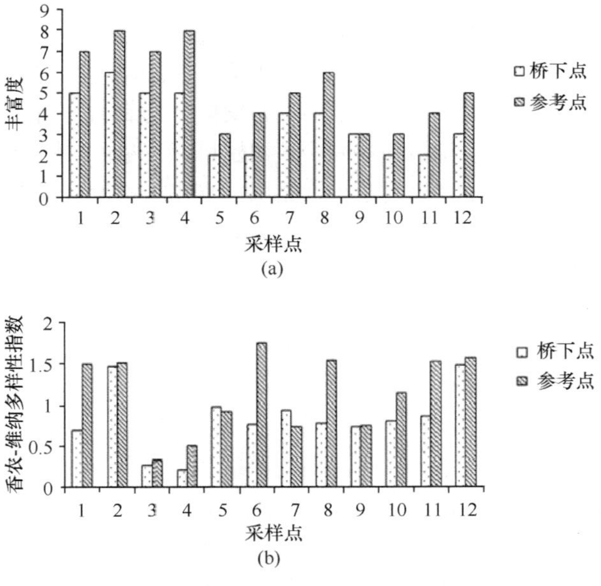

图 2-3　桥下点与参考点的底栖动物丰富度（a）与香农-维纳多样性指数（b）

我们对底栖动物的数据进行了一系列分析。结果表明桥下点与参考点的物种多度（P = 0.487）和生物量（P = 0.485）无显著差异而丰富度（P<0.001）和香农-维纳多样性指数（P = 0.019）有显著差异。Pearson 相关性分析表明桥下点与参考点的多度、生物量和丰富度都有极显著的相关性（多度：R^2 = 0.924，P<0.001；生物量：R^2= 0.867，P<0.001；丰富度：R^2= 0.865，P<0.001，表 2-5）。

表 2-5　多度、生物量、丰富度与香农-维纳多样性指数的 Pearson 相关性分析与配对样本 *t* 检验

参数指标	相关性			配对样本 *t* 检验，*P*
	N	R^2	*P*	
多度	12	0.924	<0.001	0.487
生物量	12	0.867	<0.001	0.485
丰富度	12	0.865	<0.001	<0.001
香农-维纳多样性指数	12	0.364	0.038	0.019

河流健康的生物监测经常是以水生底栖动物为基础，这是因为底栖动物可以反映河流受到的累计影响（Guilpart et al. 2012；Mehari et al. 2014；Leitner et al. 2015）。在本实验中，除溶解氧外，其余的化学因素与生物因素没有显著的相关性，这是因为研究区域有大量的工业与农业对河流造成影响，使耐污种成为研究区域的支配种。研究区域的大部分土地都被用于农业生产，从而导致河流栖息地退化，生物多样性减少。因此底栖动物不适合作为严重污染区域河流的健康指示因子。

徒骇河与马颊河的主要支配种为寡毛纲、双翅目与软体动物，它们是耐污性较强的种类。而襀翅目、蜉蝣目与毛翅目这几类敏感种并未在徒骇河与马颊河干流发现。并且与海河流域较为清洁的滦河相比（*n*=90）（李军涛等 2015），徒骇河与马颊河的物种多样性要少得多（*n*=16）。在徒骇河与马颊河上游，底栖动物群落的支配种为软体动物（徒骇河 78.7%，马颊河 82%）与寡毛纲（徒骇河 16.9%，马颊河 14.8%），下游的物种群落与上游类似。通过对底栖动物群落与化学因素的综合分析表明徒骇河与马颊河处于严重污染的状态。

桥梁对于城市生活是必不可少的，研究区域平均每 3 km 就有一座桥，并且在继续增长，数量如此多的桥梁对底栖动物的影响不可忽视。桥梁附近的底质与河岸都受到了影响，研究表明桥下的河岸会使泥沙淤积，植被覆盖减少。襀翅目、毛翅目与蜉蝣目这些敏感种的栖息地因此而受到了严重破坏。除了双翅目以外，昆虫很难在这种没有植被、退化严重的栖息地上繁殖。参考点与桥下点物种丰富度的主要差别为昆虫纲的多样性。而寡毛纲与软体动物基本不受栖息地退化的影响。

第五节　分　解　者

5.1　概述

分解者（decomposer）是异养生物，它们分解动植物的残体、粪便和各种复杂的有机化合物，吸收某些分解产物，最终能将有机物分解为简单的无机物，而这些无机物参与物质循环后可被自养生物重新利用。湿地分解者主要是细菌和真菌，也包括某些原生动物和蚯蚓、白蚁、秃鹫等大型腐食性动物。

分解者在生态系统中的基本功能是把动植物死亡后的残体分解为比较简单的化合物，最终分解为最简单的无机物并把它们释放到环境中，供生产者重新吸收和利用。由于分解过程对于物质循环和能量流动具有非常重要的意义，因此分解者在任何生态系统中都是不可缺少的组成成分。如果生态系统中没有分解者，动植物遗体和残遗有机物很快就会堆积起来，影

响物质的再循环过程，生态系统中的各种营养物质很快就会发生短缺并导致整个生态系统的瓦解和崩溃。由于有机物质的分解过程是一个复杂的逐步降解的过程，因此除了细菌和真菌两类主要的分解者之外，其他以动植物残体和腐殖质为食的各种动物在物质分解的总过程中都在不同程度上发挥着作用，如专吃腐烂物质的甲虫、白蚁、皮蠹、粪金龟子、蚯蚓和软体动物等。有人则把这些动物称为大分解者，而把细菌和真菌称为小分解者。

城市湿地的分解者主要为各类微生物（细菌和真菌），以及部分蚯蚓和软体动物等。湿地又称为地球之肾，对污染物质的分解起到重要作用，而这种作用主要是由湿地生态系统中的细菌完成的。

微生物是地球上生物多样性最为丰富的资源，在湿地这个大型生态系统中微生物占了相当大的比例，并对湿地生态系统的养分供给起着重要作用（李冬茹 2009）。由于生态环境的演变，城市湿地内的微生物也可能发生变化。李春艳等（2008）通过对菌种的鉴定，确定松花江北岸城市湿地内的微生物种类，旨在研究湿地微生物对城市湿地功能的影响。湿地微生物在城市湿地氮循环系统中对氮污染的优化控制十分重要，在城市湿地氮循环系统中微生物的硝化和反硝化作用是氮降解的主要过程，同时厌氧氨氧化过程存在着减缓氮污染的可能性（李春艳等 2008）。

5.2　研究案例

为了探究湿地生态系统中微生物群落的丰富度，以及不同湿地类型中微生物的分布差异，我们分别在济宁新薛河河流湿地和新薛河人工湿地、德州赵牛河河流湿地和赵牛河人工湿地进行了实验设计和取样分析。

南四湖是中国南水北调东线工程中最大的淡水湖泊，有大小 53 条支流。而新薛河隶属于中国山东省济宁市微山县，是南四湖的主要支流之一，新薛河流域面积大约为 789.5 km^2，流经地区多为农耕区、居民区。随着经济的发展和工矿业的开发，新薛河河流水质受到一定程度的污染，为了防止污染的河水进一步影响南四湖的水质，从 2007 年开始在新薛河下游入湖口附近构建新薛河人工湿地以净化河水。新薛河人工湿地位于新薛河的南侧，长 5100 m，宽 270 m，覆盖面积大约为 1000 km^2（张建等 2008）。新薛河河流湿地和新薛河人工湿地都属于位于城市郊区的城市湿地。

赵牛河位于山东省德州市齐河县，是海河流域中徒骇河的一条重要支流，是齐河县主要泄洪河道。2012 年在赵牛河中游段建设了赵牛河人工湿地。人工湿地核心区 0.685 km^2，向南通过晏黄沟与县城达标废水排放口相连，向北经赵牛河连通徒骇河。赵牛河河流湿地和赵牛河人工湿地都属于位于城市郊区的城市湿地。

在此次实验设计中，我们设计了 10 个取样地点，分别是赵牛河上游（Up-ZR）、中游（Mid-ZR）、下游（Down-ZR）；赵牛河人工湿地上游（Up-ZRCW）、下游（Down-ZRCW）；新薛河上游（Up-XR）、中游（Mid-XR）、下游（Down-XR）；新薛河人工湿地上游（Up-XRCW）、下游（Down-XRCW）。为确保实验数据的真实性和代表性，在每个取样地点取得 4 个样品重复（间隔 250 m 处），因此共计获得 40 个样品。每在一个取样点取完后，立刻将样品放入 4℃的冰盒中储存，最终将所有样品尽快送回实验室进行分析。具体取样地点见图 2-4。

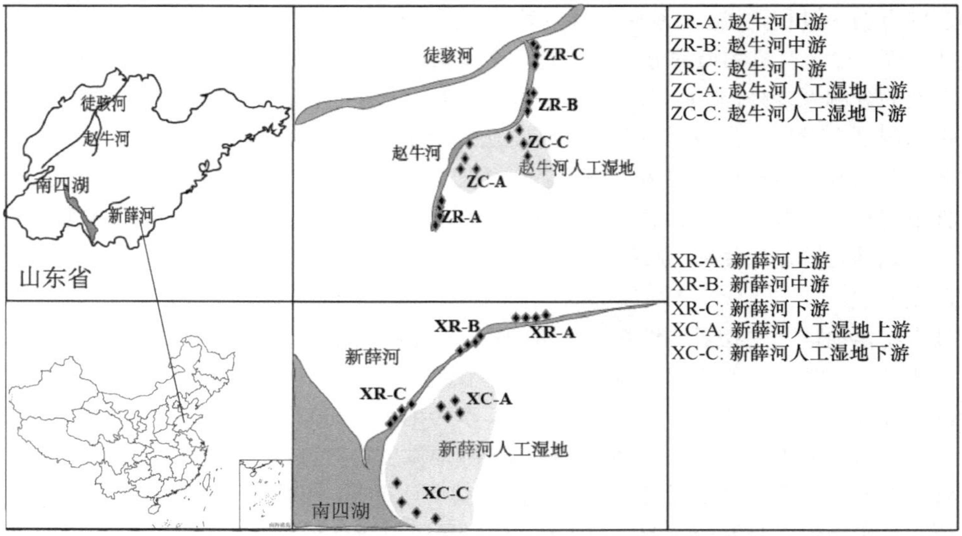

图 2-4　取样点的分布

样品在冷冻干燥箱中干燥完全，筛掉样品中的植物根系、碎石等物质，然后对样品进行 DNA 提取和微生物序列分析（采用 Illumina Miseq 测序平台在上海派森诺生物科技有限公司完成）。使用 SPSS（version 21.0）进行实验数据分析，使用 Microsoft Excel 和 Adobe Illustrator（version 16.0.0）进行图表处理

研究结果表明，在两组河流湿地和人工湿地中，变形菌门（Proteobacteria）和拟杆菌门（Bacteroidetes）是主要的两个门，总共占所有微生物的 39.4%～61.5%，其次浮霉菌门（Planctomycetes）、放线菌门（Actinobacteria）、酸杆菌门（Acidobacteria）、硝化螺旋菌门（Nitrospirae）、疣微菌门（Verrucomicrobia）和芽单胞菌门（Gemmatimonadetes）也是河流湿地和自然湿地中必不可少的门类（图 2-5）。变形菌门主要有 α-变形菌纲、β-变形菌纲、γ-变形菌纲和 δ-变形菌纲（图 2-6），其中 β-变形菌纲和 γ-变形菌纲在我们研究的湿地中尤为丰富，同样在某些其他的湿地中也很丰富（Ligi et al. 2014）。β-变形菌纲多含有一些具有降解能力和致病性的菌类，如革兰氏阴性无机化能营养的硫杆菌属、伯克氏菌目、亚硝化单胞菌属、红环菌目等。γ-变形菌纲中含有一些除硫单胞菌目、脱硫菌目、互营杆菌目等与硫的氧化还原相关的菌类。我们的研究表明，γ-变形菌纲在新薛河人工湿地中的含量远高于其他取样地点，因此这些含硫的氧化还原类菌在新薛河人工湿地的大量存在可能暗示新薛河人工湿地的硫循环效率要高于其他取样地点。浮霉菌门和酸杆菌门在赵牛河人工湿地中的含量显著低于其他取样地点，而浮霉菌门主要是一些与碳氮循环有关的细菌，如浮霉菌门的两个重要的目（Pirellulales 和 Phycisphaerales）（Elshahed et al. 2007；Eloe et al. 2011）。其他的与碳氮循环相关的门类（Becerril-Espinosa et al. 2012），如放线菌门和疣微菌门在各取样地点分布上没有明显的不同，所以总体分析得知赵牛河人工湿地的碳氮循环效率应该低于其他地点。而硝化螺旋菌门，在新薛河河流湿地与人工湿地中的含量都明显高于赵牛河河流湿地与人工湿地。硝化螺旋菌门中主要的属是硝化作用过程中两种氨氧化细菌之一（Truu et al. 2009），另一种氨氧化细菌是 β-变形菌纲的属且含量几乎为 0。由此可以说明新薛河河流湿地和人工湿地的固氮效率要高于赵牛河及其人工湿地。

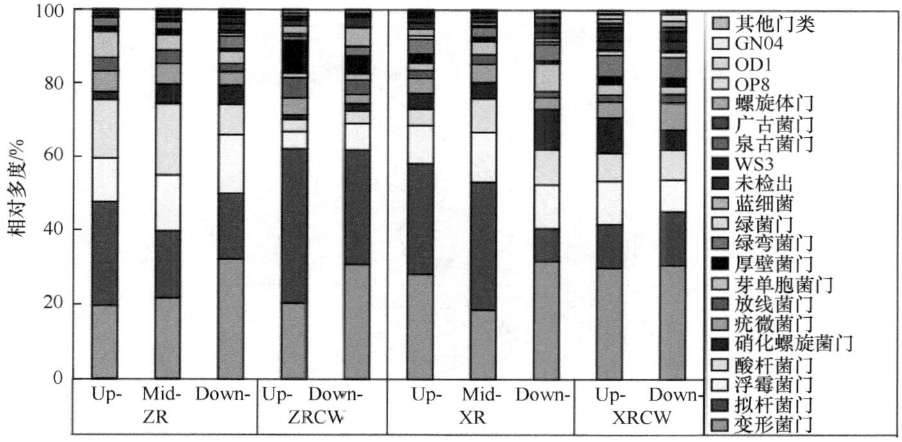

图 2-5　主要的门类在各取样地点的分布情况（彩图请扫封底二维码）
Up/Mid/Down-ZR. 赵牛河上游/中游/下游；Up/Down-ZRCW. 赵牛河人工湿地上游/下游；Up/Mid/Down-XR. 新薛河上游/中游/下游；Up/Down-XRCW. 新薛河人工湿地上游/下游

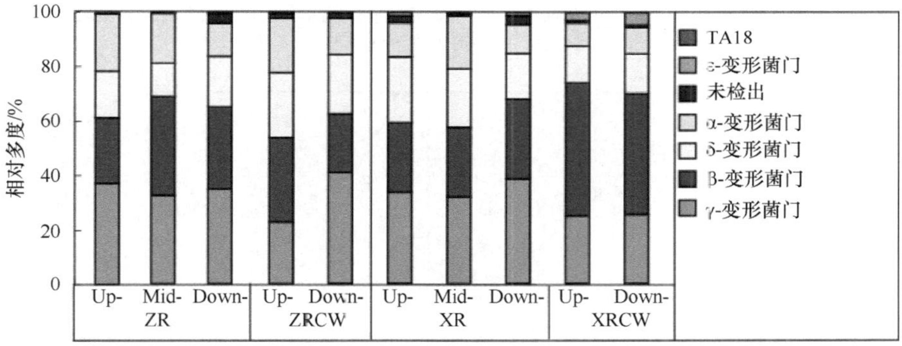

图 2-6　变形菌门的主要的纲在各取样地点的分布（彩图请扫封底二维码）
Up/Mid/Down-ZR. 赵牛河上游/中游/下游；Up/Down-ZRCW. 赵牛河人工湿地上游/下游；Up/Mid/Down-XR. 新薛河上游/中游/下游；Up/Down-XRCW. 新薛河人工湿地上游/下游

分别对赵牛河河流湿地与人工湿地、新薛河河流湿地与人工湿地中微生物的主要的门进行主成分分析（图 2-7，图 2-8），结果显示，赵牛河河流湿地及人工湿地取样地点分布较集中，而新薛河河流湿地与人工湿地中的取样点分布较分散。

人工湿地与河流湿地微生物总类组成比较显示，人工湿地中的 DNA 优质序列数量整体上要高于河流湿地，而且赵牛河人工湿地下游含有最高数量的优质序列。在群落丰富度指数上，ACE 指数和 Chao 指数均表明人工湿地的微生物丰富度高于相应的河流湿地，尤其是人工湿地的下游。人工湿地和河流湿地的微生物种类具有一定差异，通过对门、纲、目、科和属的分析表明，人工湿地在不同水平上的种类也会多于相应的河流湿地。总之，研究显示人为建造的人工湿地与城市内的河流湿地的微生物种类具有一定差异，城市湿地微生物种类受到人为活动的强烈影响。

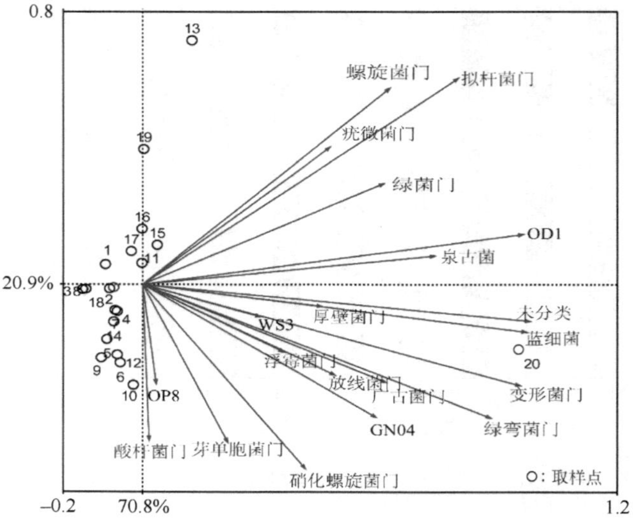

图 2-7 赵牛河与赵牛河人工湿地中微生物主要门的主成分分析

取样点 1~4. 赵牛河上游；5~8. 赵牛河中游；9~12. 赵牛河下游；13~16. 赵牛河人工湿地上游；17~20. 赵牛河人工湿地下游

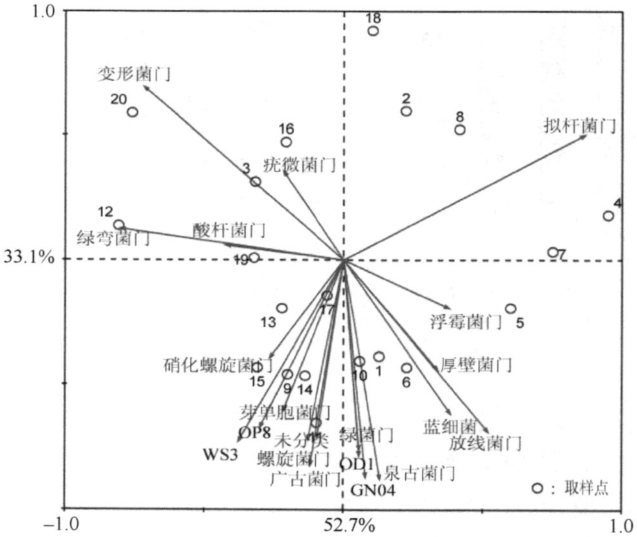

图 2-8 新薛河与新薛河人工湿地中微生物主要门的主成分分析

取样点 1~4. 新薛河上游；5~8. 新薛河中游；9~12. 新薛河下游；13~16. 新薛河人工湿地上游；17~20. 新薛河人工湿地下游

第六节 城市湿地生态系统结构的特点

6.1 城市湿地生物多样性具有城市特色

由于湿地是陆地与水体的过渡地带，因此它同时兼具丰富的陆生和水生动植物资源，形成了其他任何单一生态系统都无法比拟的天然基因库和独特的生物环境，特殊的土壤和气候提供了复杂且完备的动植物群落。它对于保护物种、维持生物多样性具有难以替代的生态价值。城市湿地中生物多样性比其他城市生态系统高，城市湿地恢复是增加城市区域生物多样性的重要措施（Kim et al. 2011）。

城市湿地生物多样性具有鲜明的城市特色，城市建设不但使湿地面积减少，而且增加了湿地生境的破碎化，减少了不适合人类干扰的物种数量，使得湿地生境和湿地生物都具有鲜明的城市特色（张耀武等 2012）。由于城市河流往往建设橡胶坝等进行截流，加上城市湿地容易遭受水质污染，城市湿地中两栖类动物数量急剧减少，鱼类往往以耐污种类为主，而微生物往往是一些耐污染的类群。城市湿地的很多植物往往是人工栽植的，很多动物往往是适应人类干扰的物种，由于城市湿地中植食动物较少，植物往往需要人为收割。由于城市湿地的特殊性，城市湿地很容易受到外来植物的入侵（张琼等 2014）。

6.2　人的主导性

从管理方面讲，城市湿地的管理以政府决策部门的指令为主，靠城市居民的参与来进行，人为因素对城市湿地具有决定性影响（Ehrenfeld 2000）。尽管城市湿地生态系统的生物多样性丰富，但受城市建成区扩张的影响而在城区中面积小、分布不均、孤岛式生境的斑块间连接度低，湿地内部生境破碎化严重（潮洛蒙和俞孔坚 2005）。其系统内部的营养关系结构即食物链较简单或单一，营养级低，且相对接近的城市湿地系统间的能量交换、物质循环相对较少，自然物质循环不良，需要人为管理。

根据生态学理论，食物链越复杂，抗外界干扰能力往往越强，生态系统稳定性越好。反之，简单的食物链关系和越低的营养级生态系统，越容易发生波动和毁灭。因此，相对于常规的自然湿地生态系统，城市湿地生态系统的结构稳定性低、脆弱性显著。城市湿地生态系统是处于城市中水陆交界的生态脆弱带，除受水文条件、气候因子影响外，特别易受人为活动的干扰，如环境污染、有害物质排放、修建城市基础设施而引起的湿地内部生境破碎化（潮洛蒙和俞孔坚 2005）。加之该系统内食物链简单、营养级较低，其生态平衡极易遭到破坏，且遭到破坏的城市湿地系统很难自我调节和自我恢复（田琳琳等 2012）。例如，武汉市天然湿地面积锐减、水质恶化、沿岸植物毁灭、浮游生物和底栖动物大量减少，水生生物种类和数量的变化直接影响到以这些水生生物为食的各种鸟类的栖息和繁殖，湿地面积萎缩使鸟类环境容量大幅下降（胡鸿兴等 2005），严重降低了该城市湿地生态系统的生物多样性。陈水华等（2000）在杭州进行的城市化对城市湿地水鸟群落的影响的研究结果显示，食物的多样性和人类干扰是决定湿地鸟类多样性的最重要因子，同时水鸟的密度和多样性均随着城市化程度的提高而下降。

物种多样性减少又使城市湿地生态系统结构简化，食物链趋于简单，营养级降低，从而削弱城市湿地生态系统的自我调控能力，降低该生态系统的稳定性。我国城市湿地生态系统大多属于人工生态系统，其生物多样性较缺乏，因此提高城市生态系统的生物多样性已成为我国城市湿地建设的一项重要工作（郝日明和许瑛 2005；田琳琳等 2012）。

6.3　环境污染的深刻影响

环境污染，尤其是水污染对城市湿地生态系统具有显著影响。城市湿地中水质污染往往超过湿地的净化能力，导致水体功能萎缩、湿地生境丧失、河流湖泊湿地中的大量生物死亡、生物物种减少，使城市湿地生态系统的生物多样性受损（吕新华和刘清 2003）。再生水是城市湿地的重要补水来源，城市湿地已经成为应用再生水及改善城市水生态环境的重要方面，但是再生水往往富含营养元素，极易导致水体富营养化。湿地微生物作为再生水净化的主要参与者，在再生水净化及再生水补水湿地水生态恢复方面发挥着重要作用（熊薇 2013）。环境污染对城市湿地的生物类群具有筛选作用，严重影响了城市湿地的生物多样性组成和结构。

6.4 结构不稳定和脆弱性

与自然生态系统的自给自足和自我维持不同，城市湿地生态系统食物链多数不完整，结构不稳定，难以自我维持，物种组成容易受到人为影响发生剧烈变化，容易发生外来物种生物入侵，调节功能退化，具有脆弱性。湿地水文、土壤、气候相互作用，形成了湿地生态系统的主要环境要素。每一因素的改变，都或多或少地导致生态系统的变化，特别是水文，当它受到自然或人为活动干扰时，生态系统稳定性受到一定程度的破坏，进而影响生物群落结构，改变湿地生态系统。美国农业部调查显示，被调查的湿地中有96%受到了城市化的影响，并且城市化导致的湿地损失占全部的58%（Opheim 1997）。以北京市为例，1980～2009年，北京市自然湿地损失量从750 km^2增加到2000 km^2（郑忠明等 2009）。城市化是导致湿地面积减少的主要原因（王建华和吕宪国 2007），城市湿地生态系统具有脆弱性。由于城市湿地的结构不稳定和脆弱性，对城市湿地需要加强保护和管理。

参 考 文 献

北京市城市规划设计研究院. 2011. 城市湿地系统规划研究: 北京的探索与实践. 北京: 中国建筑工业出版社.

潮洛蒙, 俞孔坚. 2003. 城市湿地的合理开发与利用对策. 规划师, 19(7): 75-77.

陈水华, 郑光美, 丁平, 等. 2000. 杭州市湿地水鸟的分布与多样性研究. 生命科学研究, 4(1): 65-72.

陈卫, 胡东, 付必谦, 等. 2007. 北京湿地生物多样性研究. 北京: 科学出版社.

陈云浩, 蒋卫国, 赵文吉, 等. 2012. 基于多源信息的北京城市湿地价值评价与功能分区. 北京: 科学出版社.

崔广柏, 张其成, 湛忠宇, 等. 2016. 海绵城市建设研究进展与若干问题探讨. 水资源保护, 32(2): 1-4.

段学花, 王兆印, 徐梦珍. 2010. 底栖动物与河流生态评价. 北京: 清华大学出版社.

郝日明, 许瑛. 2005. 城市湿地在城市绿地生态系统建设中的作用及其保护建议. 江苏林业科技, 32(6): 46-56.

胡鸿兴, 康洪莉, 贡国鸿, 等. 2005. 湖北省湿地冬季水鸟多样性研究. 长江流域资源与环境, 14(4): 422-428.

李春艳, 王继华, 华德尊, 等. 2008. 湿地微生物在城市湿地氮循环系统的效应研究. 北京林业大学学报, 30(增刊 1): 278-281.

李冬茹. 2009. 微生物在城市湿地氮循环系统中的作用研究. 环境科学与管理, 34(9): 71-74.

李军涛, 黎洁, 詹凡玢, 等. 2015. 海河流域滦河水系夏季大型底栖无脊椎动物多样性调查. 中国农学通报, 311(26): 40-50.

吕新华, 刘清. 2003. 长江流域的湿地资源及其恢复保护. 地理与地理信息科学, 19(1): 70-73 .

田琳琳, 庄舜尧, 杨浩. 2012. 城市湿地生态系统的结构特征及现存问题. 资源开发与市场, 28(2):

148-150, 174.
王建华，吕宪国．2007 城市湿地概念和功能及中国城市湿地保护．生态学杂志, 26(4): 555-560.
肖涛，宋垚彬，姜丹，等．2014．植物功能性状对城市湿地水体富营养化的响应研究进展．湿地科学与管理, 10(2): 62-65.
熊薇．2013．城市湿地植物根际细菌群落多样性时空变异及其水环境解释．北京：首都师范大学硕士研究生学位论文.
徐国东，汤晓玲，徐静．2007．稻屯洼国家城市湿地公园现状及保护对策研究．水利发展研究，7(8): 42-44.
杨士弘，廖重斌，郑宗清. 2003．城市生态环境学. 2 版．北京：科学出版社.
张建，张波，靖玉明，等．2008．南水北调东线南四湖新薛河入湖口人工湿地工程设计．中国给水排水, 24(2): 49-51.
张琼，宋垚彬，蒋跃平，等．2014．植物入侵对城市湿地生态系统中本地植物的影响．杭州师范大学学报(自然科学版), 13(6): 628-633.
张耀武，刘伟刚，郭建荣，等．2012．城市湿地生态系统保护的现状与思考．环境科学与管理，37(6): 162-164, 175.
郑忠明，李华，周志翔，等．2009．城市化背景下近 30 年武汉市湿地的景观变化．生态学杂志，28(8): 1619-1623.
Anderson M, Magleby R. 1997. Agricultural Resources and Environmental Indicators, 1996-1997. US Dept of Agric, Washington D.C.
Becerril-Espinosa A, Guerra-Rivas G, Ayala-Sánchez N, et al. 2012. Antitumor activity of actinobacteria isolated in marine sediment from Todos Santos Bay, Baja California, Mexico. Rev Biol Mar Oceanogr, 47: 317-325.
Depauw N, Vanhooven G. 1983. Method for biological quality assessment of water courses in Belgium. Hydrobiologia, 100: 153-168.
Ehrenfeld J G. 2000. Evaluating wetlands within an urban context. Urban Ecosyst, 4(1): 69-85.
Eloe E A. 2011. Molecular diversity and adaptations of microorganisms from the deep ocean. California: San Diego PhD Dissertation.
Elshahed M S, Youssef N H, Luo Q, et al. 2007. Phylogenetic and metabolic diversity of Planctomycetes from anaerobic, sulfide-and sulfur-rich Zodletone Spring, Oklahoma. Appl Environ Microbiol, 73: 4707-4716.
Falfushinska H I, Romanchuk L D, Stolyar O B. 2008. Different responses of biochemical markers in frogs (*Rana ridibunda*) from urban and rural wetlands to the effect of carbamate fungicide. Compar Biochem Physiol C: Toxicol Pharmacol, 148(3): 223-229.
Guilpart A, Roussle J, Aubin J, et al. 2012. The use of benthic invertebrate community and water quality analyses to assess ecological consequence of fish farm effluents in rivers. Ecol Indic, 23: 356-365.
Kim K G, Lee H, Lee D H. 2011. Wetland restoration to enhance biodiversity in urban areas: a comparative analysis. Landscape Ecol Eng, 7: 27-32.
Leitner P, Hauer C, Ofenböck T, et al. 2015. Fine sediment deposition affects biodiversity and density of benthic macroinvertebrates: A case study in the freshwater pearl mussel river Waldaist (Upper Austria). Limnologica, 50: 54-57.
Ligi T, Oopkaup K, Truu M, et al. 2014. Characterization of bacterial communities in soil and sediment of a created riverine wetland complex using high-throughput 16S rRNA amplicon sequencing. Ecol Eng, 72: 56-66.
Magurran A E. 2004. Measuring Biological Diversity. Oxford: Blackwell Publishing.
Margalef R. 1957. Information theory in ecology. Int J General Syst, 3: 36-71.
Mehari A K, Wondie A, Mingist M, et al. 2014. Spatial and seasonal variation in the macro-invertebrates and physic-chemical parameters of the Enfranz River, Lake Tana sub-basin (Ethiopia). Ecohydrol Hydrobiol,

14: 304-312.

Opheim T. 1997. Wetland losses continue but have slowed. National Wetlands Newsletter, 19: 7-9.

Shannon C E, Weaver W. 1949. The Mathematical Theory of Communication. Urbana: University of Illinois Press.

Simpson E H. 1949. Measurement of diversity. Nature, 163: 688.

Tong C, Feagin R A, Lu J, et al. 2007. Ecosystem service values and restoration in the urban Sanyang wetland of Wenzhou China. Ecol Eng, 29(3): 249-258.

Truu M, Juhanson J, Truu J. 2009. Microbial biomass, activity and community composition in constructed wetlands. Sci Total Environ, 407: 3958-3971.

第三章　城市湿地生态系统的生物多样性

第一节　引　　言

城市湿地是一类复合生态系统，由生物要素、物理环境要素等自然组分和社会、经济、文化等人类组分构成。在人类改造和利用城市湿地的过程中，城市湿地生态系统融入了大量人工要素，原生自然系统受到了严重破坏，失去了自然演替的功能和自我调节的能力。人口增长、城市化和工业化无疑是湿地变化的重要诱因。在城市化的进程中，随着社会、经济的发展，大量城市湿地被城市建筑和人工地表所代替，城市水面率逐步降低，不透水面积逐步扩大，由此导致城市湿地系统逐步消失，城市生态环境日益恶化。据相关研究，美国在 20 世纪初市区和郊区的湿地总面积为 69 000 km^2，到了 1990 年，由于城市的发展对土地利用和水文状况的改变，湿地面积减少了 50%以上（Milon & Scrogin 2006）。近 50 年来，由于冲淤和围垦作用加剧，武汉市湖泊湿地大幅度减少，从新中国成立初期到现阶段水域面积减少了 823.76 km^2（赵艳 2000）。广东深圳和珠海特区的发展对红树林湿地的破坏相当严重。杭州湾地区人口的剧增和工业化进程的加快，给湿地水域环境带来了各种潜在威胁。城市开发和农田建设使西溪湿地由 20 世纪中叶的 6000 hm^2 减少到目前的 5000 hm^2。据不完全统计，截至 20 世纪末期，在不到 50 年的时间里，银川市仅市政建设占地和抽取地下水造成的城市湿地损失至少为 267 hm^2，全市天然湖泊减少了 3/4，约 30%的城市湿地完全消失。

随着人口剧增，快速城市化使湿地面积急剧减少，城市中心填湖现象屡屡发生，湿地被改造为建设用地，削弱了湿地的生态效益和社会效益。城市湿地受城市建成区扩张的影响，形成了在城区中面积较小、分布不均匀、孤岛式生境的斑块，斑块之间的连接度低，湿地内部生境的破碎化较为严重。例如，我国长春市，遥感影像分析表明，该市在城建中曾大量填湖造地，仅有 30 余年历史的绿园区，基本上是在河湖沼泽湿地基础上发展起来的（王海霞等 2005）。Arnold 和 Gibbons（1996）研究了城市湿地面积变化和城市热岛效应的关系，结果表明随着城市湿地面积的缩小，地表水洼蓄和下渗能力大大减弱，河道防洪压力明显加大，促使城市内部生境破碎化。Booth 和 Jackson（1997）认为不断对湿地进行围垦等，使得大块湿地被分割成面积较小、孤岛式的零碎斑块，斑块之间连接度下降，也增加了湿地内部生境破碎化程度。

湿地具有重要的降解和转化污染物的能力（安树青 2002）。但是在城市化的进程中，随着城市人口迅速增加，产业集聚程度不断增强，生产和生活产生的大量污水和废水未经处理被排入河湖湿地，大量化肥、畜禽污染物随地表径流汇入城市边缘湿地，大大超过了河湖湿地的自净能力，造成河道水质下降，水功能萎缩，严重破坏湿地的生态环境，给湿地保护与恢复带来了新的挑战。据《2001 年上海市水资源公报》，上海全市 16 条主要骨干河道中含有Ⅳ类水及劣于Ⅳ类水的河道占 50%。水质恶化使河流湿地中的大量生物死亡，生物物种大幅度减少，并由此造成水土流失，河道严重淤积，对其周围环境也造成污染，降低了湿地的生态及社会服务作用。上海的苏州河、北京的通惠河和凉水河、南京的秦淮河、郑州的金水河、昆明滇池、武汉东湖、杭州西湖、南京玄武湖等都曾遭受富营养化污染，虽然经大力治理，情况好转，但污染的威胁依然存在（戴星翼等 2005）。

在城市湿地修复与保护的过程中，湿地生境条件的改变及湿地规划中盲目引进一些异地物种导致外来物种对湿地生境的入侵，降低了本地物种的存活概率，同时增加了城市湿地保护和恢复的难度（Gibbs 2000）。外来入侵种通过竞争或占据本地物种生态位，排挤本地种；或与当地种竞争食物；或直接扼杀当地物种；或分泌释放化学物质，抑制其他物种生长，使当地物种的种类和数量减少，甚至濒危或灭绝。外来入侵种对生态系统另外一个更不易察觉的危害是影响当地的遗传多样性。目前，西溪国家湿地公园的外来植物共计有 20 科 45 种，均为草本植物，以一年生或二年生草本植物为主，这些外来入侵植物严重地威胁了西溪湿地的生态系统，影响了当地的生物多样性和本土植物的生境（Ehrenfeld 2008；舒美英等 2009）。北京城市湿地中葎草侵入芦苇群落，严重抑制了芦苇群落植物的自然生长过程，促使芦苇群落向低矮群落演替发展（叶頔等 2006）。

第二节　理 论 基 础

2.1　生物多样性

生物多样性是生物与其环境形成的生态复合体，以及与此相关的各种生态过程的总和，包括数以百万计的动物、植物、微生物及其基因，以及与其生存环境形成的复杂的生态系统。生物多样性是地球上生命经过几十亿年发展进化的结果，是地球上最重要的生命特征，生物多样性是人类赖以生存和发展的多种生命资源的总汇，是人类生存和繁殖的基础。保护生物多样性，对人类的生存及社会、经济的持续发展具有重大意义。因此，生物多样性是一个内涵十分广泛的重要概念，包括多个层次或水平。其中，研究较多、意义重大的主要有遗传多样性、物种多样性、生态系统多样性和景观多样性 4 个层次（马克平 1993）。

2.1.1　遗传多样性

遗传多样性（genetic diversity）是指种内基因的变化，包括种内显著不同的种群间和同一种群内的遗传变异（世界资源研究所等 1992），亦称为基因多样性。种内的多样性是物种以上各水平多样性的重要来源。遗传变异、生活史特点、种群动态及其遗传结构等决定或影响着一个物种与其他物种及其环境相互作用的方式。而且，种内的多样性是一个物种对人为干扰进行成功反应的决定因素。种内的遗传变异程度也决定其进化的潜势（Solbrig 1991）。所有的遗传多样性都发生在分子水平，并且都与核酸的理化性质紧密相关，新的变异是突变的结果。

2.1.2　物种多样性

物种多样性（species diversity）是指一个地区内物种的多样化，包含两方面的含义：一是指一定区域内物种的多样化，主要从分类学、系统学和生物地理学角度对一定区域内物种状况进行研究，也称为区域物种多样性；二是指生态学方面物种分布的均匀程度，主要从群落组织水平上进行研究，也称为群落多样性或生态多样性（贺金生和马克平 1997）。物种多样性是群落结构和功能复杂性的度量指标，研究物种多样性有助于认识群落的组成、变化和发展，同时它也可以在一定程度上反映群落的稳定性及环境的保护状况。物种多样性的主要研究内容有：物种多样性的现状（包括受威胁现状）、物种多样性的形成及其演化，以及维持机制等。

2.1.3　生态系统多样性

生态系统多样性（ecosystem diversity）是指生物圈内生境、生物群落和生态过程的多样化，以及生态系统内生境差异与生态过程的多样性（McNeely 1990）。这里的生境主要指无机环境，如地貌、气候、土壤和水文等。生境多样性是生物群落多样性甚至是整个生物多样性形成的基本条件。生物群落的多样性主要是指群落的组成、结构和动态（包括演替和波动）方面的多样化。生态系统多样性指数可以分为 3 类：α 多样性指数、β 多样性指数和 γ 多样性指数（Whittaker 1972）。α 多样性指数用于测度群落内的物种多样性；β 多样性指数用于测度群落的物种多样性沿着环境梯度变化的速率或群落间的多样性；γ 多样性指数则是一定区域内总的物种多样性的度量。生态过程主要是指生态系统的组成、结构与功能在时间上的变化，以及生态系统的生物组分之间与其环境之间的相互作用或相互关系，是生物多样性研究中非常重要的方面（马克平等 1994）。

2.1.4　景观多样性

景观多样性（landscape diversity）是指不同类型的景观在空间结构、功能机制和时间动态方面的多样化和变异性。景观是一个大尺度的宏观系统，是具有高度空间异质性的区域。景观要素（landscape element）是组成景观的基本单元，景观要素可分为斑块、廊道和基质。依形状的差异，景观要素可分为嵌块体（patch）、廊道（corridor）和基质（matrix），嵌块体是景观尺度上最小的均质单元，它的起源、大小、形状和数量等对于景观多样性的形成具有十分重要的意义。廊道是具有通道或屏障功能的线状或带状的景观要素，是联系嵌块体的重要桥梁和纽带。按照来源的不同，廊道可以分为干扰廊道（disturbance corridor）、栽植廊道（planted corridor）、更新廊道（regenerated corridor）、环境资源廊道和残余廊道。不同的廊道适合不同的景观类型。例如，防火隔离带和传输线等干扰廊道适于森林景观，而防护林带和绿篱等栽植廊道则适于农业景观。基质是相对面积大于景观中嵌块体的景观要素，它是景观中最具连续性的部分，往往形成景观的背景。基质具有 3 个特点：①相对面积比景观中的其他要素大；②在景观中的连接度最高；③在景观动态中起最重要的作用。由于能量、物质和物种在不同的景观要素中呈异质分布，而且这些景观要素在大小、形状、数目、类型和外貌上的变化，导致景观在空间结构上的高度异质性（Forman & Godron 1986；Hudson 1991）。

2.1.5　湿地生物多样性

湿地生物多样性即湿地所有生物种类（表 3-1）、种内遗传变异及其生存环境的总称，也是湿地所有的植物、动物和微生物物种及其所拥有的基因，各物种之间及其与生境之间的相互作用所构成的生态系统及其生态过程（赵魁义 2008；图 3-1）。

表 3-1　湿地常见生物类群

生物类群	具体分类
植物	湿生植物、水生植物（挺水植物、浮叶植物、漂浮植物、沉水植物）、盐生植物、耐盐植物、红树林植物
动物	脊椎动物（鱼纲、两栖纲、爬行纲、鸟纲、哺乳纲）
	无脊椎动物（腹足纲、瓣鳃纲、昆虫纲）
微生物	浮游藻类、浮游动物、好氧菌、微好氧菌、绝对厌氧菌、耐氧性厌氧菌、兼性厌氧菌

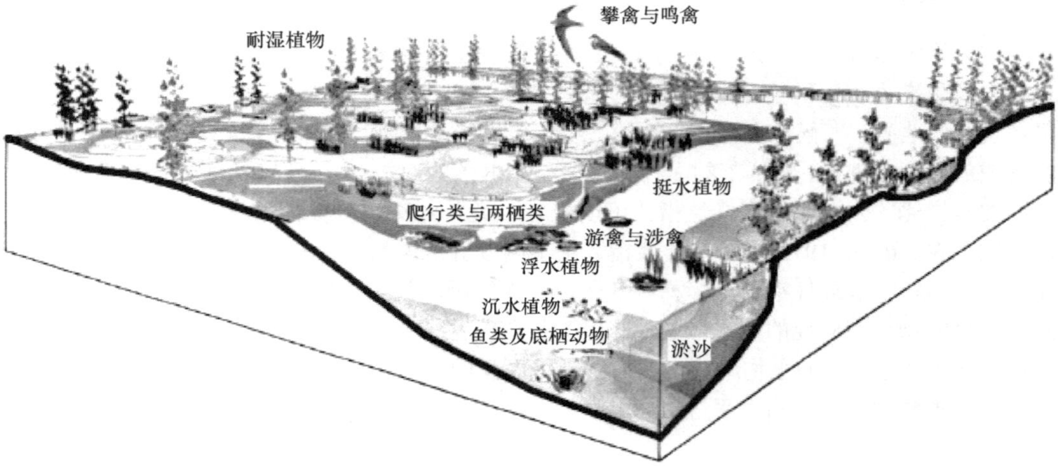

图 3-1　湿地的生物多样性（引自成玉宁等 2012）

2.2　遗传多样性的研究方法

遗传多样性的测度比较复杂，主要包括 3 个方面，即染色体多态性、蛋白质多态性和 DNA 多态性，染色体多态性主要从染色体数目、组型及其减数分裂时的行为等方面进行研究；蛋白质多态性一般通过两种途径分析，一是氨基酸序列分析，二是同工酶或等位酶电泳分析，后者应用较为广泛；DNA 多态性主要通过限制性片段长度多态性（RFLP）、DNA 指纹（DNA fingerprinting）、随机扩增多态性 DNA（RAPD）和聚合酶链反应（PCR）等技术进行分析。此外，还可应用数量遗传学方法对某一物种的遗传多样性进行研究。虽然这种依据表型性状进行统计分析的方法没有分子生物学方法精确，但也能很好地反映遗传变异程度，而且实践意义大，特别是对于阐述物种的适应机制更为直接（Solbrig 1991）。

2.2.1　生化水平上的遗传多样性检测方法

同工酶电泳技术（isozyme electrophoretic techique）。其基本原理是：含有酶或可溶性蛋白的组织匀浆上清液样品，在以凝胶为载体的有孔介质中，在低温恒压或恒流电场下，由于不同的蛋白质或酶分子的大小及所带的净电荷的不同，通过凝胶介质分子筛效应和电场对带电粒子的驱动效应，在凝胶载体上具有不同的迁移率和迁移方向，而同一种蛋白质的迁移方向和迁移率是恒定的；一定时间后将凝胶从电场中移出，用含有待测酶的专一性底物及与该酶催化反应产生的产物起反应的一种盐溶液进行染色处理，即可在凝胶中使该酶迁移到达的位置上出现特异的色带。通过观察色带的数量和位置，即可推断出样本中各个体编码该酶的基因位点数及每个位点上的基因型，据此可推断出群体内等位基因频率和基因型频率，以此通过各种参数对遗传变异进行定量评估（喻子牛等 1997）。同工酶电泳技术具有实验程序简单、易操作、成本较低和比较稳定等优点；然而，由于其标记数量有限，且不具有共显性，限制了它的应用（任旭琴 2002）。

2.2.2 分子水平上的遗传多样性检测方法

2.2.2.1 RFLP 标记

限制性片段长度多态性（restriction fragment length polymorphism，RFLP）是一种 DNA 多态性分析技术，其基本原理是将目标 DNA 序列经一定数目和种类的限制性内切酶进行酶切，由于不同的目标 DNA 的序列结构有差异，序列上内切酶识别位点的数目和距离发生了改变，因而产生相当多的大小不等的 DNA 片段。然后通过 Southern 杂交可以把与被标记 DNA 相关的片段检测出来，从而构建出多态性图谱，进行系统进化和亲缘关系的分析。RFLP 是对不同植物个体的某些特定 DNA 片段用某些内切酶进行水解，只要不同个体的这些片段存在一定的变异，便能在电泳的结果上反映出来，通过比较分析将得出有关这些个体之间的亲缘关系及进化机制等方面的结论。RFLP 分析可随机选取足够数量能代表整个基因的 RFLP 标记，且每个标记变异大，检测方便，用于探测 RFLP 的克隆探针可随机选择（万海清等 1998）。RFLP 的优点是源于基因组 DNA 本身的变异，检测不受环境条件和发育阶段的影响，但需要较为完善的实验室条件、工作量较大、成本高等，因此其应用受到了一定的限制（冯夏莲等 2006）。

2.2.2.2 RAPD 标记

随机扩增多态性 DNA（random amplified polymorphic DNA，RAPD）是一种建立在 PCR 基础上的分子标记。以一个 10 碱基的任意核苷酸序列片段为引物，在未知序列的基因组 DNA 上进行随机的 PCR 扩增，在反应过程中，引物将同源序列从非同源的竞争位点中识别出来并进行扩增。RAPD 不仅具有 RFLP 的优点，而且其引物无特异性、技术简单易行、分析速度快、所需 DNA 量少，适用于进行更为广泛的遗传多态性分析，可以在对引物没有任何分子生物学研究的情况下对物种进行基因组指纹图谱构建（万海清等 1998），然而该方法的重复性较差。

2.2.2.3 AFLP 标记

扩增片段长度多态性（amplified fragment length polymorphism，AFLP），基因组 DNA 经限制性内切酶完全消化后，在限制性片段两端连接上人工接头作为扩增的模板。设计的引物与接头和酶切位点互补，并在 3′端加上 2 或 3 个碱基，因此在基因组被酶切后的无数片段中，只有一小部分限制性片段被扩增。扩增产物在变性聚丙烯酰胺凝胶电泳上分离后，通过一定的检测手段可显示出多态性丰富的 DNA 指纹式样。目前，人们认为 AFLP 是构建遗传图谱较好的分子标记，在鉴定遗传多样性和物种亲缘关系的研究中 AFLP 也显示出较大的优越性（邹喻萍等 2001）。

2.2.2.4　ISSR 标记

简单重复序列区间（inter simple sequence repeat，ISSR）多态性是一种简单重复序列间扩增多态性分子的标记。它以 PCR 技术为基础，利用真核生物基因组广泛存在的简单重复序列（SSR）来设计引物，而无须预先克隆和测序。用于扩增的引物通常为含 16～18 个碱基的序列。根据引物在 5′端或 3′端是否加锚定碱基，ISSR 分为锚定简单重复序列间扩增（anchored inter simple sequence repeat，ASSR）和非锚定简单重复序列间扩增（non-anchored inter simple sequence repeat）(李海生和陈桂珠 2004)。ASSR 由 1～4 个碱基组成的串联重复和几个非重复的锚定碱基组成，从而保证了引物与基因组 DNA 中 SSR 的 5′端或 3′端结合，导致反向排列、间隔不太大的重复序列间的基因组片段进行 PCR 扩增。非锚锭的 ISSR 则直接以 1 个微卫星引物进行 PCR 扩增。扩增产物经聚丙烯酰胺凝胶电泳或较高浓度的琼脂糖凝胶电泳分离获得扩增指纹图，从而可以揭示样本间的遗传多样性。ISSR 技术作为一种新型的分子遗传标记，结合了 RAPD 和 SSR 的优点：引物是以几个核苷酸为单位多次重复的 DNA 序列，无须预先克隆和测序微卫星的侧翼序列；模板需要量极少；ISSR 标记蕴含了大量的遗传信息，可以检测到基因组中许多位点的差异，可以揭示比 RFLP、RAPD 和 SSR 更多的多态性；退火温度高且加入甲酰胺，大大降低了非特异性扩增的产生，得到的信息更准确；实验成本低，操作简单，特异性强，比 RAPD 更有针对性；实验稳定性较高。缺点是：PCR 扩增时最适反应条件需要一定时间的摸索；ISSR 标记大多为显性标记；在解决交配系统、计算杂合度和父系分析等问题时效果不佳。

2.2.2.5　SRAP 标记

相关序列扩增多态性（sequence-related amplified polymorphism，SRAP）主要对植物基因组中可读框（open reading frame，ORF）进行扩增，利用外显子富含 GC 而启动子、内含子含 AT 的特点设计引物。上游引物长 17 bp，引物的 3′端为 3 个选择碱基，引物的 5′端为 14 bp 的核心序列，由一段填充序列和 CCGG 构成，主要结合在外显子区域，对外显子进行特异性扩增。下游引物为 18 bp，引物的 3′端仍为 3 个选择碱基，引物的 5′端为 14 bp 的核心序列，其中核心序列前 11 bp 是一段填充序列，紧接着是 AATT，下游引物的结合位点在内含子区域或启动子区域，对其进行特异性扩增。由于内含子、启动子与间隔序列长度在物种间或同一物种的不同个体间是不等的，用 SRAP 分析时会产生多态性。因此，SRAP 具有 RAPD 的简便操作性，省去了 SSR 开发引物的困难，又可避免 AFLP 的酶切、连接和扩增杂交等烦琐的步骤，成为遗传多样性研究的重要方法。

2.2.3　分子数据分析方法

RAPD、RFLP、AFLP 或其他分子分析技术得到的电泳片段或杂交位点的有无以 0 或 1 编码后，由不同的计算公式可以得到样本间不同的相似指数，相似指数经不同方法转换后得到遗传距离。由群体相似系数或遗传距离矩阵，或根据特异片段或多态位点的频率，可进行群体遗传多样性及遗传分化等研究。

2.2.3.1　遗传相似性

现有 x、y 两个样本，每个样本经电泳分析包括有 10 个可能的位点，数据如下（表 3-2）。

表 3-2　用于说明分子标记数据分析的模拟数据

样本	位点									
	1	2	3	4	5	6	7	8	9	10
x	0	1	1	1	1	0	0	1	0	0
y	1	1	1	0	1	1	1	0	1	1

由此产生的信息有：总位点数（N）为 10；样本 x 片段存在的位点数（N_x）为 5；样本 y 片段存在的位点数（N_y）为 8；样本 x、y 片段均存在的位点数（N_{xy}）为 3；样本 x、y 片段均不存在的位点数（N_{00}）为 0。

计算两个样本之间遗传相似性指数的公式较多，以下 3 种较为常见，得到的值位于 0 和 1 之间，因而很容易转化为相似百分率。

Nei 相似系数

$$\mathrm{Nei}=\frac{2N_{xy}}{N_x+N_y}$$

Dice 相似系数

$$\mathrm{Dice}=\frac{2N_{xy}}{2N_{xy}+N_x+N_y}$$

Jaccard 相似系数

$$\mathrm{Jaccard}=\frac{2N_{xy}}{N_x+N_y-N_{xy}}$$

2.2.3.2　遗传距离

遗传距离和相似系数是对同一现象的不同表达方式，简单地讲，遗传距离=1−相似系数。

2.2.3.3　遗传多样性和群体分化的度量方式

根据样本间遗传相似系数或遗传距离的大小，可将满足一定条件的样本化归为一个遗传谱系。遗传多样性的度量方式有平均每个位点等位基因数、多态位点百分数（P）、期望杂合度及观测杂合度。

群体间遗传分化度量方式有群体间的分化度（F_{st}）、基因流（N_m）、遗传距离和遗传一致度（相似性）。

有效等位基因数（A_e）

$$A_e=\frac{1}{\sum_i^m P_i^2}$$

式中，m 为总的等位基因数；P_i 为第 i 个等位基因在所有样本中出现的频率。

种群间遗传分化系数（G_{st}）

$$G_{st}=\frac{H_t-H_s}{H_t}$$

式中，H_t 为群体总的遗传多样性；H_s 为种群内的遗传多样性，其计算公式为

$$H_s = \frac{1}{n}\sum_{j=1}^{n}(1-\sum_{i=1}^{m_j}P_{ij}^2)$$

式中，n 为群体数目；P_{ij} 为第 j 个群体第 i 个等位基因出现的频率；m_j 为第 j 个群体在第 i 个位点上的等位基因数。

基因流（N_m）

$$N_m = 0.5\times\frac{1-G_{st}}{G_{st}}$$

2.3 物种多样性的表示方法

生态学上的“多样性”通常指物种水平上的生物多样性，即物种多样性。物种多样性是指地球上动物、植物、微生物等生物种类的丰富程度。物种多样性包括两个方面：其一是指一定区域内的物种丰富程度，可称为区域物种多样性；其二是指生态学方面的物种分布的均匀程度，可称为生态多样性或群落物种多样性。物种多样性是用一定空间范围内物种的数量和分布特征来衡量的，可以从分类学、系统学和生物地理学等角度对一定区域内物种的状况进行研究，是衡量一定地区生物资源丰富程度的一个客观指标。一般来说，一个种的种群越大，它的遗传多样性越高。但是一些种的种群增加可能会导致其他种的衰退，使一定区域内物种多样性减少。

物种多样性是群落中物种的数目和每一物种个体的数目，但也可以用生物量、重要值、盖度等来反映物种的多样性。物种多样性具有以下 3 种含义：①种的丰富度（species richness）或多度（abundance），群落或生境中种的数目多寡；②种的均匀度（species evenness）或平衡性（equitability），群落或生境中全部种的个体数目的分配情况；③种的总多样性（total diversity），综合了种的数目和种的均匀度，又称为种的不齐性（species heterogeneity）。

有的生态学家把多样性的概念用于不同的层次。例如，Whittaker（1972）将物种多样性划分出 3 个层次：α 多样性、β 多样性和 γ 多样性。α 多样性指在一个群落或一种立地条件下种的多样性，主要关注局域均匀生境下的物种数目，因此也称为生境内的多样性（within-habitat diversity）。β 多样性指沿环境梯度不同生境群落之间物种组成的相异性或物种沿环境梯度的更替速率，也称为生境间的多样性（between-habitat diversity），控制 β 多样性的主要生态因子有土壤、地貌及干扰等。γ 多样性描述区域或大陆尺度的多样性，是指区域或大陆尺度的物种数量，也称为区域多样性（regional diversity），控制 γ 多样性的生态过程主要为水热动态、气候和物种形成及演化的历史。

表示物种多样性的方法很多，最简单的方法是记载一定面积上所包含的物种的数量。在实际工作中，由于研究目的和专业知识的限制，物种多样性的调查往往被局限于某一或某些门类，如高等植物、哺乳动物、鸟类、昆虫等。利用种的数量作为判定多样性的指标虽然简便易行，但有时会造成误差，这是因为记载的物种的总数在相当大的程度上取决于取样的方法、样方的面积和有机体分布的格局等因素。因此，人们提出另外一些表示物种多样性的方法。

（1）利用样地中的总种数（S）与样地中物种的个体总数（N）之比来表示物种的多样性（D），即

$$D=\frac{S}{N}$$

但这一指标受样地面积的影响仍然很大。为进一步提高精度，人们对此方法进行了改进，即利用个体总数的对数（ln N）来代替上式中的 N，即

$$D=\frac{S-1}{\ln N}$$

（2）用排序比较指数法来反映群落物种丰富程度的相对差异。其做法是在样方中进行随机抽样或物种采集，之后进行随机排序，并将它们按与前一个种是否相同进行顺序编号。例如，在一个包含有 4 个种的样方中，共有 25 个个体，其随机排序情况和编号方法如下：

C C A A B A A A C B C A A D B C A D A A D D C B A

1 2 3 4 5 6 7 8 9 10 11 12 13 14 15 16 17 18

则种的多样性指标=18/25=0.72。

通常用物种多样性指数来表示群落内种类多样性的程度，用于判断群落或生态系统的稳定性指标。多样性指数是反映丰富度和均匀度的综合指标，多样性指数按其性质可以分为 4 类：物种丰富度指数、物种多样性指数、均匀度指数和生态优势度。多样性指数可用来表示环境质量的变化，其优点是对物种名称鉴定要求不严格，应用比较方便。常用的多样性指数有以下几种。

（1）Simpson 指数。

$$D=1-\sum^{S}(P_i)^2$$

式中，D 为多样性指数；P_i 为种的个体数量在群落中所占的比例。Simpson 指数为随机取样的两个个体属于不同种的概率，群落中种数越多，各种个体分配越均匀，指数越高，指示群落多样性好。Simpson 指数中稀有物种所起的作用较小，而广布物种所起的作用较大。这种方法估计出的群落物种多样性需要较多的样本。

（2）Margalef 多样性指数。

$$d=\frac{S-1}{\ln N}$$

式中，S 为群落中生物的总数目；N 为观察到的个体总数。

（3）Shannon-Weiner 多样性指数：用来描述种的个体出现的紊乱和不确定性。不确定性越高，多样性也就越高。

$$\bar{H}=-\sum_{i=1}^{S}(n_i/N)\ln(n_i/N)$$

式中，S 为种数；n_i 为样品中第 i 种生物的个数；N 为样品中各种生物的总个数。

Shannon-Weiner 多样性指数包含两个因素：①种类数目，即丰富度；②种类中个体分配上的平均性（equitability）或均匀性（evenness）。种类数目多，可增加多样性。同样，种类之间个体分配的均匀性增加也会使多样性提高。

如果每一个体都属于不同的种，多样性指数就最大；如果每一个体都属于同一种，则多样性指数就最小。

（4）Pielou 均匀度指数。

$$J = \left(-\sum_{i=1}^{S} P_i \ln P_i\right) / \ln S$$

式中，J 为均匀度指数；P_i 为种的个体数量在群落中所占的比例；S 为物种数。

（5）Audair 和 Goff 指数。

$$d = \sqrt{\sum_{i=1}^{m} P_i^2} \text{ 或 } d = 1 - \sqrt{\sum_{i=1}^{m} P_i^2}\ (i = 1, 2, \cdots, m)$$

式中，d 表示多样性指数；$i = 1, 2, \cdots, m$，m 为物种数；P_i 为种 i 的相对重要值。

（6）Patrick 指数。

$$d = m$$

式中，d 表示多样性指数；m 表示群落中生物的种数。

（7）Gleason 指数。

$$d = \frac{m}{\ln a}$$

式中，d 表示多样性指数；a 表示所研究的面积；m 表示面积 a 内的种数。

（8）Dahl 指数。

$$d = \frac{m - \bar{m}}{\ln N}$$

式中，d 表示多样性指数；N 为样方数；m 表示样方内的种数；$\bar{m}$ 为样方平均种数，该指数适合群落相互比较。

（9）Odum 指数。

$$d = \frac{m}{\ln N}$$

式中，d 表示多样性指数；m 表示样方内的种数；N 为样方数。

（10）Menhinnick 指数。

$$d = \frac{\ln m}{\ln N} \text{ 或 } \frac{m}{\sqrt{N}}$$

式中，d 表示多样性指数；m 表示样方内的种数；N 为样方数。

（11）Mook 指数。

$$d = \frac{m}{N}$$

式中，d 表示多样性指数；m 表示样方内的种数；N 为样方数。

（12）McIntosh 指数。

$$d = \frac{N - \sqrt{\sum_{i=1}^{m} N_i^2}}{N - \sqrt{N}}$$

式中，d 表示多样性指数；$i=1, 2, \cdots, m$，m 为物种数；N 为全部种的个体总数；N_i 为样品中第 i 种生物的个数。

（13）Hurlbert 指数。

$$d=\frac{N}{N-1}\left[1-\sum_{i=1}^{m}\left(N_i/N\right)^2\right]$$

式中，d 表示多样性指数；$i=1, 2, \cdots, m$，m 为物种数；N 为全部种的个体总数；N_i 为样品中第 i 种生物的个数。

（14）Whittaker 指数。

$$d=m\times\left(\ln P_{\min}-\ln P_{\max}\right) \text{或} d=\frac{m^2}{4}-\sum_{i=1}^{m}\left(\ln P_{\min}-\ln \bar{P}\right)$$

式中，d 表示多样性指数；$i=1, 2, \cdots, m$，m 为物种数；$P_{\min}$ 为最小重要值；$P_{\max}$ 为最大重要值；$\bar{P}$ 为平均重要值。

物种多样性的程度取决于立地条件、动植物区系的历史和特点，以及人类对群落的干预程度。群落的多样性与群落的生产力和稳定性有密切的关系，多样性越高，系统越稳定。研究群落物种多样性对于探索高产稳产的群落结构，保持生态系统的稳定性均有重要意义。

计算多样性指数的常用软件如 Bio-Dap，解压后可直接运行，有独立的运行界面，不过需要以逗号分开的纯文本数据文件，可以计算包括 Shannon-Weiner 多样性指数和 Mackintosh 指数在内的 11 个指数，还可以进行种-多度分布的拟合，但是数据量较大时，会出现数据溢出无法运行的情况。也可以利用 Excel 和 R 软件等进行群落生物多样性指数的计算。

2.4 生物多样性的价值及其评价指标

湿地是具有较高生产力的生态系统，利用其生物多样性可以为人类提供众多的天然产品，如木材、水果、肉类（鱼、鸟、兽）、芦苇（*Phragmites australis*）、树脂和药材等。湿地生物多样性具有实际支持或潜在支持和保护自然生态系统与生态过程、支持和保护人类活动和生命财产的能力，同时还具有存在价值和遗产价值等非使用价值。湿地生物多样性所提供的价值及其评价指标如下。

2.4.1 植物产品

城市湿地中的植物资源十分丰富。水松（*Glyptostrobus pensilis*）、落叶松（*Larix gmelinii*）等都是很好的木材，柿树（*Diospyros kaki*）、杨梅（*Myrica rubra*）等果树经济价值较高。湿地还有大量的药用植物和经济养殖作物，如芡实与菱角，含有各种葡萄糖、糖苷、鞣质、生物碱、乙醚油和其他生物活性物质。评价指标可选择木材产量（t）、药材产量（t）、芦苇产量（t）、稻米产量（t）、饲料产量（t）等。

2.4.2 动物产品

湿地中动物种类十分丰富，常见的有哺乳动物、鸟类、爬行类、鱼类及两栖类，其中许多种类是经济动物。评价指标可选择动物狩猎量（t）、毛皮获取量（t）、捕鱼量（t）、捕虾量（t）、贝类收获量（t）等。

2.4.3 物种资源

湿地生物中包括许多濒危、珍贵和稀有物种，其中有不少动植物是亚洲及世界的珍稀、濒危物种。湿地生物中的野生物种可以为改善经济物种提供基因材料。评价指标可选择物种丰富度，珍稀、濒危物种数（个）等。

2.4.4 休闲和旅游资源

湿地生物多样性因其拥有濒危、稀有和受危的物种、生境、群落、生态系统、景观、自然过程和特殊的湿地类型，常作为重要的旅游和休闲地，开展旅游活动从而产生经济效益。例如，香港米埔湿地自然保护区，占地面积为 380 hm^2，是水禽越冬栖息地，每年有 400 所学校的学生前来保护区参观，有数万人来这里访问、学习和旅游，产生了很大的经济效益。湿地生物多样性的休闲和旅游价值可对当地、地区和国家的经济做出重大贡献。评价指标可选择疗养院数量（个）、宾馆数量（个）、吸引游客人次、疗养人次等。

2.4.5 教育和科研价值

湿地常被用来开展监测、试验和对照等科研活动。利用湿地保存的过去和现在的生态过程痕迹，把湿地作为全球痕迹长期变化趋势的研究地和科学模式地，更易于了解人类定居的历史特征、湿地物种、群落、生境、景观和生态系统的演变过程。同时湿地又是痕迹、生物、地质、地理等众多学科开展研究和公众环境教育的理想场所。教育和科研价值评价指标可选择吸引科技教育人员数（人）、吸引科技项目数（项）等。

2.4.6 生态效益

涵养水源是湿地生态系统的生态效益之一，其价值主要表现在增加有效水量、改善水质和调节径流。湿地具有巨大的渗透能力和蓄水能力，由于湿地植物吸收、渗透降水，减少和滞后了降水进入江河，削减和滞后了洪峰，从而减少了洪水径流。湿地因其植物根系及植物体对基底的稳固作用，缓和了海浪和水流的冲击速度，从而减少海浪侵蚀，降低了海堤造价。湿地还有利于附着毒物和营养物的悬浮颗粒沉降和排出。湿地中植物与大气中的物质交换主要是 CO_2 与 O_2 的交换，即固定并减少大气中的 CO_2，同时提供并增加大气中的 O_2，这对维持地球大气中的 CO_2 和 O_2 的动态平衡、减少温室效应及提供人类的生存基础来说有着巨大的不可替代的作用。生态效益评价可选择如下指标。①均化洪水：蓄水量（m^3）、消减洪峰流量百分比（%）。②抵抗自然力：保护面积（km^2）、保护带长度（km）。③涵养水源和保护土壤：水分保持量（m^3）、减少侵蚀的土地面积（km^2）。④固定 CO_2 和释放 CO_2：CO_2 固定量（m^3）。⑤营养物质循环与养分积累：持留 N、P、K 量（t）。

2.4.7 湿地生物多样性的非使用价值

湿地生物多样性的非使用价值是指其非功能、非用途性质的特征，评价指标可选择支付意愿（willingness to pay，WTP）。它既不产生实质性的服务，也不提供产品，只提供人们心理上的某些方面（如历史遗产、美学）需求及其存在性特征等。主要包括存在价值和遗产价值。湿地生物多样性的存在价值是指人们为确保湿地生物多样性资源继续存在而自愿支付的费用。遗产价值是指当代人为了将某种资源保留给子孙后代或为他们的后代将来能受益于某种资源存在的知识而自愿支出的费用。

2.5　湿地生物多样性价值的评价方法

2.5.1　直接市场价格法

直接市场价格法是指湿地生物多样性提供的物品和服务可以在市场上进行贸易所产生的货币价值，如湿地动植物产品和旅游服务等。当此发生时，可将这些物品和服务的市场价格充当它们货币价值的一种近似值。直接市场价格法又可以分为市场价值法和费用支出法。市场价值法，即以湿地生物多样性提供的商品价值为依据。这种方法比较直观，是评价湿地生物多样性经济价值的最基本、最直接、最广泛使用的一种方法。但这种方法只考察了湿地生态系统及其产品的直接经济效益，而没有考虑到湿地生物多样性的生态效益和生态服务价值。费用支出法常用于计量湿地生物多样性的服务价值，它以人们对某种环境效益的支出费用来表示该效益的经济价值。

2.5.2　替代花费法

当某些湿地生物多样性的生态效益和服务的市场不存在，没有市场价格时，可以通过具有这些效益或服务的替代品的市场和价格来估算这些生态效益或服务的价值。替代花费法一般包括旅行费用法（TCM）、规避行为（AB）与防护费用（DE）法和享乐价格法（HPM）。旅行费用法是评估未明码标价的自然资源或环境资源的一种方法，以参观游览某一自然风景点所花费的时间或费用来代替进入此景点的价格，它被广泛地应用于评价某一地点的娱乐服务。享乐价格法的主要原理是人们赋予环境质量的价值可以通过他们为享受优质环境物品所支付的价格来推断，此法常用于房地产价值评估。规避行为和防护费用法是指通过观察人们为防止实际或潜在的环境质量退化所愿意花费的钱来获得信息。

2.5.3　生产成本法

湿地资源对人类产生净效益的同时，也存在因人类不合理开发利用自然资源而为湿地带来的生态影响，即生态破坏的经济损失，以及为消除这些损失而必须支出的费用，统称“生态代价”。生产成本就是指为恢复、保护或重建这些损失而需要的花费，常用的方法有机会成本法、恢复和保护费用法和影子价格法等。

2.5.4　权变估值法

湿地生物多样性非使用价值的评价方法为权变估值法（CV），也称为条件价值法、调查法或假设评价法，适用于各种“公共商品”的无形效益评估。权变估值法属于直接方法，它应用模拟市场技术，假设某种“公共商品”存在并有市场交换，通过调查、询问（直接询问、电话询问、信函询问等）、问卷、投标等方式来获得消费者对该“公共商品”的支付意愿（WTP）或消费剩余（NWTP）。综合所有消费者的 WTP 或 NWTP，即可得到湿地生物多样性的经济价值（严承高等 2000）。

第三节　湿地生物多样性监测的指标体系和实施方法

3.1　湿地生物多样性监测拟解决的科学问题

湿地生物多样性监测旨在通过系统、周期性地采集环境和生物数据，检测生物多样性的空间分布格局及其在时间序列上的变化趋势，评价湿地生物多样性和生态系统健康的现状和变化趋势，评估湿地生物多样性的变化和湿地的生态健康状况，也可作为评估湿地保护成效的重要手段，为政府管理决策提供翔实的数据（Boix et al. 2005；吴燕平和阳文静 2015）。其监测结果可以回答以下主要科学问题：①湿地重要生物类群的物种组成和多样性现状如何；②湿地生物多样性随时间的推移会发生怎样的改变；③哪些自然环境、社会经济因素是生物多样性变化的主要驱动力；④哪些区域对于人类活动干扰最为敏感；⑤湿地的生态健康现状如何。

3.2　湿地生物多样性监测的指标体系

建立一个有效的生物多样性监测系统，首先要筛选出合适的指标体系，建立科学的数据整合分析方法，阐明生物多样性状况与监测指标之间的关系。监测指标要能反映湿地生物多样性和生态环境的一般特征，对环境变化有较高的敏感度，且易于定量化采集相关的数据，适合于现有的监测力量和技术设备条件，还要符合监测区域的特点。理论上，生物多样性监测应包括基因、种群、群落、生态系统和景观等多个水平（Denny 1994），但是在实际操作中受到技术条件、经费预算等因素的限制。现有的湿地生物多样性监测主要集中在群落水平，植物、底栖无脊椎动物、鱼类、两栖类和鸟类 5 个生物类群及水体环境常被选择作为监测对象，选择反映生物群落的特征属性和水质参数作为监测指标体系（表 3-3）。这 5 类生物在湿地生态系统中处于不同的重要位置，对环境变化的敏感度有差异，能体现湿地生物多样性的不同方面。

表 3-3　湿地生物多样性监测的监测对象、具体指标和获取途径（引自吴燕平和阳文静 2015）

监测对象	具体指标	获取途径
水质	电导率、pH、溶解氧、温度、氧化还原性、浑浊度、透明度、硝态氮、亚硝态氮、铵态氮、总氮、可溶性磷、总磷、叶绿素 a、碱度	野外采样和室内分析
植物多样性	种类、物种盖度	野外调查
底栖无脊椎动物多样性	科、属、科属个体数	野外采样和室内鉴定
鱼类多样性	种类、物种个体数、年龄段（幼龄或成年）、体长	野外调查
两栖类多样性	种类、鸣叫声的密集度	野外调查
鸟类多样性	种类、物种个体数	野外调查

3.3　湿地生物多样性监测的实施方法

3.3.1　监测样点的设置

设置一定数量的监测样点，对其进行长期反复的调查和观测是生物多样性监测最常用的方法（陈圣宾等 2008）。监测样点的数量、空间分布及采样时间间隔等直接影响监测数据的覆盖度和代表性，应尽量反映生物多样性在时间和空间上的变化，同时还要考虑人力和经费上的承受能力（Maceceka & Grabasa 2011）。在理想（或环境匀质）状态下，随机法是最佳的采样布局方法，即监测样点随机地分布在研究区域内，相当于在研究区域随机地抽取一定数量的样本，以反映研究区域总体的状况。随机法有助于获得空间上随机分布、彼此相互独立的监测数据，对于严格的统计分析和推断十分必要。然而，在现实情况下，研究区域的环境异质性较高，一般采用分层-随机设计法（stratified-random design）来布局监测样点（GLCWLC 2008），即先根据一定的环境条件划分监测子区域（subregion），再根据每个子区域的面积比例确定其监测样点的数量，同一子区域内，监测样点随机分布。每个子区域监测样点的数量应与其面积成正比。

最好还能选取一些参照监测样点（benchmark site），其设置并不是随机的，而是要充分体现人类活动干扰的不同类型和强度（Danz et al. 2005），代表湿地最自然、最原始的状态，受人类干扰最强的状态，以及受人类干扰程度处于最弱和最强之间的状态。设置参照监测样点的目的是获取相同监测样点在时间序列上连续（每年 1 次）的数据，充分反映湿地生物多样性在时间上的变化趋势，便于研究人类活动干扰对湿地生物多样性造成了何种影响。

3.3.2　野外调查和数据采集

3.3.2.1　水体环境

湿地生物的生长直接受水体环境的影响，在湿地生物多样性监测中，水体的各项理化参数是重要的环境数据（GLCWLC 2008）。监测水体环境的常用水质参数有电导率、pH、溶解氧、温度、氧化还原性、浑浊度、透明度、硝态氮、亚硝态氮、铵态氮、总氮、可溶性磷、总磷、叶绿素 a 和碱度等指标（表 3-3）。

3.3.2.2　生物

每年对湿地植物、底栖无脊椎动物、鱼类、鸟类、两栖类 5 个重要生物类群进行取样调查，采集生物群落特征数据。夏季是生物生长繁殖最旺盛的季节，故野外调查应集中在 6～8 月。由于有些两栖类和鸟类的鉴定要根据其求偶时的鸣叫声，故这两个类群的野外调查需从春季开始。野外调查采取固定样方和定点观察（或聆听）相结合的方式，记录出现物种的种类、多度、盖度等信息，并采集生物样品在实验室进行分析鉴定。其中个体微小的底栖无脊椎动物较难鉴定到种，鉴定到属或科即可，其他类群均须鉴定到种。

植物：湿地植被是其生境条件的反映。可根据实际情况，将湿地分为不同植被区。每个监测样点选取一定样带或样方，或采用样带和样方相结合的方法，样带和样方需再细分为一定数量的小样方。需记录小样方内植物的种类，估计每种植物的覆盖度以代表其多度和优势度，记录小样方中土壤的质地、土壤有机层的厚度，以及地面植物凋落物的覆盖度等，对于入侵植物要重点关注。

底栖无脊椎动物：底栖无脊椎动物直接生活在湿地水体、沉积物环境中，移动性较弱，有害物质容易在其体内积累，对环境变化敏感，是良好的环境质量指示类群（Halse et al. 2002；林秀春等 2006）。湿地底栖无脊椎动物的群落组成与植被类型密切相关（赵彩云等 2014），其调查按植被类型“分区”进行，即按优势种划分湿地植被类型，在每个植被类型区域内采集一定份数的底栖无脊椎动物样品，同时考虑采样位置之间的距离及水深高度。采集底栖无脊椎动物时，用 D 形网每隔一定的距离（通常 1 m）拂扫水底沉积物表面 1 次，共 5～10 次，使底栖动物进入 D 形网。在水中洗净网中的底泥，网内留下植物残片和不能透过网孔的底栖动物，把网中的内容物倾倒在白色塑料盘中，均匀铺在盘底，盘底有 5 cm × 5 cm 的黑线小方格。为了确保每份样品的采样强度一致，可用定时的方法来控制采样强度。将底栖无脊椎动物样品保存在 95%乙醇中，在实验室中分类鉴定，小型的底栖无脊椎动物鉴定到属，较难鉴定的类群鉴定到科或族。

鱼类：湿地是许多鱼类觅食、栖息、产卵的场所，湿地环境质量对利用湿地频度高的鱼类有重要影响（Uzarski et al. 2005；张衡等 2009）。鱼类的调查也是按植被类型“分区”进行的，调查人员在每种植被类型区域内放置一定数量的渔网，采集一定份数的鱼类样品，渔网之间应保持一定的距离。统计捕获鱼的种类、每条鱼的年龄段（幼龄或成年），测量其体长，然后放生。如果某种鱼的数量太多，难以在短时间内完成计数，就大致估计其数量。对于有的鱼类在野外无法鉴定，调查人员要拍摄高清照片，并采集标本带回实验室鉴定。

两栖类：在湿地中完成部分甚至大部分生活史，其多样性对于湿地环境有很好的指示作用。根据监测样点湿地面积的大小，在每个监测样点设置 1～6 个调查点，调查点之间距离≥500 m。在两栖类交配的季节（约从 4 月开始），调查人员对每个监测样点调查 3 次。调查应选择在无雨、风力不大的天气进行。两栖类调查在傍晚和夜间进行。调查人员倾听并用录音设备记录来自周围两栖类的鸣叫声，时长为 3 min。根据鸣叫声辨别青蛙和蟾蜍的种类，估计个体数量及所处的方位，把每种两栖类鸣叫声的密集度分为 3 个等级。等级 1：鸣叫声不同时，能够清楚地辨别每个个体，并准确计算个体数量。等级 2：鸣叫声同时发出，能分辨出不同的个体，并估计个体数量。等级 3：鸣叫声同时发出，形成合奏，无法辨别不同的个体，也无法估计个体数量。以上信息均详细记录在调查表中。

鸟类：许多鸟类在湿地中筑巢、捕食、繁衍后代，是湿地生物多样性的重要组成部分（杨月伟等 2005）。鸟类深受人们的喜爱，比其他生物更受人类关注，是湿地监测的重要对象。根据湿地面积的大小，在每个监测样点设置 1～8 个调查点，调查点之间距离≥250 m。鸟类和两栖类的调查点最好能够重合或者邻近，使两类数据在空间上能够匹配。鸟类的调查是在繁殖季节，每个监测样点调查 2 次，每次间隔时间≥10 d。调查当天早晚各 1 次，天气条件应较好，无雨，无风或微风，空气可见度高。鸟类的调查采取定点观察的方式。调查人员站在调查点，向四周认真观察和聆听，判断鸟的种类和数量，总时长为 15 min。

除了以上五大生物类群外，还有其他一些生物类群也是很好的监测指标，如浮游生物、昆虫及微生物（Brose 2003；Ibekwe et al. 2003；Carew et al. 2007；Dejournett et al. 2007；王玉等 2009；张皓等 2015）。湿地微生物在城市湿地生态系统中发挥着十分重要的作用：它们既是生态系统中的重要组成部分，又是有机污染物去除的积极分解者，其种群组成及数量直接影响着系统的稳定及作用。可对湿地土壤、水域和底泥等环境布点采样，平板分离各微生物类群，进行形态和分子鉴定。利用变性梯度凝胶电泳（DGGE）和温度梯度凝胶电泳（TGGE）指纹图谱技术，比较不同样品微生物群落结构特征的差异或同一群落在一段时间内微生物种群的变化过程。

设置监测样点时，需运用统计学的原理，既要体现调查采样的随机性，又要考虑其对环境和空间变异的覆盖度，使监测结果具有良好的代表性。监测指标体系简洁明了，且能够反映生物群落和湿地环境的一般特征，相关数据易于采集和获取。野外调查、数据采集和分析方法应明确，高度量化，便于不同研究小组之间协调合作，统一规范地开展监测工作，也有利于长期监测，了解生物多样性指标在时间梯度上的变化。

国内城市湿地的生物多样性研究所涉及的生物类群主要有维管植物（沈琪等 2008；冯富娟等 2010；王朝晖等 2010；张启鹏等 2011；戴兴安和胡曰利 2012；李兰兰等 2014）、昆虫（尤平等 2003；王玉等 2009；苏芝敏 2011）、大型底栖动物（林秀春等 2006；赵彩云等 2014；林俊辉等 2016）、鸟类（杨月伟等 2005）、鱼类（陈学年等 2010）。少数研究涉及多种生物类群，如深圳福田红树林鸟类自然保护区内植物、鸟类、鱼类、底栖动物、浮游生物及昆虫等（陈桂珠等 1997）。植物方面的研究比较关注外来物种对城市湿地的影响方面（叶頔等 2006；舒美英等 2009；赵彩云等 2014）。所见报道均为某一时间段的调查结果，少见长期监测数据（陈桂珠等 1997）。

第四节　城市湿地生物多样性的保护

4.1　湿地生物多样性保护的意义

生物多样性是生物与其环境形成的生态复合体及其相关的各种生态过程的总和，包括动物、植物、微生物和它们所拥有的基因，以及它们与其生存环境形成的复杂生态系统。湿地和湿地生物多样性是互为依存的，湿地的退化会使生物多样性下降，而生物多样性的降低又反过来影响到湿地功能的发挥。湿地功能的发挥归根到底是通过湿地这一生态系统实现的。

城市湿地在城市的经济发展和社会生活中发挥着重要的作用。首先湿地生态系统的重要生态效益之一是涵养水源、改善水质、有效抑制沙尘暴。同时它是人类生存环境的清洁工，能够吸收和分解环境中的大部分废物和污染物，城市湿地是都市有效的天然污染处理中心。其次城市湿地具有重要的教育、科研价值，城市湿地常被用来开展监测、试验和对照等科研活动。

利用湿地保存的过去和现在的生态过程痕迹，把湿地作为全球痕迹长期变化趋势的研究地、科学模式地，更易于了解人类定居的历史特征、湿地物种、群落、生境、景观和生态系统的演变过程。同时湿地又是痕迹、生物、地质、地理等众多学科和公众环境教育的理想场所。此外，城市湿地物种多样性丰富，具有娱乐欣赏的价值，随着人们生活质量的不断提高，生态旅游成为都市人陶冶情操、缓解紧张工作压力、放松心情的好去处。同时生态旅游不仅带动了周边服务业的发展，也促进了经济的发展，增加了农民的收入。城市湿地不仅发挥着重要的生态效益，也发挥着重要的经济和社会效益，必须加强保护。

4.2　城市湿地生物多样性保护的政策支持与法律保障

我国是国际湿地组织的缔约国，我国政府于 1992 年正式加入《湿地公约》和《生物多样性公约》，并将我国湿地保护与合理利用列入《中国 21 世纪议程》和《中国生物多样性保护行动计划》的优先发展项目。目前，我国有 49 块湿地被列入国际重要湿地名录，建立了约 140 处国家湿地公园。但从我国湿地资源立法的现状来看，目前尚无一部专门针对湿地资源开发、利用、保护、管理的法律，目前直接涉及湿地生物多样性保护的立法不多，对湿地保护和利用中出现的问题，只能参照与湿地有关的其他法律政策解决，如《中华人民共和国森林法》等。但我国的湿地，特别是湿地生物多样性仍受到了一定程度的破坏，无论从履行《湿地公约》成员国的国际义务方面，还是从保护我国湿地及其生物多样性资源方面都必须通过法律手段对其加以保护。我国现行的环境与资源保护法律法规中，由于对“湿地”的概念缺乏有效的界定，对“湿地”外延概括不全面，更由于这些法律法规的制定有着各自的调整范围和作用，不是专门为了调整“湿地”的目的，因此，这些法律法规和政策缺乏对湿地问题的统一的专门规范，有时甚至出现相互冲突的规定，使得对湿地生态系统的保护和利用出现一定程度的混乱（钱水苗和巩固 2004）。

目前，湿地权属的确定主要依据《中华人民共和国土地管理法》，但《中华人民共和国土地管理法》有关国家土地分类中并没有把湿地作为一个专门的土地类型，而是把湿地中的湖泊、滩涂等划分为不同的土地类型，归属于不同的部门管理。由于湿地复杂的生物多样性，湿地保护直接或间接涉及林业、渔业、环保、工商、海洋、农业、土地、交通、地矿等部门，但现行法律没有明确各部门之间的具体职责及协调合作等内容。国务院规定国家林业局“组织、协调全国湿地保护”工作，但实际上不同部门在湿地保护、利用和管理方面的目标和利益不同，导致各部门之间相互争夺或相互推诿，湿地资源多头管理、交叉管理的现象，从而使湿地权属不明确，湿地生物多样性得不到有力的保护。

对于生态补偿的定义，不同学科对其有不同的理解，生态补偿可以理解为对生态环境保护者、建设者的财政转移、物质性惠益给付的补偿机制。生态补偿也可以理解为通过对损害（或保护）资源环境的行为进行收费（或补偿），提高该行为的成本（或收益），从而激励损害（或保护）行为主体减少（或增加）因其行为带来的外部不经济性（或外部经济性），达到保护资源的目的。当前我国对生态补偿的研究主要集中于对森林生态效益的补偿，对湿地生态补偿的研究则相对较少。在湿地生态补偿机制的问题中，我们既要考虑对湿地生物多样性的保护，又要考虑湿地周边社区居民尤其是农民的生存与发展，依法保护农民的湿地权利。

因此，需严格遵守国家关于环境与资源保护的各项法律法规，做到有法必依，执法必严，违法必究。各级政府应定期组织对湿地现状进行监督检查，及时制止破坏湿地资源的行为。同时应及时制定全国性的湿地保护法规或条例，各省（市）应制定适合于当地实际的湿地环境保护管理规定。通过制定湿地保护法整体保护湿地生态系统及其生物多样性，建立湿地的分类标准，对具有重要意义的湿地要严格加以保护。在制定湿地生物多样性保护相关法律时应遵循协调原则，协调湿地生态效益与经济效益，发挥湿地的经济效益要以湿地生态保护为前提，最大限度地发挥其生态系统的各种功能和效益。协调社会利益与个人利益，通过湿地生态效益补偿的办法抵消生物多样性保护对农民经济利益造成的损失，同时遵循可持续发展原则及合理利用原则。明确湿地概念，厘清权利关系，明确整体保护，维护湿地生态系统整体性，确立湿地生态效益补偿的法律机制（王艺和任德成 2008；周训芳 2008）。

4.3 健全湿地环境影响评价机制，制订城市生态湿地保护规划

严格执行开发湿地需进行环境影响评价制度，力求将湿地资源的开发对生态环境的破坏降到最低限度。

湿地生态系统的一个重要功能就是为珍稀动植物提供栖息地，湿地各种生物的分布和数量与湿地生境有着密切的联系，栖息地的时间变化、空间格局和过程，都对依赖湿地生存的各种生物具有重要影响。湿地开发中不遵从科学规律，盲目扩大开发规模的行为，是导致湿地功能下降、生态环境恶化的一个主要原因。应严格限制对城市湿地的开发，对改变自然景观和利用途径的开发项目应进行环境影响评价，提供生态恢复、重建替代方案，并确保实施。对于野生动物的重要栖息地，要严格禁止任何形式的开发活动，以确保湿地生物有足够的栖息、觅食和活动空间。

湿地开发建设项目的环境影响评价是一项技术性很强的工作，对湿地生物多样性资源的调查、监测、恢复、演替规律进行深入的研究，才有可能提出合适的湿地生物多样性的保护、管理与开发建议。目前缺乏湿地效益及生物多样性价值的评价体系和评价标准，缺乏对湿地深入、广泛、长期的生物多样性监测及环境影响评价，主要采取某一时段定性描述的方式，没有系统、定量的标准，且不能满足政府和社会公众对湿地的效益和价值进行全面、系统、科学和准确评价的要求，对湿地生态系统及生物多样性的保护和合理利用未能产生积极影响（颜俊 2006）。

湿地生物多样性与区域不可渗透地面面积、湿地水面波动情况密切相关。在湿地区域不可渗透地面面积＜4%和＞12%的区域中，具有明显的湿地水面波动。当湿地区域不可渗透地面面积高于 10%时，湿地生态环境功能逐渐下降。有研究认为，在进行城市湿地物种保护时，应保持年平均水面波动高度≤20 cm，一年的全部干旱期≤2 周，避免因流域发展过程中永久湿地转变为暂时湿地，一年中＞15 cm 水面波动的频率≤6 次，一年中每 1 次＞15 cm 水面波动的持续时间≤72 h（翟承江和韩久同 2006）。要对现有的城市湿地资源进行全面清查摸底，特别是对城市湿地面积、类型特征，以及资源的数量、质量、经济价值等进行一次全面的评估分析。在保持城市生态平衡和确保资源永续利用的前提下，按城市湿地所处的不同区域、不同类型进行综合规划，提出最佳的开发利用和保护管理方案，以及科学的整治目标和可操作措施，实现城市湿地的功能性开发，发挥城市湿地的综合功能效益（高辉巧和牛光辉 2008）。

4.4　建立与完善湿地生物多样性监测体系

要采取各种行之有效的筹资措施，加大湿地生态环境保护和研究的资金投入。需要在开展湿地资源调查的基础上，建立完善的湿地监测体系，全面掌握湿地的动态变化情况，为湿地管理、科学研究和合理利用提供及时、准确的参考资料，对于保护城市湿地、维持城市湿地生态功能、实现城市经济持续发展具有重大意义。

湿地监测的主要内容有：湿地的类型、面积与分布；湿地的水资源状况；湿地土地利用状况；湿地的生物多样性及其珍稀濒危野生动植物；影响湿地动态变化的主要环境因子；湿地的管理状况和研究状况及其周边地区的社会经济发展对湿地资源的影响。

湿地资源监测的技术指标包括那些容易发生变化的湿地自然环境因子、湿地生物多样性动态变化情况、湿地开发和受威胁情况、湿地管理变化情况及其周边社会经济发展情况。监测的指标体系应能全面反映湿地资源当前的状况，从中分析出湿地资源的变化趋势。同一样点、同一监测时间，每年对湿地植物、底栖无脊椎动物、鱼类、鸟类、两栖类 5 个重要生物类群进行取样调查，采集生物群落特征数据。

汇总并比较环境数据及生物监测数据的变化规律及其相互之间的关系。通过试点实践逐步摸索完善一套对应分类评价指标体系的遥感监测技术，通过试验，逐步转为以遥感手段监测、计算机信息管理为主的监测方法。建立湿地生物多样性的资料数据库，对已知的湿地生物多样性资源建立模型库和标本库，关注发展趋势，把握动态预估模型，促进信息交流，确定评价指标体系，为生物多样性的保护和可持续开发提供科学依据。

4.5 发挥人工城市湿地在生物多样性保护中的作用

人工湿地是经过设计和人工建设形成的模仿天然湿地，由饱水基质、挺水或沉水植物、动物与水组成的供人类利用并给人类带来益处的复合系统。人工湿地和自然湿地一样具有涵养水源、提供水资源、调节气候、均化洪水、促淤造陆、净化污水、调节区域小气候的作用，还具有赏心悦目的自然风光，为市民提供旅游和娱乐场所。除此之外，人工城市湿地可以产生多样化植物配置效应，丰富城市物种多样性。在人工湿地规划中引入园林设计理念，选择具有绿化、观赏和经济等用途的植物作为人工湿地植物，通过园林绿化工程和植物群落重建，不仅在观赏效果上形成一道独特的城市风景线，可加快湿地植被的恢复，而且可以开发利用其自身的生物学价值和应用价值，并集生态效益、社会效益和经济效益于一体，是城市生态系统中恢复和保护生物多样性的新途径（高辉巧和牛光辉 2008）。

4.6 提高湿地生物多样性保护的公众参与度

湿地的生态、经济和社会三大效益，是直接造福于全社会和子孙后代的公益事业。目前城市湿地生物多样性保护的宣传与教育还处于滞后状态，普及广度、力度、深度都不够，造成公众对湿地、生物多样性的保护等有关认识不够，意识薄弱，乱砍滥伐、乱捕滥猎现象时有发生。

在湿地生物多样性保护中要贯彻公众参与原则，从法律上明确规范公众参与湿地生物多样性保护事物的权利；加强湿地生物多样性保护的宣传教育，让当地居民了解湿地生物多样性保护的重要性，提高公众对湿地资源的认知水平和参与意识；建立信息公开制度和公众意见征求制度，扩大公民的知情权并鼓励和支持公众参与湿地环境影响评价等湿地环境管理活动；发展民间湿地环保组织，加强社会监督。在湿地生物多样性保护工作中纳入公众参与制度不仅可以提高公众对湿地环境保护工作的理解与支持，而且公众可对湿地保护建言献策，使湿地资源得到更加合理的开发利用与保护。

参 考 文 献

安树青. 2002. 湿地生态工程——湿地资源利用与保护的优化模式. 北京: 化学工业出版社.

陈桂珠, 王勇军, 黄乔兰. 1997. 深圳福田红树林鸟类自然保护区生物多样性及其保护研究. 生物多样性, 5(2): 104-111.

陈圣宾, 蒋高明, 高吉喜. 2008. 生物多样性监测指标体系构建研究进展. 生态学报, 28(10): 5123-5132.

陈学年, 郭玉娟, 吴国华. 2010. 广东星湖鱼类区系及其特点. 水生态学杂志, 3(1): 143-153.

成玉宁, 张炜, 张亚伟, 等. 2012. 湿地公园设计. 北京: 中国建筑工业出版社.

戴兴安. 2010. 长沙市湿地生态服务功能评估研究. 长沙: 中南林业科技大学博士研究生学位论文.
戴兴安, 胡曰利. 2012. 长沙城市湿地植物多样性研究. 草业科学, 29(4): 629-635.
戴星翼, 俞厚未, 董梅. 2005. 生态服务的价值实现. 北京: 科学出版社.
冯富娟, 穆立蔷, 陶雷, 等. 2010. 哈尔滨城市湿地植物资源的调查. 东北林业大学学报, 38(5): 119-121.
冯夏莲, 何承忠, 张志毅, 等. 2006. 植物遗传多样性研究方法概述. 西南林学院学报, 26(1): 70-75.
高辉巧, 牛光辉. 2008. 郑州市郑东新区生态湿地规划及生物多样性保护研究. 华北水利水电学院学报, 29(5): 79-82.
贺金生, 马克平. 1997. 物种多样性//蒋志刚, 马克平, 韩兴国. 保护生物学. 杭州: 浙江科学技术出版社.
李海生, 陈桂珠. 2004. 中国杯萼海桑遗传多样性的ISSR研究. 植物学报, 46(5): 2-6.
李兰兰, 莫训强, 孟伟庆, 等. 2014. 七里海古泻湖湿地植被特征及其植物物种多样性研究. 南开大学学报(自然科学版), 3: 8-15.
林俊辉, 何雪宝, 王建军, 等. 2016. 福建洛阳江口红树林湿地大型底栖动物多样性及季节变化. 生物多样性, 24(7): 791-801.
林秀春, 蔡立哲, 马丽, 等. 2006. 厦门凤林红树林湿地大型底栖动物群落. 生物多样性, 14(2): 128-135.
马克平. 1993. 试论生物多样性的概念. 生物多样性, 1(1): 20-22.
马克平, 钱迎倩, 王晨. 1994. 生物多样性研究的现状与发展趋势//中国科学院生物多样性委员会. 生物多样性研究系列专著 I——生物多样性研究的原理与方法. 北京: 中国科学技术出版社.
钱水苗, 巩固. 2004. 我国湿地保护立法初探. 环境保护, 10: 13.
任旭琴. 2002. 遗传多样性及其研究方法. 淮阴工学院学报, 11(5): 6-8.
沈琪, 黄茶英, 蒋跃平. 2008. 杭州西溪和绍兴镜湖国家湿地公园内的维管植物多样性. 武汉植物学研究, 26(4): 385-390.
世界资源研究所, 国际自然与自然保护联盟, 联合国环境规划署. 1992. 全球生物多样性策略. 中国科学院生物多样性委员会, 译. 北京: 中国标准出版社.
舒美英, 蔡建国, 方宝生. 2009. 杭州西溪湿地外来入侵植物现状与防治对策. 浙江农林大学学报, 26(5): 755-761.
苏芝敏, 黄顶成, 张润志. 2011. 北京翠湖湿地公园建园初期的步甲多样性. 生物多样性, 19(3): 363-368.
万海清, 梁明山, 许介眉. 1998. 分子生物学手段在植物系统与进化研究中的应用. 植物学通报, 15(4): 8-17.
王朝晖, 彭友林, 王云. 2010. 常德市湿地植物多样性初步研究. 草业科学, 27(12): 96-101.
王海霞, 孙广友, 于少鹏, 等. 2005. 湿地对城市形成、演进及可持续发展制约机制的探讨. 湿地科学, 3(2): 104-109.
王艺, 任德成. 2008. 论我国湿地保护立法存在的问题及完善. 山东科技大学学报(社会科学版), 6: 34.
王玉, 高光彩, 付必谦, 等. 2009. 北京野鸭湖湿地地表甲虫群落组成与空间分布格局. 生物多样性, 17(1): 30-42.
吴燕平, 阳文静. 2015. 湿地生物多样性监测的指标体系和实施方法: 以北美大湖湿地为例. 生物多样性, 23(4): 527-535.
严承高, 张明祥, 王建春. 2000. 湿地生物多样性价值评价指标及方法研究. 林业资源管理, 1: 41-46.
颜俊. 2006. 中国湿地生物多样性资源的保护及其可持续开发. 贵州教育学院学报(自然科学版), 4: 92-93.
杨月伟, 夏贵荣, 丁平, 等. 2005. 浙江乐清湾湿地水鸟资源及其多样性特征. 生物多样性, 13(6): 507-513.
叶頔, 李景文, 尚红喜. 2006. 北京市湿地植物多样性及旱生植物入侵对生物多样性的影响. 科学技术与工程, 6(18): 2858-2867.

尤平, 李后魂, 王淑霞, 等. 2003. 天津七里海湿地蛾类多样性. 昆虫学报, 5: 617-621.
喻子牛, 孔晓瑜, 杨锐, 等. 1997. 泥蚶等位基因酶遗传变异研究. 中国水产科学, 1: 15-21.
翟承江, 韩久同. 2006. 保护城市湿地的实践和探索. 安徽农业科学, 34(11): 2501-2502.
张皓, 徐东炯, 陈志宁, 等. 2015. 常州市各人工湿地的浮游生物多样性比较. 中国环境监测, 31(1): 53-56.
张衡, 朱国平, 陆健健. 2009. 长江河口湿地鱼类的种类组成及多样性分析. 生物多样性, 17 (1): 76-81.
张启鹏, 张丽, 张旭, 等. 2011. 兰州城市湿地植物多样性. 安徽农业科学, 39(34): 21195-21197.
赵彩云, 柳晓燕, 白加德, 等. 2014. 广西北海西村港互花米草对红树林湿地大型底栖动物群落的影响. 生物多样性, 22(5): 630-639.
赵魁义. 2008. 湿地生物多样性保护. 北京: 中国林业出版社.
赵艳. 2000. 江汉湖区的开发及其环境效应. 长江流域资源与环境, 9(3): 370-374.
周训芳. 2008. 洞庭湖湿地保护地方立法评价与展望. 中国地质大学学报(社会科学版), 1: 32-33.
邹喻萍, 葛颂, 王晓东. 2001. 系统与进化植物学中的分子标记. 北京: 科学出版社.
Arnold C L, Gibbons C J. 1996. Impervious surface coverage: the emergence of a key environmental indicator. J Am Plan Assoc, 62(2): 243-259.
Boix D, Gascón S, Sala J, et al. 2005. A new index of water quality assessment in Mediterranean wetlands based on crustacean and insect assemblages: the case of Catalunya (NE Iberian Peninsula). Aquat Conserv, 15: 635-651.
Booth D B, Jackson C R. 1997. Urbanization of aquatic systems: degradation thresholds, stormwater detection, and the limits of mitigation. J Am Water Res Assoc, 33(5): 1077-1090.
Brose U. 2003. Bottom-up control of carabid beetle communities in early successional wetlands: mediated by vegetation structure or plant diversity? Oecologia, 135: 407-413.
Carew M E, Pettigrove V, Cox R L, et al. 2007. The response of Chironomidae to sediment pollution and other environmental characteristics in urban wetlands. Freshwater Biol, 52: 2444-2462.
Danz N P, Regal R R, Niemi G J, et al. 2005. Environmentally stratified sampling design for the development of Great Lakes environmental indicators. Environ Monitor Assess, 102: 41-65.
Dejournett T D, Arnold W A, LaPara T M. 2007. The characterization and quantification of methanotrophic bacterial populations in constructed wetland sediments using PCR targeting 16S rRNA gene fragments. Appl Soil Ecol, 35(3): 648-659.
Denny P. 1994. Biodiversity and wetlands. Wetlands Ecol Manage, 3: 55-61.
Ehrenfeld J G. 2008. Exotic invasive species in urban wetlands: environmental correlates and implications for wetland management. J Appl Ecol, 8(4): 1160-1169.
Forman R, Godron M. 1986. 肖笃宁, 等译. 景观生态学. 北京: 科学出版社.
Gibbs J P. 2000. Wetland loss and biodiversity conservation. Conserv Biol, 14: 314-317.
GLCWLC. 2008. Great Lakes Coastal Wetlands Monitoring Plan. http: //www.glc.org/files/docs/Great-Lakes-Coastal-Wetlands-Monitoring-Plan-FINAL-March-2008.pdf[2016-12-30].
Halse S A, Cale D, Jasinska E, et al. 2002. Monitoring change in aquatic invertebrate biodiversity: sample size, faunal elements and analytical methods. Aquat Ecol, 36: 395-410.
Hudson W E. 1991. Landscape Linkages and Biodiversity. Washington D. C.: Island Press.
Ibekwe A M, Grieve C M, Lyon S R. 2003. Characterization of microbial communities and composition in constructed dairy wetland wastewater effluent. Appl Environ Microbiol, 69(9): 5060-5069.
Maceceka D, Grabasa G P. 2011. Applying a regional coastal wetland monitoring framework to refine and report on wildlife and habitat delisting criteria in the Bay of Quinte Area of Concern. Aquat Ecosyst Health Manage, 14: 94-103.
McNeely J A. 1990. 1992. 保护世界的生物多样性. 薛达元, 等译. 北京: 中国环境科学出版社: 1-164.
Milon J W, Scrogin D. 2006. Latent preferences and valuation of wetland ecosystem restoration. Ecol Econ, 56: 162-175.

Solbrig O T. 1991. From Genes to Ecosystems—A Research Agenda for Biodiversity. Paris: IUBS Press.
Uzarski D G, Burton T M, Cooper M J, et al. 2005. Fish habitat use within and across wetland classes in coastal wetlands of the five Great Lakes: development of a fish-based index of biotic integrity. J Great Lakes Res, 31: 171-187.
Whittaker R H. 1972. Evolution and measurement of species diversity. Taxon, 21: 213-251.

第四章　城市湿地空间格局

第一节　引　　言

根据全国科学技术名词审定委员会，空间格局是指“生态或地理要素的空间分布与配置”（全国科学技术名词审定委员会 2007）。城市湿地空间格局是指不同类型湿地的空间分布与配置，既包括城市影响范围内湿地的类型分布特征，也包括湿地与城市之间的空间配置关系。

城市湿地是城市生态系统的重要组成部分，具有独特的生态服务功能和价值。水陆交互生成湿地，人口集聚形成城市，湿地与城市之间是密不可分的。古人逐水而居，在城市出现之前的新石器时代，古人类多聚居在水草丰茂的山麓地带。世界上最早的城市在公元前 3500 至公元前 3000 年出现在埃及的尼罗河流域，然后是两河流域、印度河流域。中国的黄河流域也在公元前 2500 年出现了城市的雏形。这些古文明都起源于河流湿地区域。我国以黄河流域为例，新石器时代的古人类多在太行山东麓、伏牛山、嵩山、秦岭两侧山麓带等地聚居，这里属于林缘湿地、草地地带，有地表水较好的中小河流提供水源，即将“依山傍水”作为部落聚居选址的基础条件。此处的水包含了河流、湖泊、沼泽等，显然都属于湿地范畴。进入新石器中期的仰韶文化期，农业得到很大发展，城镇的古人类聚居地由山麓带向平原的大河沿岸扩张，城镇雏形开始出现，并集中在平原河流阶地上，占聚落的 92.3%，岗丘地仅占聚落的 5.2%，沙质地占 2%。而到更晚的龙山期，则聚居地全面进入黄河下游，甚至沿海的聚落也占 2%左右（王海霞等 2005）。《管子·乘马》中说“凡立国都，非于大山之下，必于广川之上。高毋近旱，而水用足；下毋近水，而沟防省。”意思是凡是营建都城，不把它建立在大山之下，也必须在大河的近旁。高不可近于干旱，以便保证用水充足；低不可近于水潦，以节省沟渠的修筑。短短几字，说明了古代城市的起源因水而生，道出了城市与湿地之间的关系。

湿地与城市相互影响，在不同尺度上，形成了多样化的城市湿地格局。一方面，湿地影响着城市的格局。湿地按几何形态划分，也可有直线型（如河流干流段）、指状型（河口段）及网格型（分歧河道段）等。而不同型湿地的交叉融合，如河流湿地与湖泊湿地交汇或河流湿地与海洋湿地交汇，则会形成更复杂的格局（王海霞等 2005）。城市的发展也受湿地形态的制约，以河流湿地为例，城市的发展一般沿着河流为轴线，在河流两侧分布。例如，我国沿着长江、珠江和黄河流域分布的城市群。以河口和滨海复合湿地为例，城市一般沿着河口的喇叭口呈丁字形分布，如上海、纽约等超大型城市都在河口和滨海湿地的交汇处迅速发展起来。王海霞等（2005，2010）根据湿地类型将城市划分为河岸城市、湖滨城市、河口滨海城市、沼泽湿地城市 4 个基本类型。另一方面，城市也改变着湿地的格局，随着社会经济的快速增长，城市化进程的日益加快，湿地格局也发生了改变。世界上有一半的人口居住在城市，在未来的 20 年内，将有 60%的世界人口成为城市居民。城市增长最快速的是发展中国家，在这些国家的城市每月平均要新接纳 500 万的居民。城市人口的爆炸式增长给城市发展带来了空前的挑战，其中最紧迫的是水的问题。快速城市化对湿地造成两方面的威胁：①城市土地利用导致了湿地的减少和退化；②日益增长的城市用水需求对流域的间接影响。天然的库塘、湖泊和沼泽被填埋转为其他用途。城市人口增长，对淡水需求增加，在河流上游筑坝，致使下游库塘干涸，沼泽退化。沿海地区大量滨海湿地和沼泽被围垦，被改造为农田或建设用地。城市化破坏了自然湿地，使得湿地生境破碎化。

总之，湿地和城市在发展的历史中，相互影响、相互制约。湿地类型决定了城市发展的形态，城市发展又极大地改变了湿地的格局。理解湿地格局的变化规律及其动力机制，对于湿地管理、保护和恢复，以及城市的可持续发展都有重要意义。

第二节　城市湿地格局现状

1971 年，来自 18 个国家的代表在伊朗拉姆萨共同签署了《关于特别是作为水禽栖息地的国际重要湿地公约》（以下简称《湿地公约》）。到 2016 年为止，全球共有 2200 多处国际重要湿地。我国于 1992 年加入《湿地公约》，目前共有国际重要湿地 49 处。在全球变化的背景下，随着经济发展和人类活动的不断加剧，全球湿地明显减少，湿地质量降低，湿地生态系统服务功能减退，从根本上改变了湿地的空间格局，特别是城市化影响下的湿地，湿地的生境破碎化已经严重影响了依赖于湿地生存的种群。湿地生境减少和破碎化将造成生物多样性减退。例如，第二次湿地调查记录到的鸟类种类呈现减少趋势，超过一半的鸟类种群数量明显减少（国家林业局 2014）。一些种群对湿地生境的数量敏感，湿地数量减少将造成种群丰度的降低。而有些种群对于湿地景观的破碎化，如湿地斑块大小、斑块的周长面积比、斑块的边界数量、斑块的空间配置等更加敏感。因此，理解湿地景观的空间格局，以及湿地特定种群对于空间格局的敏感性、适应性和差异性是制定合适的湿地保护和管理策略的关键（Collinge 2009）。

2.1　全球湿地格局

《湿地公约》的目的是通过国家立法和国际合作来保护和合理利用湿地以实现湿地的可持续发展。这个复杂而具有挑战性的任务需要缔约国依靠地理信息，以更好地理解湿地格局；基于最新的可靠信息完成国家湿地清单，执行监测活动，实施评估，将管理计划付诸行动（Globwetland 2016）。然而，要完成全球尺度的湿地格局制图是耗时耗力的。目前，全球尺度的湿地格局制图通常是从其他全球土地覆盖产品（global land cover）中提取而得，分辨率分别有 1 km 和 300 m。2003 年，欧洲空间局与《湿地公约》组织发起了 Glob Wet Land 项目，以展示地球观测技术在支撑湿地生态系统清查、监测、评估等方面的潜力（Jones et al. 2009）。项目从 2003 年开始到 2008 年结束，与许多区域、地方当局和国家，以及湿地管理人员，包括四大洲 21 个国家的 52 个不同湿地开展了地球观测技术潜力评估。然而，该项目未形成全球覆盖的湿地空间格局分布图。

目前，使用较为广泛的湿地格局分布图是全球湖泊和湿地数据库（Global Lakes and Wetlands Database，GLWD），由德国卡塞尔大学环境系统研究中心和世界自然基金会（WWF）共同开发。这个数据由美国环境系统研究所公司（ESRI）、联合国环境规划署世界自然保护监测中心（UNEP-WCMC），以及其他一些数据综合集合而成（Lehner & Döll 2004）。根据 GLWD，全球湖泊和水库面积总共为 270 万 km^2，占全球陆表（除北极和格陵兰岛）总面积的 2.0%；而湿地为 800 万～1000 万 km^2，占全球陆地表面积的 6.2%～7.6%；全球大于 10 hm^2 的湖泊超过 150 万个，大于 1 hm^2 的湖泊超过 1500 万个，湖泊总面积达到 320 万 km^2，占全球陆地表面积的 2.4%。

随着城市化和工业化进程的加快，星罗棋布的城市逐渐改变着湿地的格局。自 1900 年以来，全球湿地已经减少了 64%，总体来说，在亚洲地区这个数值更多（http://www.ramsar.org/）。20 世纪以来，在北美洲、欧洲、澳大利亚和新西兰，有超过 50%的湿地因各种原因发生了改变。在亚洲，有证据显示，大量的湿地在流失和退化。例如，19 世纪 50 年代，由于上游过度取水、筑坝和工业用水，美索不达米亚湿地（位于伊拉克底格里斯河和幼发拉底河之间）面积从 150 万～200 万 hm^2 下降到了不到 4 万 hm^2。同样，1960 年以来，由于上游近 700 万 hm^2 农地灌溉用水，咸海已经减少了 75%（Millennium Ecosystem Assessment 2005）。

2.2　中国湿地格局

我国是世界上湿地类型齐全、数量较多的国家之一。20 世纪 70 年代以来，我国曾先后进行沼泽、湖泊、海岸带等专项调查。为满足我国湿地保护管理需要，更好地履行《湿地公约》，1995～2003 年，国家林业局（林业部）组织开展了新中国成立以来首次大规模的全国湿地资源调查，调查涉及全国除香港、澳门和台湾外的 31 个省（自治区、直辖市），初步掌握了单块面积 100 hm^2 以上湿地的基本情况。10 年来，随着经济社会发展，我国湿地生态状况发生了显著变化，为准确掌握湿地资源及其生态变化情况，制定加强湿地保护管理政策，编制重大生态修复规划，国家林业局于 2013 年组织完成了第二次全国湿地资源调查。

按照《湿地公约》，第二次调查确定起调面积≥8 hm^2 的近海与海岸湿地、湖泊湿地、沼泽湿地、人工湿地，以及宽度≥10 m、长度≥5 km 的河流湿地，开展了湿地类型、面积、分布、植被和保护状况调查，对国际重要湿地、国家重要湿地、自然保护区、自然保护小区和湿地公园内的湿地，以及其他特有、分布有濒危物种和红树林等具有特殊保护价值的湿地开展了重点调查，主要包括生物多样性、生态状况、利用和受威胁状况等。

参与本次调查的省级及省级以上单位 203 个、技术人员 2.2 万人，调查采用“3S”技术与现地核查相结合的方法。全国共区划湿地斑块 27.62 万块，区划湿地 3391 个，重点调查湿地 1579 处，布设植物调查样方 72 227 个，动物调查样带和样方 14 044 个，获取调查成果数据 2.6 亿条。

调查结果显示，全国湿地总面积为 5360.26 万 hm^2（另有水稻田面积 3005.70 万 hm^2 未计入），湿地比率为 5.58%。其中，调查范围内湿地面积为 5342.06 万 hm^2，收集的香港、澳门和台湾湿地面积为 18.20 万 hm^2。其中，自然湿地面积为 4667.47 万 hm^2，占 87.37%；人工湿地面积为 674.59 万 hm^2，占 12.63%。自然湿地中，近海与海岸湿地面积为 579.59 万 hm^2，占 12.42%；河流湿地面积为 1055.21 万 hm^2，占 22.61%；湖泊湿地面积为 859.38 万 hm^2，占 18.41%；沼泽湿地面积为 2173.29 万 hm^2，占 46.56%。

按照全国水资源区划一级区统计，各流域湿地分布分别为：西北诸河区湿地面积 1652.78 万 hm^2、西南诸河区湿地面积 210.81 万 hm^2、松花江区湿地面积 928.07 万 hm^2、辽河区湿地面积 192.20 万 hm^2、淮河区湿地面积 367.63 万 hm^2、黄河区湿地面积 392.92 万 hm^2、东南诸河区湿地面积 185.88 万 hm^2、珠江区湿地面积 300.82 万 hm^2、长江区湿地面积

945.68 万 hm^2、海河区湿地面积 165.27 万 hm^2。按照 31 个省（自治区、直辖市）统计，湿地分布如表 4-1 所示。

根据 2014 年 1 月公布的第二次全国湿地资源调查结果显示，我国湿地总面积为 5360.26 万 hm^2，与第一次调查比较，湿地面积减少了 339.63 万 hm^2，减少率为 5.96%。其中，自然湿地面积为 4667.47 万 hm^2，占全国湿地总面积的 87.08%。与第一次调查比较，自然湿地面积减少了 337.62 万 hm^2，减少率为 6.75%（国家林业局 2014）。造成我国湿地面积

表 4-1 全国各省（自治区、直辖市）湿地面积 （单位：万 hm^2）

序号	省（自治区、直辖市）	湿地面积	序号	省（自治区、直辖市）	湿地面积
1	北京市	4.81	17	湖北省	144.50
2	天津市	29.56	18	湖南省	101.97
3	河北省	94.19	19	广东省	175.34
4	山西省	15.19	20	广西壮族自治区	75.43
5	内蒙古自治区	601.06	21	海南省	32.00
6	辽宁省	139.48	22	重庆市	20.72
7	吉林省	99.76	23	四川省	174.78
8	黑龙江省	514.33	24	贵州省	20.97
9	上海市	46.46	25	云南省	56.35
10	江苏省	282.28	26	西藏自治区	652.90
11	浙江省	111.01	27	陕西省	30.85
12	安徽省	104.18	28	甘肃省	169.39
13	福建省	87.10	29	青海省	814.36
14	江西省	91.01	30	宁夏回族自治区	20.72
15	山东省	173.75	31	新疆维吾尔自治区	394.82
16	河南省	62.79		合计	5342.06

大幅度减少，除了气候变化等自然因素外，人类活动大量占用或改变湿地用途是主要原因，包括城市基础设施建设、围垦、污染、过度开发等。据统计，仅围垦一项，近 50 年来就使天然湿地消失 1000 处以上，目前全国滩涂湿地围垦面积已经达到 10 万 hm^2。

第三节 城市湿地格局变化

3.1 国外城市湿地变迁研究实例——斯里兰卡科伦坡市

澳大利亚昆士兰大学与斯里兰卡的研究人员，对科伦坡市滞洪区（Colombo flood detention area，CFDA）的湿地景观格局进行了系统的调查和研究。他们将 CFDA 分为 3 个主要部分：Kolonnawa 低洼区、Heen 低洼区和 Kotte 低洼区。对其中的 Kolonnawa 低洼区进行空间动态分析，发现从 1981～2008 年的 27 年间 Kolonnawa 的南部地区（A------A 线以南，图 4-1）13.5%的湿地变成了非湿地土地利用类型。在该区域的北部地区（A------A 线以北）由于大量的低洼水田（湿地）被开发利用，湿地的转化率达到 43%。湿地一个很重要的功能是防洪蓄水，由于该地区湿地的大面积锐减，直接产生的后果就是科伦坡市抗洪能力的大幅下降。该地区由于城市化扩张，大量建筑物、城市道路和硬化场地的建成，不透水面积率逐年提高，1981 年为 46%，2000 年上升到 61%，2008 年达到 68%。

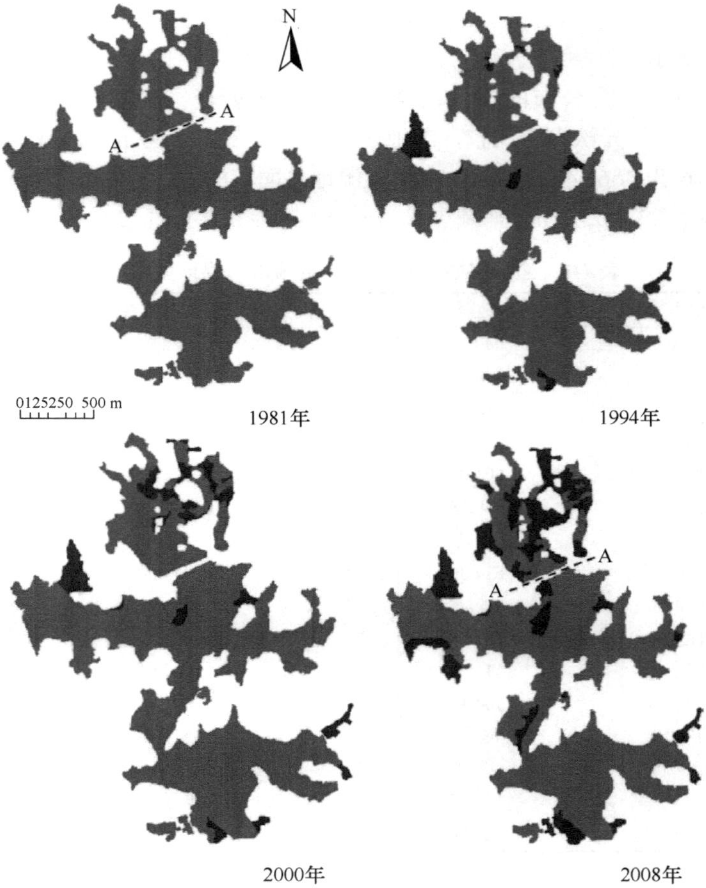

图 4-1　Kolonnawa 低洼区 1981～2008 年湿地（绿色）转化为非湿地（红色）的空间分布图
（引自 Hettiarachchi et al. 2015）（彩图请扫封底二维码）

不仅湿地的面积在减少，湿地的质量也在下降。根据当地的研究结果认为湿地可以分为两种生境类型：一种是草本植物生境型，另一种是灌木植物生境型。草本植物生境型的湿地质量要好于灌木植物生境型，因为灌木植物生境型的湿地更易转变为旱地，从而丧失湿地的功能。图 4-2 显示了 Kolonnawa 低洼区从 1981～2008 年两种湿地生境的空间分布和动态变化（共有 1981 年、1994 年、1999 年和 2008 年 4 个年份的调查结果）。结果显示，该地区 1981 年没有灌木植物生境类型的湿地，以后逐年增加，到 2008 年占湿地总面积 44%的湿地由草本植物生境型转变成为灌木植物生境型，由此证明湿地的质量在下降。

湿地面积的锐减影响到城市生态系统的水文和洪水灾害，科伦坡市的大中洪水灾害从 1980 年以来有记载的年份分别为：1985 年、1989 年、1990 年、1992 年、1994 年、2002 年、2004 年、2005 年、2006 年、2007 年、2008 年和 2010 年，可以看出 1990 年以后出现洪水灾害的频次明显提高，20 世纪 80 年代出现 2 次，90 年代 3 次，21 世纪头 10 年出现 7 次。

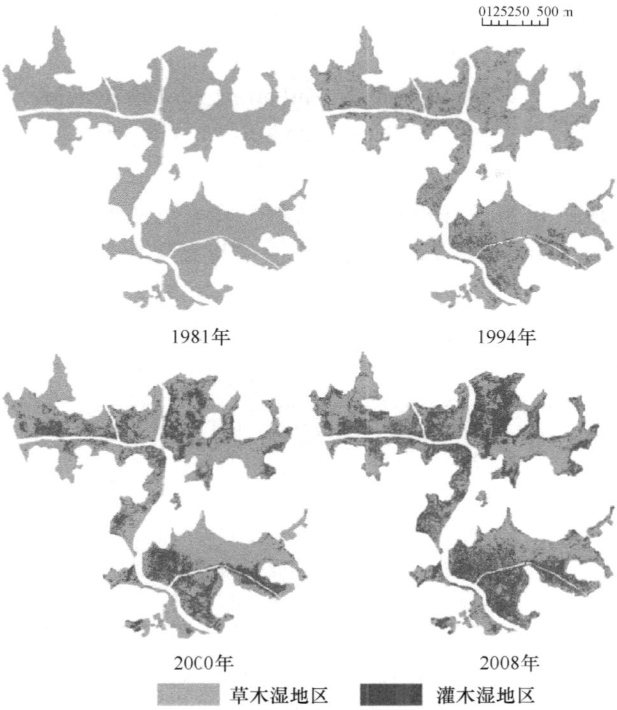

图 4-2　Kolonnawa 低洼区 1981～2008 年草本和灌木两种湿地生境的空间分布和动态变化（引自 Hettiarachchi et al. 2015）（彩图请扫封底二维码）

3.2　国内城市湿地变迁研究实例

3.2.1　北京市湿地景观变化实例分析

李玲玲等（2008）利用遥感（RS）和地理信息系统（GIS）技术，研究了 1996～2006 年 10 年间北京湿地景观的变化情况，结果发现 1996 年以来随着北京城市化的发展，北京湿地面积呈明显退化趋势，湿地总面积由 1996 年的 605.67 km^2 下降到 2006 年的 270.37 km^2，总面积减少 335.30 km^2，减少了 55.4%。各个类型湿地景观之间的年度变化见表 4-2，北京市湿地面积的减少主要是由于坑塘稻田湿地面积减少，总面积在 10 年间减少 214.22 km^2，减少了 78.57%，其次是水库湿地，总面积减少 112.63 km^2，减少了 50.79%，公园湿地总面积不大，但减少的幅度还是比较大的，面积从 1996 年的 10.78 km^2 下降到 2006 年的 5.51 km^2，

表 4-2　北京 1996～2006 年来各类湿地面积（引自李玲玲等 2008）（单位：km^2）

湿地类型	1996 年	1998 年	2002 年	2004 年	2006 年
水库湿地	221.75	218.80	139.22	94.90	109.12
公园湿地	10.78	6.56	7.03	6.60	5.51
河流湿地	86.24	91.59	68.55	82.86	81.23
人工水渠	14.26	17.18	14.62	15.96	16.08
坑塘稻田湿地	272.65	132.65	100.40	84.95	58.43
总面积	605.67	466.78	329.82	285.27	270.37

减少 5.27 km^2，减少了 48.89%。河流湿地面积有少量的减少，人工水渠湿地面积有少量的增加，这两种类型的湿地面积变化不大。

He 等（2011）根据城市扩张动态模型［urban expansion dynamic（UED）model］，结合地理信息系统（GIS），开发了一套模型计算城市扩张对湿地的干扰，并对未来的干扰进行模拟和预测。利用该模型对北京的主要湿地类型进行了自 1991～2004 年空间压力的模拟，模拟的结果与遥感影像进行比对，发现高空间压力的湿地类型一般都转化为城市用地，并利用该模型对 2004 年以后的北京市主要湿地类型进行空间压力预测，结果如表 4-3 所示。

表 4-3 不同时期（1991～2015 年）北京市主要湿地景观类型的动态空间压力值（引自 He et al. 2011）

年份	河流湿地	坑塘湿地	水库湿地
1991	0.21	0.20	0.17
1997	0.29	0.34	0.19
2000	0.32	0.38	0.21
2004	0.32	0.38	0.24
2010	0.33	0.40	0.24
2015	0.34	0.41	0.24

由表 4-3 可见，不同的湿地类型随着北京城市的扩张，城市建设的加剧，空间压力值都在上升，只是上升的速度有所不同，河流湿地的空间压力值从 1991 年的 0.21 到 2015 年的 0.34，压力值增加了 61.90%，坑塘湿地的空间压力值从 1991 年的 0.20 上升到 2015 年的 0.41，压力值增加了 105%，空间压力值增加最慢的是水库湿地，从 1991 年的 0.17 上升到 2015 年的 0.24，压力值增加了 41.18%。此研究结果与李玲玲等（2008）的结果相符，北京市湿地景观的减少主要是由于坑塘稻田湿地的景观类型锐减。

3.2.2 武汉市湿地景观格局变化实例研究

Du 等（2010）对武汉市从 1993～2004 年 12 年间的湿地空间景观格局动态进行了研究，结果表明武汉市 12 年间共有 6325 hm^2 的湿地景观发生变化，其中有 861 hm^2 的湖面湿地景观发生变化，5464 hm^2 的浅滩景观发生演替，12 年间共损失湿地 5976 hm^2，近 60 km^2（约 9 万亩），数量惊人。武汉市自 1993～2004 年水体景观的变化明细如表 4-4 所示。

表 4-4 武汉市 1993～2004 年湿地景观的利用结构变化（引自 Du et al. 2010）

土地利用类型	湖面景观		浅滩景观	
	面积/hm^2	百分比/%	面积/hm^2	百分比/%
城市和农村人工景观				
住宅和商业	152	16.4	1441	26.4
工业和仓储	5	0.5	257	4.7
绿地	114	12.3	189	3.4
其他城市用地	45	4.8	265	4.9
城市改造	149	16.0	919	16.8
农村居住	37	4.0	200	3.7

续表

土地利用类型	湖面景观		浅滩景观	
	面积/hm²	百分比/%	面积/hm²	百分比/%
自然和农村景观				
农业用地	266	28.6	1967	36.0
林地	2	0.2	37	0.7
水体景观				
湖面			189	3.4
浅滩	160	17.2		
合计	861	100	5464	100

从表 4-4 可见，城市和农村人工景观中湖面湿地损失的主要原因是城市的住宅小区和商业用地开放，占 16.4%，建设城市绿地公园也较大，占 12.3%，城市改造用地占 16.0%，此部分用地大部分会被建设成城市公园或广场。自然和农村景观中湖面损失的最大原因是农业开发，即围湖造田造地，占 28.6%。浅滩景观损失的变化趋势基本相同，在城市和农村人工景观部分，最大的原因是城市的商品住宅区和商业区的建设，占 26.4%，其次是城市改造用地，占 16.8%，浅滩自然和农村景观损失的最大部分是被开发为农业用地，占 36.0%，大量的农地周边的浅滩被填埋。武汉市湿地景观格局变化的空间分布如图 4-3 所示。图中的红色

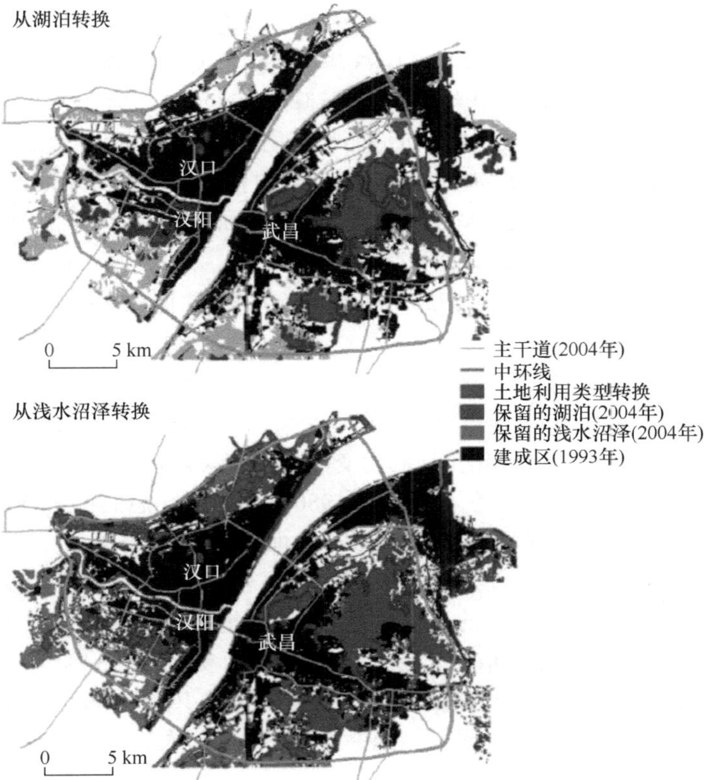

图 4-3　武汉市 1993～2004 年湿地景观的变化（彩图请扫封底二维码）（引自 Du et al. 2010）

部分为水体湿地景观变化的部分，图的上半部分显示湖面湿地的变化，可见大湖的四周大部分被蚕食，小湖被整体填埋，图的下半部分显示浅滩的景观变化情况，其中有大片的浅滩被开发利用，也有许多零星的浅滩被蚕食。

3.2.3 深圳市湿地景观动态变化实例分析

曾辉等（2010）利用遥感技术手段，对深圳市 1988～2007 年湿地景观动态变化进行分析，结果显示深圳市 10 年间湿地总面积损失了 35.7%，总面积从 1988 年的 24 391.72 hm^2 下降到 2007 年的 15 683.61 hm^2（表 4-5）。

表 4-5 深圳市湿地面积变化（引自曾辉等 2010） （单位：hm^2）

年份	河流	红树林	坑塘	水库	沿海滩涂	养殖水面	合计
1988	1 832.43	297.69	3 259.01	3 115.91	7 173.93	8 712.75	24 391.72
1992	1 768.39	214.53	3 171.26	4 410.63	6 610.13	8 058.64	24 233.58
1996	1 557.34	204.98	2 954.92	4 988.08	5 967.74	7 547.46	23 220.52
2000	1 588.19	130.46	3 489.57	5 319.33	3 971.29	7 580.68	22 079.52
2004	1 405.56	156.40	1 225.92	5 751.40	2 936.36	4 464.24	15 939.88
2007	1 728.92	189.71	1 002.08	5 750.56	2 429.48	4 582.86	15 683.61

从表 4-5 可见，深圳市的湿地总面积呈现持续不均匀下降趋势，其中 2000～2004 年变化最快，呈现急剧下降。养殖水面原来（1988 年）面积最大，为 8712.75 hm^2，到 2007 年为 4582.86 hm^2，面积减少了 47.4%；沿海滩涂面积下降最大，1988 年为 7173.93 hm^2，到 2007 年仅为 2429.48 hm^2，面积减少了 66.13%；坑塘面积变化也很大，1988 年为 3259.01 hm^2，2007 年为 1002.08 hm^2，面积减少率最高，达 69.25%；红树林面积由 297.69 hm^2（1988 年）下降到 189.71 hm^2（2007 年），面积减少率为 36.27%；河流的面积变化较小，由 1832.43 hm^2（1988 年）下降为 1728.92 hm^2（2007 年），面积减少率为 5.65%；水库是唯一面积持续增加的湿地类型，从 1988 年的 3115.91 hm^2 上升到 5750.56 hm^2（2007 年），面积增加了 84.55%，将近翻了一番。

史培军等（2000）对深圳市 1980～1994 年的土地利用变化进行了遥感影像分析，分析结果显示原有的农田、果园和湿地等自然景观显著减少，城镇开发用地沿海岸和主要公路干线迅速增加，深圳市 1980～1994 年土地利用变化遥感影像分类图如图 4-4 所示。

从图 4-4 可见，城镇用地（红色部分）从 1980 年的小点，总面积 6.85 km^2，逐步扩张，到 1988 年红色部分遍及海岸线和主要公路沿线，总面积为 138.2 km^2，约是 1986 年的 20 倍，到 1994 年可见沿海的一片红色，交通主干线的大片红色，城镇用地总面积为 364.5 km^2，约是 1980 年的 53 倍，约是 1988 年的 2.6 倍。同时可以看到黄色的稻田（为湿地的一种类型）大面积减少，被城镇用地所取代，1980 年稻田的面积为 499.34 km^2，到 1988 年下降到 358.43 km^2，到 1994 年仅剩下 134.22 km^2，稻田面积总共减少 365.12 km^2。城镇用地和农田面积变化对照趋势图见图 4-5，城镇用地的增加基本上与农田湿地的减少趋势是一致的，数量上也基本上是平衡的。

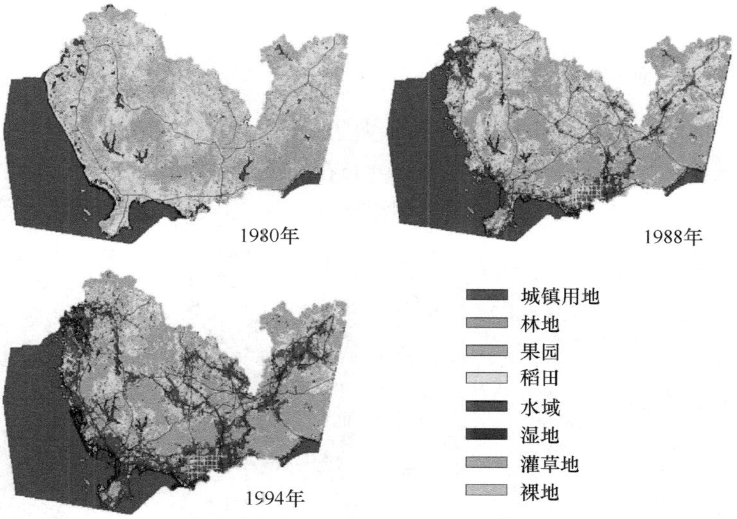

图 4-4　深圳市 1980～1994 年土地利用变化遥感影像分类图（引自史培军等 2000）
（彩图请扫封底二维码）

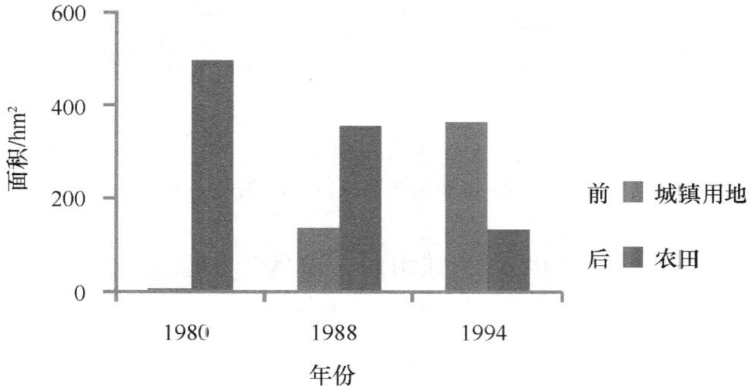

图 4-5　深圳市 1980～1994 年城镇用地和农田面积变化（引自史培军等 2000）

第四节　城市湿地景观格局变迁的驱动力分析

4.1　引言

城市湿地景观格局变迁最大的驱动因素是城市化（urbanization）。城市化首先是城市人口的迅速增长，由于人口增加就需要大量建造商品住宅区和商业区；其次是工业化生产，需要建造大量工业园区和大型的仓储区，人口增加和工业化带来城市的交通和基础设施问题，需要公路交通系统和大量的水、电、煤气等的供应；最后是城市人口生活的需求，需要公园、医院、学校、公共图书馆、公共体育设施。所有这一切建设都需要大量的土地，因此占有地势较低的湿地成为城市建设的首选，由于湿地地势低而且平坦，无论从实用、生活便利，还是从经济成本的角度，利用湿地成为廉价和现实的选择。城市湿地景观格局变迁的驱动力大致如下。

4.2　城市居民的住宅和商业需求

有关斯里兰卡科伦坡市湿地的研究显示大量的居民住宅区在湿地景观中得到建设（图 4-6），该数据还显示低收入人口组成的社区大部分分布在靠近城市湿地的地区，在这些地区生活成本相对较低，居民的固体生活垃圾被丢弃到湿地，湿地也给居民用水带来方便。

(a)　　(b)

图 4-6　科伦坡市某一区域的航片［从城市湿地变成住宅区：(a) 1981 年；(b) 2007 年］
（引自 Hettiarachchi et al. 2015）

从我国武汉市湿地景观变迁的分析可知，大量的湿地景观被用于住宅和商业用地的开发，从湖面损失的湿地中 16.4%被用于此类土地利用类型，为城市和农村人工景观类型中比例最高的，同样从浅滩损失的湿地中 26.4%被用于居民的住宅需求，同样是转化为城市和农村人工景观类别中的最高比例。

4.3　农业生产与开发的需要

由于城市人口的急剧膨胀，加大了对农产品的需求，为了生产更多的农产品供应城市，城市的居民往往会采取围湖造田和造地的方式，将城市湿地转变成农业生产开发用地，以满足城市居民的生活需求。例如，我国武汉市的湿地景观变迁研究证明在 10 年间损失的 5976 hm^2 湿地景观中，共有 2233 hm^2 的湿地转变为农业用地，占总转化湿地面积的 37.37%，是损失湿地转化类型中比例最高的土地利用类型，武汉市湿地转化为农业开发类型的空间分布图如图 4-7 所示（草绿色部分）。

当然每个城市的驱动力会有所不同，武汉的情况也是如此，其他城市的驱动力也会有变化，转化的比例也会有差异，在不同的城市发展阶段，农业生产与开发的需求强度也会发生变化。

4.4　固体垃圾填埋及河道水利改造

如前所述，许多城市的低收入社区的大量居民居住在城市湿地周边，由于城市管理不善，

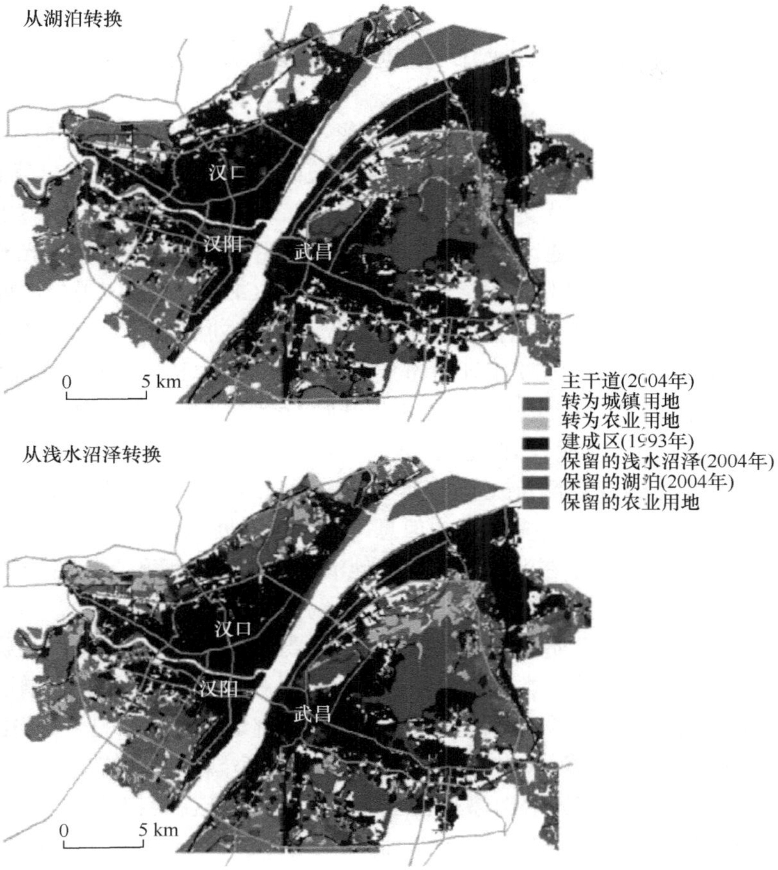

图 4-7　武汉市湿地转化为农业开发类型的空间分布图
（引自 Du et al. 2010）（彩图请扫封底二维码）

居民将大量的固体垃圾直接倒入湿地中，使湿地被填埋，或者城市的管理者找不到合适的垃圾填埋场地，就划定一定区域的湿地作为城市垃圾填埋场地。同时城市大量的河道水利改造工程，也会破坏原有的湿地水道和水系，为了工程的需要，部分湿地会被填埋或被改造为城市绿地。

4.5　地理因素的驱动

从深圳市城市湿地的景观动态变化研究中可见，地理因素也是湿地景观变化驱动因素之一。深圳市城市湿地动态变化的行政区域之间的差异十分明显，从总量上看，宝安区面积缩减规模最高，占全市湿地面积损失总量的 56.93%，其次为南山区，占全市湿地面积损失总量的 26.87%，其余各区的湿地损失均不到全市湿地面积损失总量的 10%。

湿地的海拔也是城市湿地景观变化的驱动力之一。深圳市的研究表明在 1988～2007 年，湿地的损失主要发生在海拔 10 m 以下，2004 年以前该区段湿地面积总量快速下降，2004 年以后下降速度大幅度减缓。其余区段湿地面积变化幅度均很小。

第五节　城市湿地格局的研究方法

我国湿地资源丰富，由于湿地具有不同的气候、水文、地质、土壤条件，其植被群落和动植物生境特性差异很大。而要做到对湿地生态环境的调查、监测和保护，就必须要精确、动态地掌握它们的分布、性质及变化。

传统湿地格局调查通常是通过人工到湿地现场，常用的调查手段包括：光学测量、埃默里棒（Emery pole）、电子全站仪、卫星定位、高分辨率 GPS 测量等。另外，近岸调查需要吃水浅的船只及相关的调查设备（王志豪 1984；周良勇和刘健 2003）。单纯的大面积常规调查成本高、周期长。例如，1979 年开始的全国海岸带调查，整个工作一直持续到 20 世纪 90 年代初（全国海岸带办公室 1991）。1980 年开始的浙江省海岸带和海涂资源综合调查组织了 1700 多人，历时 6 年完成（浙江省海岸带和海涂资源综合调查领导小组办公室 1988）。

近年来，利用卫星地球观测（EO）被证明是进行陆地表面观测最有效的方式。由于能大面积、重复获取区域多波段、多时相的信息，还具有数据综合性、可比性、经济性和允许重复观测等特点，遥感技术在湿地制图、湿地清查、湿地管理和湿地监测方面也有巨大的潜力。

从 20 世纪 90 年代后期开始，高光谱逐渐作为重要的工具被应用到湿地监测上来。早期的应用主要集中在湿地植被的分类上，Neuenschwander 等（1998）利用高光谱遥感影像进行湿地信息识别与提取的研究，并指出高光谱遥感有利于湿地植被信息的识别与区分。Hirano 等（2003）使用航空高光谱数据 AVRIS 对美国大沼泽国家公园的湿地植被进行分类。Schmidt 和 Skidmore（2003）等利用高光谱影像的短红外光谱分析盐沼湿地植被类型的光谱特征，确定了 6 个波长进行植被类型的划分。近年来，监测湿地的一个主要应用是使用 AVRIS、EO-1 HYPERION、HYMAP 等高光谱数据对湿地入侵植被的监测（Underwood et al. 2006；Pengra et al. 2007；Hestir et al. 2008）。Zomer 等（2009）针对目前湿地管理的要求，建立滨海湿地的地物波谱库。国内也有部分研究，高占国和张利权（2006）采用高光谱测量仪测定上海崇明东滩自然保护区盐沼植物群落的光谱反射率，以识别盐沼植被中光滩、海三棱藨草（*Scirpus mariqueter*）群落、芦苇（*Phragmites australis*）群落和互花米草（*Spartina alterniflora*）群落等的光谱特征，并选择出识别效果最好的波段组，指出植物群落的高度和盖度对光谱反射率影响最大。李凤秀等（2008）采用高光谱可见光-近红外波段及其微分光谱波段（350～1050 nm）逐波段构建 FNDVI、FRVI、FDVI、FDNDVI、FDRVI 和 FDDVI 植被指数，建立湿地小叶章（*Deyeuxia angustifolia*）叶绿素含量的最佳估算模型。

湿地格局制图主要采用以遥感（RS）为主、地理信息系统（GIS）和全球定位系统（GPS）为辅的“3S”技术，即通过遥感解译获取湿地类型、面积，利用景观格局指数等分析获得空间格局及变化信息。主要包括以下步骤。

1）确定遥感数据源

根据研究目的和需求确定数据的时间分辨率、空间分辨率、时相等。全球宏观尺度的城市湿地格局制图可采用 MODIS 等较低空间分辨率数据。由于人类活动的干扰，造成了城市湿地景观破碎化，在开展区域城市湿地格局制图时应该采用 TM 或 IKONOS、WorldView 等更高分辨率的卫星数据。在多云多雾的山区，如无法获取清晰的光学遥感影像数据，则应使用雷达卫星数据或通过实地调查来完成。遥感数据的获取应在保证调查精度的基础上，根据实际情况采用特定的数据源。一般应保证分辨率≥20 m，云量＜5%，最好选择与调查时相最接近的遥感影像，其时间相差一般不应超过 2 年（张怀清和鞠洪波 2012）。

2）确定城市湿地分类体系

1974 年，美国鱼类及野生生物管理局开始计划新的全国性湿地清查。在检验当时所有的湿地分类系统之后，决定设计一种新的分类系统，前提是分类系统的结构应该是分级式的，以便于使用者可以根据需要选用适当的水平。这个分类系统作为美国鱼类及野生生物管理局的官方分类系统于 1979 年正式发表，并沿用至今。加拿大国家湿地工作组于 1987 年总结出了一套分类系统。由于加拿大地处温带和寒带，湿地类型相对简单，主要是沼泽，因此这个分类系统的显著特点是对沼泽和泥炭地划分详细，而对其他类型相对简单（唐小平和黄桂林 2003）。我国目前采用的《全国湿地资源调查与监测技术规程》将全国湿地划分为五大类 34 种类型。而城市湿地目前暂未有一个通用的分类体系，这也是本书的一个重要研究工作。

3）遥感影像解译

（1）将遥感数据集进行标准化处理，主要包括：正射纠正、配准、融合、镶嵌、裁切等处理，保证每期高分影像都能完整覆盖全部研究区域，并使得多期遥感影像间的几何精度均方误差在 0.5 个像元以内，便于后续开展分类和变化信息提取工作。

（2）制定统一的解译标准，填写判读解译标志表。通过野外调查和室内分析对判读类型的定义、现地景观形成统一认识，并对各类型在遥感信息影像上的反映特征的描述形成统一标准，形成解译标志，填写判读解译标志表。解译的基本要素包括色调/颜色、大小、形状、纹理、结构、高度、阴影、组合结构和所处的地理位置等。不同遥感影像资料或遥感影像资料时相差异大的，应分别建立遥感解译标志。判读工作人员在正确理解分类定义的情况下，参考有关文字、地面调查资料等，在 GIS 软件支持下，将相关地理图层叠加显示，全面分析遥感影像数据的色调、纹理、地形特征等，将判读类型与其所建立的解译标志有机结合起来，准确区分判读类型。以面状图斑和线状地物分层解译。

4）格局分析

景观格局指数是指能够高度浓缩景观格局信息、反映其结构组成和空间配置特征的定量指标。它可以比较不同景观之间的空间分布和组合特征等结构差异，也可以用来定量描述和监测景观空间结构随时间的变化。通常选择景观格局软件 FRAGSTATS 计算各类指数（张娜 2014）。

第六节　案 例 分 析

6.1　研究背景

湿地空间格局的变化过程对湿地生态系统及其他系统的生物多样性、初级生产力和区域，以及全球气候环境、水文环境、生物多样性等方面产生显著而深刻的影响。随着城市化进程的加快，越来越多的湿地被侵占，使得城市湿地面积大量减少，生境破碎化情况加剧，湿地资源退化，生态功能下降。

目前国内外利用遥感数据对湿地景观变化的研究主要采用中等空间分辨率遥感影像为数据源，但城市湿地因其独特的地理位置和景观特征，经常表现出地类斑块面积较小、分布不均、破碎度高等特点，对于遥感数据的选取有着更高的要求。因此，选择典型的城市湿地研究区，在现有数据基础上引入高分辨率遥感数据对城市湿地进行基于长时间序列多源遥感的湿地遥感监测，了解城市湿地的演变过程，分析城市湿地空间格局的动态变化，研究城市化过程中湿地景观格局变化的驱动力，对城市湿地的保护及城市生态环境的修复有重要的现实意义。

在高分辨率遥感影像的支持下，完成近 10 年来西溪湿地面积、土地覆盖及其格局演变特征的卫星遥感监测工作，研究了自然和人为因素双重影响下的城市湿地变化趋势，从而提出科学合理的保护、管理和恢复湿地资源的措施，促进典型城市湿地资源和社会经济的可持续发展。

6.2 研究区域与数据

6.2.1 研究区概况

本研究选取西溪国家湿地公园（西溪湿地）为研究区。研究区内水网密布，河流、湖泊、沼泽众多，湿地资源丰富，西溪湿地周边区域是经济快速发展地带，规划有杭州未来科技城，工业化和城市化带来的建设占用、围垦和污染等使得湿地面积日益减少，急需采取针对性措施加以有效解决。

6.2.2 数据源

1）基础数据

在杭州西溪湿地范围内进行实地调研，了解地物特征及各种湿地土地利用类型的分布规律；对研究区的植被进行归类划分，了解典型乔木、灌木、草本植物和水生植物生长周期内生物量的变化趋势；通过收集当地信息等方式查阅资料，大致对湿地变迁的历史及概略时间节点作初步判定。

2）高分辨率遥感影像

通过下载的方式获取包含西溪湿地范围在内的近 40 年来 Landsat MSS/TM/ETM+卫星影像数据中确定的湿地变迁概略时间节点，以及目视解译结果，分析湿地演变的趋势及程度，并进一步明确近 10 年研究区内湿地演变的关键时间节点。根据确定的时间节点，选择已有的近 10 年研究区范围内 QuickBird、IKONOS、WorldView 1/2 等高空间分辨率卫星遥感数据（卫星传感器参数见表 4-6～表 4-8）。

表 4-6　IKONOS 遥感影像传感器参数

传感器	波段号	波长范围/μm	分辨率/m
多光谱	1	0.45～0.53	4
	2	0.52～0.61	
	3	0.64～0.72	
	4	0.77～0.88	
全色	5	0.45～0.90	1

表 4-7　QuickBird 遥感影像传感器参数

传感器	波段号	波长范围/μm	分辨率/m
多光谱	1	0.45～0.52	2.44
	2	0.52～0.60	
	3	0.63～0.69	
	4	0.76～0.90	
全色	5	0.45～0.90	0.61

表 4-8　WorldView 2 遥感影像传感器参数

传感器	波段号	波长范围/μm	分辨率/m
多光谱	1	0.450～0.510	1.8
	2	0.510～0.580	
	3	0.630～0.690	
	4	0.770～0.895	
	5	0.400～0.450	
	6	0.585～0.625	
	7	0.705～0.745	
	8	0.860～1.040	
全色	9	0.450～0.800	0.5

对所有影像按照拍摄时间、卫星类别、数据格式等进行归档并建立影像数据库（表 4-9）。影像质量如图 4-8 和图 4-9 所示。

表 4-9　高分辨率遥感影像

数据类型	获取时间	用途
IKONOS 多光谱及全色数据	2000 年 1 月 20 日	西溪湿地土地利用/覆盖分类
QuickBird 多光谱及全色数据	2007 年 1 月 28 日	西溪湿地土地利用/覆盖分类
WorldView 2 多光谱及全色数据	2011 年 6 月 22 日	西溪湿地土地利用/覆盖分类
WorldView 2 多光谱及全色数据	2012 年 5 月 17 日	西溪湿地土地利用/覆盖分类

图 4-8　IKONOS 融合数据（2000 年 1 月 20 日）和 QuickBird 融合数据（2007 年 1 月 28 日）（彩图请扫封底二维码）

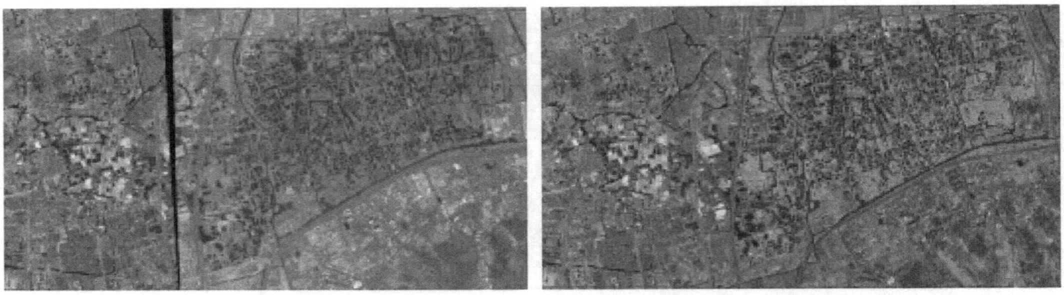

图 4-9　WorldView 2 融合数据（2011 年 6 月 22 日）和 WorldView 2 融合数据（2012 年 5 月 17 日）（彩图请扫封底二维码）

6.3　研究方法

6.3.1　湿地分类系统

本研究在《湿地公约》组织通过的国际湿地分类（国家林业局《湿地公约》履约办公室，2001 年）等湿地分类规则文件基础上，根据西溪湿地的实际情况，在坚持科学性和全面性的原则下，结合湿地的定义及其生态特征，将西溪湿地内的类型主要分为：水域、绿地、裸地和建筑等 4 种一级类别和对应的河流、库塘、沼泽、草地、灌丛、林地、岸滩、休耕地、建筑和道路等 10 种二级分类。具体解译标志如表 4-10 所示。

表 4-10　西溪湿地分类系统及解译标志

一级分类	二级分类	ID	湿地属性与功能	NIR/R/G 波段组合	野外照片
水域	河流	1	常年或季节性有河水径流的河流	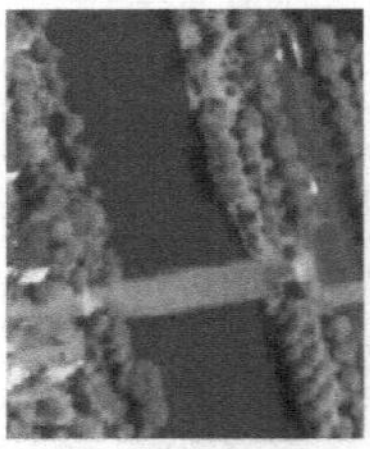	
	库塘	2	以蓄水、发电、农业灌溉、农村生活、净化水质等为主要目的而建造的，面积>1 hm^{2}的蓄水区	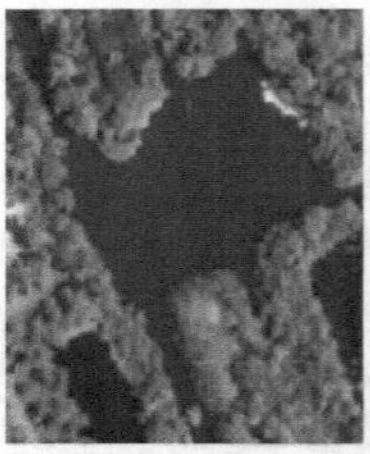	
绿地	沼泽	3	由水生和沼生的草本植物组成优势群落的草本沼泽		

续表

一级分类	二级分类	ID	湿地属性与功能	NIR/R/G 波段组合	野外照片
绿地	草地	4	以生长草本和灌木植物为主并适宜农业、畜牧业生产的土地	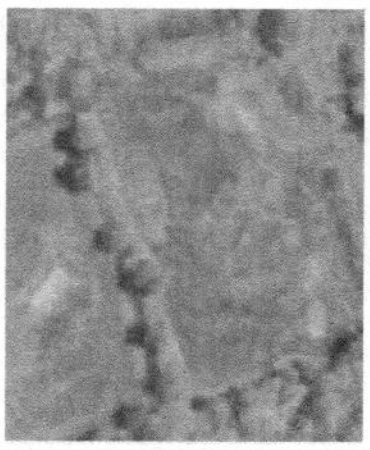	
	灌丛	5	矮树或丛林	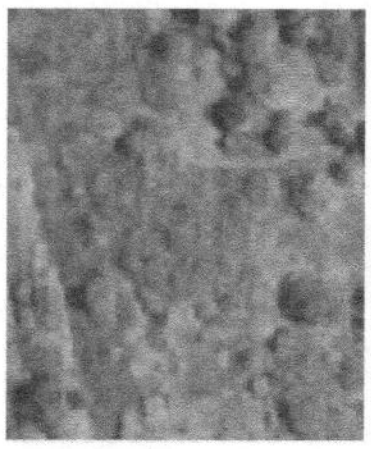	
	林地	6	成片的天然林、次生林和人工林覆盖的土地	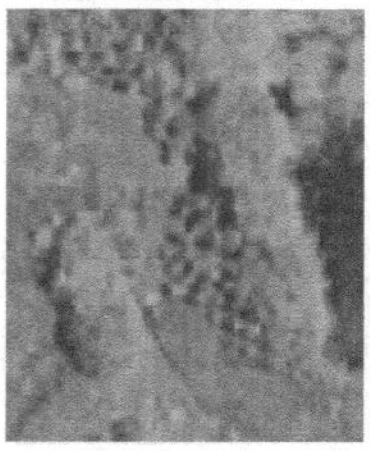	
裸地	岸滩	7	河流或库塘附近沉积而形成的浅滩	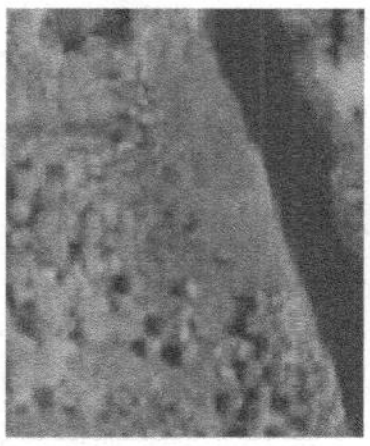	
	休耕地	8	轮休、尚未种植农作物的耕地		
建筑	建筑	9	供人们日常居住生活使用的建筑物及正在发展的建筑项目，进行土木工程的土地		

续表

一级分类	二级分类	ID	湿地属性与功能	NIR/R/G 波段组合	野外照片
建筑	建筑	9	供人们日常居住生活使用的建筑物及正在发展的建筑项目，进行土木工程的土地		
	道路	10	地面上供人或车马通行的土地		

6.3.2　湿地信息提取

考虑到西溪湿地景观差异性显著，单纯利用计算机自动分类难以保证分类精度，因此本研究以计算机分类结合人工目视解译的方法实现湿地分类。

1）计算机分类模型

湿地景观精准遥感分类模型参见图 4-10。

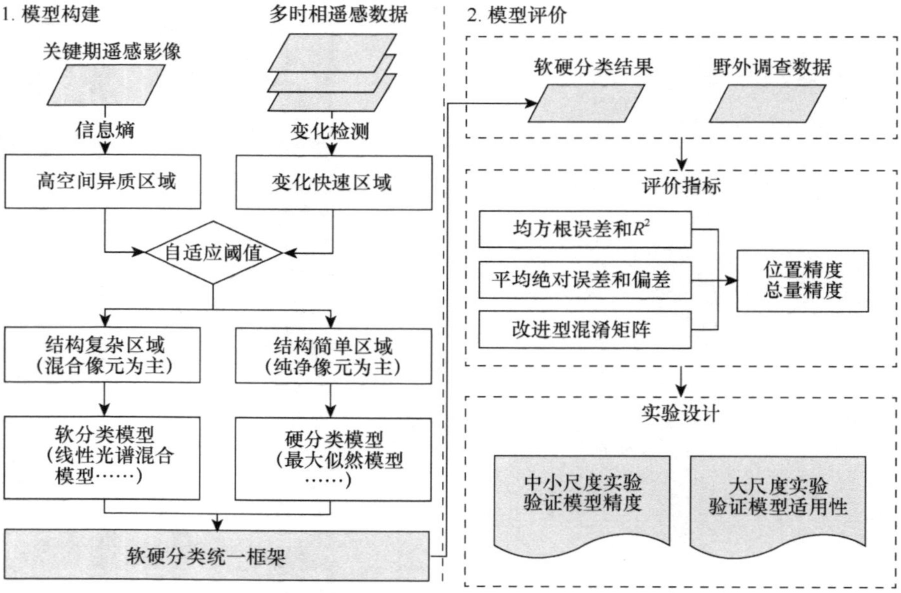

图 4-10　湿地景观精准遥感分类模型的技术路线

2）人机交互提取

在计算机自动分类的基础上，利用 ArcGIS 软件对分类结果进行修正，以保证分类的精度。人机交互提取是通过手工描绘或借助于图像处理工具的方法，确定变化图斑的范围。通过人机交互解译，从变化信息特征增强的图像中手工勾绘出变化区域。解译的基本要素包括色调/颜色、大小、形状、纹理、结构、高度、阴影、组合结构和所处的地理位置等。然后进行数理统计。人机交互解译最大的优点是灵活，并且由于加入了解译者的思维和判断，故信息提取结果精度相对较高。不过，人机交互解译要求解译者具有多方面的经验和知识，包括计算机操作、基本图像处理知识、专业知识、工作区地理地貌知识等。在目前计算机自动分类精度尚不能完全满足工作需要时，人机交互解译仍将是一种非常重要的方法。

在计算机自动分类的基础上，结合人机交互的湿地信息提取方法，完成对西溪湿地 2000 年、2007 年、2011 年及 2012 年的湿地类型解译和成图工作。

6.3.3　湿地景观格局指数

景观格局指数是指能够高度浓缩景观格局信息，反映其结构组成和空间配置特征的定量指标。它可以比较不同景观之间的空间分布和组合特征等结构差异，也可以用来定量描述和监测景观空间结构随时间的变化。因此，本研究选取适当数量且能够满足研究要求的指数进行分析，并选择景观格局软件 FRAGSTATS 计算各类指数。本项目中选择的景观格局指数及其生态意义如下。

（1）斑块类型面积（CA），单位为 hm^2，范围：CA＞0。

$$\mathrm{CA}=\sum_{j=1}^{n}a_{ij}\left(\frac{1}{10\ 000}\right)$$

式中，$a_{ij}=p_{ij}$，表示第 i 类第 j 个斑块的面积（m^2）。

公式描述：CA 等于某一斑块类型中所有斑块的面积之和（m^2），除以 10 000 后转化为公顷（hm^2）；即某斑块类型的总面积。

生态意义：CA 度量的是景观的组分，也是计算其他指标的基础。它有很重要的生态意义，其值的大小制约着以此类型斑块作为聚居地（habitation）的物种的丰度、数量、食物链及其次生种的繁殖等，如许多生物对其聚居地最小面积的需求是其生存的条件之一；不同类型面积的大小能够反映出其物种、能量和养分等信息流的差异，一般来说，一个斑块中能量和矿物养分的总量与其面积成正比；为了理解和管理景观，我们往往需要了解斑块的面积大小，如所需要的斑块的最小面积和最佳面积是极其重要的两个数据。

（2）斑块所占景观面积的比例（PLAND），单位为%，范围：0＜PLAND≤100。

$$\mathrm{PLAND}=P_i=\frac{\sum_{j=1}^{n}a_{ij}}{A}\times 100\%$$

式中，P_i 为第 i 类景观类型在整个景观的比例；$a_{ij}=P_{ij}$，为第 i 类第 j 个斑块的面积（m^2）；A 为总景观面积（m^2）。

公式描述：PLAND 等于某一斑块类型的总面积占整个景观面积的百分比。其值趋于 0 时，说明景观中此斑块类型变得十分稀少；其值等于 100 时，说明整个景观只由一类斑块组成。

生态意义：PLAND 度量的是景观的组分，其在斑块级别上与斑块相似度指标（LSIM）的意义相同。由于它计算的是某一斑块类型占整个景观的面积的相对比例，因此是帮助我们确定景观中模地（matrix）或优势景观元素的依据之一，也是决定景观中的生物多样性、优势种和数量等生态系统指标的重要因素。

（3）斑块个数（NP），范围：NP≥1。

公式描述：NP 在类型级别上等于景观中某一斑块类型的斑块总个数，在景观级别上等于景观中所有的斑块总数。

生态意义：NP 反映景观的空间格局，经常被用来描述整个景观的异质性，其值的大小与景观的破碎度也有很好的正相关性，一般规律是 NP 大，破碎度高；NP 小，破碎度低。NP 对许多生态过程都有影响，如可以决定景观中各种物种及其次生种的空间分布特征，改变物种间相互作用和协同共生的稳定性。而且，NP 对景观中各种干扰的蔓延程度有重要的影响，如某类斑块数目多且比较分散时，则对某些干扰的蔓延（虫灾、火灾等）有抑制作用。

（4）最大斑块所占景观面积的比例（LPI），单位为%，范围：0＜LPI≤100。

公式描述：LPI 等于某一斑块类型中的最大斑块占整个景观面积的比例。

生态意义：有助于确定景观的模地或优势类型等。其值的大小决定着景观中的优势种、内部种的丰度等生态特征；其值的变化可以改变干扰的强度和频率，反映人类活动的方向和强弱。

（5）斑块平均大小（MPS），单位为 hm^2，范围：MPS＞0。

$$\mathrm{MPS}=\frac{\sum_{j=1}^{n} x_{ij}}{n_i}$$

公式描述：MPS 在斑块级别上等于某一斑块类型（x_{ij}）的总面积除以该类型的斑块数目（n_i）；在景观级别上等于景观总面积除以各个类型的斑块总数。

生态意义：MPS 代表一种平均状况，在景观结构分析中反映两方面的意义：一方面景观中 MPS 值的分布区间对图像或地图的范围，以及对景观中最小斑块粒径的选取有制约作用；另一方面 MPS 可以指征景观的破碎程度，如我们认为在景观级别上一个具有较小 MPS 值的景观比一个具有较大 MPS 值的景观更破碎，同样在斑块级别上，一个具有较小 MPS 值的斑块类型比一个具有较大 MPS 值的斑块类型更破碎。研究发现 MPS 值的变化能反馈更丰富的景观生态信息，它是反映景观异质性的关键。

（6）形状指数（SHAPE）。

$$\mathrm{SHAPE}=\frac{P_{ij}}{\min_{P_{ij}}}$$

式中，P_{ij} 为由栅格表层数目决定的斑块 ij 的周长；$\min_{P_{ij}}$ 为由栅格表层数目决定的斑块 ij 的最小周长。

公式描述：SHAPE 等于斑块周长（由栅格表层细胞给定）除以最小周长（由栅格表层细胞给定），斑块最小周长可能是对应斑块面积的最大紧凑斑块（正方栅格格式）。如果 a_{ij} 是斑块 ij 的面积，n 是最大正方形的边长，该正方形面积小于 a_{ij}，$m=a_{ij}-n_2$，斑块 ij 的最小周长将采用以下 3 种形式的一个。

$$\min - P_{ii} = 4n，当 m = 0$$

$$\min - P_{ii} = 4n + 2，当 n_2 < a_{ij} \leqslant n(1+n)$$

$$\min - P_{ii} = 4n+4，当 a_{ij} > n(1+n)$$

生态意义：SHAPE≥1，无上限。当斑块是最大紧凑（即正方形或近似正方形）时 SHAPE=1，随着斑块形状越来越不规则，SHAPE 无上限增加。形状指数 SHAPE 通过调整到正方形或近似正方形标准形状，解决了周长面积比指数（PARA）随斑块大小变化的问题。因此，SHAPE 是整体形状复杂度的最简单、最直接的测量。值得注意的是，最小周长按描述中提到的方式计算。对于大斑块，即 a_{ij}>100 像素时，最小周长渐近于面积大小为 a_{ij} 的正方形周长，FRAGSTATS 以前的版本就用这个大斑块近似计算形状指数。因此，结果与以前版本运算不同，尽管只有当包括非常小的斑块时，差异才有效。

（7）香农-维纳多样性指数（SHDI），范围：SHDI≥0。

$$\text{SHDI} = -\sum_{i=1}^{m}(P_i \ln P_i)$$

式中，P_i 为第 i 类斑块所占整个景观面积的比例。

公式描述：SHDI 在景观级别上等于各斑块类型的面积比乘以其值的自然对数之后的和的负值。SHDI=0 表明整个景观仅由一个斑块组成；SHDI 增大，说明斑块类型增加或各斑块类型在景观中呈均衡化趋势分布。

生态意义：SHDI 是一种基于信息理论的测量指数，在生态学中应用很广泛。该指标能反映景观异质性，特别对景观中各斑块类型非均衡分布状况较为敏感，即强调稀有斑块类型对信息的贡献，这也是与其他多样性指数不同之处。在比较和分析不同景观或同一景观不同时期的多样性与异质性变化时，SHDI 也是一个敏感指标。例如，在一个景观系统中，土地利用越丰富，破碎化程度越高，其不定性的信息含量也越大，计算出的 SHDI 值也就越高。景观生态学中的多样性与生态学中的物种多样性有紧密的联系，但并不是简单的正比关系，研究发现在一类景观中二者的关系一般呈正态分布。

（8）香农均匀度指数（SHEI），范围：0≤SHEI≤1。

$$\text{SHEI} = \frac{-\sum_{i=1}^{m}(P_i \ln P_i)}{\ln m}$$

式中，P_i 为第 i 类斑块占整个景观面积的比例；m 为某类在整个景观格局中的斑块数。

公式描述：SHEI 等于香农多样性指数除以给定景观丰度下的最大可能多样性（各拼块类型均等分布）。SHEI = 0 表明景观仅由一种斑块组成，无多样性；SHEI = 1 表明各斑块类型均匀分布，有最高的多样性。

生态意义：SHEI 与 SHDI 指数一样也是我们比较不同景观或同一景观不同时期多样性变化的一个有力手段。而且，SHEI 与优势度指标（dominance）之间可以相互转换（即 evenness=1−dominance），即 SHEI 值较小时优势度一般较高，可以反映出景观受到一种或少数几种优势斑块类型所支配；SHEI 趋近 1 时优势度低，说明景观中没有明显的优势类型且各斑块类型在景观中均匀分布。

（9）蔓延度指数（CONTAG），单位为%，范围：0<CONTAG≤100。

$$\text{CONTAG}=\left[1+\frac{\sum_{i=1}^{m}\sum_{k=1}^{m}\left[P_i\left(\frac{g_{ik}}{\sum_{i=1}^{m}g_{ik}}\right)\right]\cdot\left[\ln P_i\left(\frac{g_{ik}}{\sum_{k=1}^{m}g_{ik}}\right)\right]}{2\ln m}\right]\times 100\%$$

公式描述：CONTAG 等于景观中各斑块类型占景观面积乘以各斑块类型之间相邻的格网单元数目占总相邻的格网单元数目的比例，乘以该值的自然对数之后的各斑块类型之和，除以 2 倍的斑块类型总数的自然对数，其值加 1 后再转化为百分比的形式。理论上，CONTAG 值较小时表明景观中存在许多小斑块；趋于 100 时表明景观中有连通度极高的优势斑块类型存在。应该指出的是，该指标只能运行在 FRAGSTATS 软件的栅格版本中。

生态意义：CONTAG 指标描述的是景观里不同斑块类型的团聚程度或延展趋势。由于该指标包含空间信息，因此是描述景观格局的最重要的指数之一。一般来说，高蔓延度值说明景观中的某种优势斑块类型形成了良好的连接性；反之则表明景观是具有多种要素的密集格局，景观的破碎化程度较高。而且研究发现蔓延度和优势度这两个指标的最大值出现在同一个景观样区。该指标在景观生态学和生态学中运用十分广泛，如 Graham 等（1991）曾用蔓延度指标进行生态风险评估。

6.4　结果和分析

6.4.1　湿地空间格局和面积统计

1）湿地空间格局

在湿地信息提取方法的支持下，重点以 2000 年 1 月 20 日的 IKONOS 多光谱及全色数据、2007 年 1 月 28 日的 QuickBird 多光谱及全色数据、2012 年 6 月 22 日的 WorldView 2 多光谱及全色数据等三期高分辨率遥感影像为基础，根据西溪湿地分类系统，制作了西溪湿地空间分布图（图 4-11）。

2）湿地面积及比例统计

受自然及人为因素的综合影响，各类型湿地面积及分布区域呈现不同的特点。利用 ArcGIS 软件对各类型湿地面积进行统计（表 4-11）。

西溪湿地空间格局和面积统计结果见图 4-12。

6.4.2　动态数量和变化率

受到自然因素和人为因素的影响，一定数量的湿地转化为城市用地和农业用地等其他土地覆盖/利用类型，同时也可以发现各类型湿地之间也存在着类型的转化，如库塘、林地、草地等之间的转换非常频繁，使得湿地的质量和数量发生变化。各类型在 2000 年、2007 年和 2012 年 3 年的变化情况如图 4-13 所示。

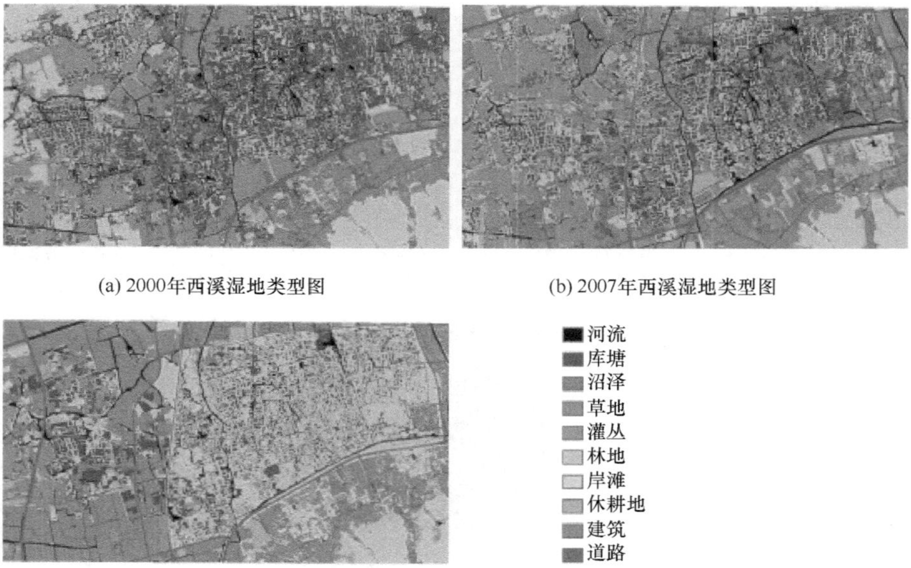

(a) 2000年西溪湿地类型图　(b) 2007年西溪湿地类型图

(c) 2012年西溪湿地类型图

图 4-11　2000 年、2007 年和 2012 年西溪湿地类型图（彩图请扫封底二维码）

表 4-11　2000 年、2007 年和 2012 年西溪湿地各类型面积及比例

类型（编码）	2000 年		2007 年		2012 年	
	面积/km^2	百分比/%	面积/km^2	百分比/%	面积/km^2	百分比/%
河流（1）	1.79	5.86	1.56	5.10	1.13	3.70
库塘（2）	8.31	27.19	5.69	18.60	4.23	13.86
沼泽（3）	0.10	0.33	0.43	1.41	0.09	0.29
草地（4）	5.45	17.83	7.20	23.54	1.81	5.93
灌丛（5）	0.29	0.95	0.90	2.94	0.54	1.77
林地（6）	7.97	26.08	6.76	22.10	11.02	36.10
岸滩（7）	0.83	2.72	0.18	0.59	0.21	0.69
休耕地（8）	0.29	0.95	1.18	3.86	0.81	2.65
建筑（9）	2.46	8.05	4.49	14.68	8.33	27.28
道路（10）	3.07	10.05	2.20	7.19	2.35	7.70
合计	30.56	100	30.59	100.00	30.52	100.00

（1）2000～2007 年，研究区内的各湿地类型（河流、库塘、沼泽、草地、灌丛、林地、岸滩和休耕地等）总体面积出现了小幅减少。湿地类型间库塘面积出现了小幅减少（由 8.31 km^2 减少至 5.69 km^2），草地面积出现了小幅增加（由 5.45 km^2 增加至 7.2 km^2）。其他湿地类型虽然在研究区内所占的比例较小，但是从统计结果可以看出，类型间变化非常频繁，这在一定程度上体现了西溪湿地景观格局的破碎和剧烈变化。

面积增加的是非湿地类型（建筑），由 2000 年的面积 5.53 km^2、所占百分比 19.1%小幅提升到 2007 年的面积 6.69 km^2、所占百分比 21.87%。

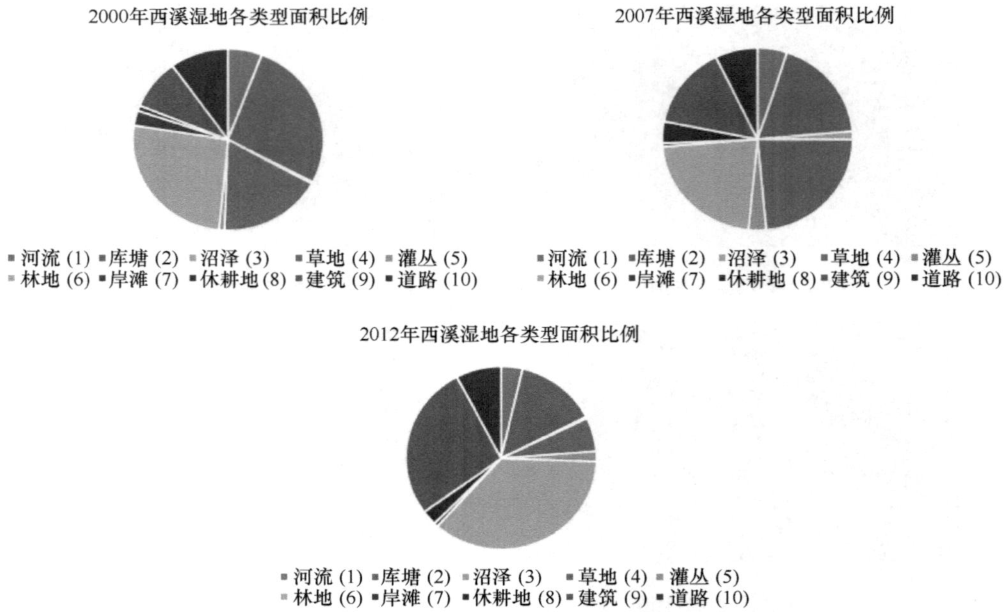

图 4-12　2000 年、2007 年和 2012 年西溪湿地各类型比例图（彩图请扫封底二维码）

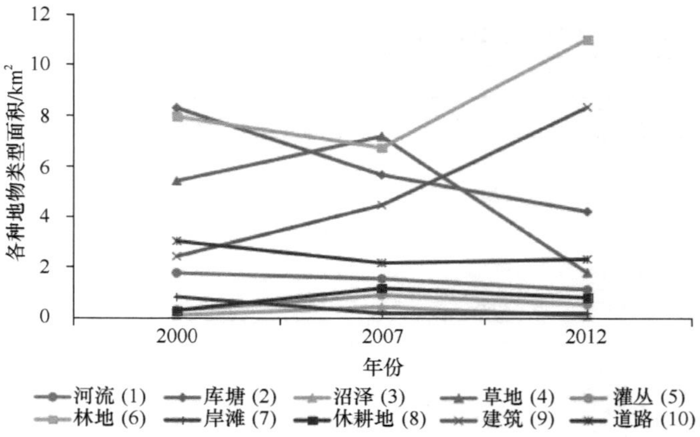

图 4-13　2000～2012 年西溪湿地各类地物的面积变化情况（彩图请扫封底二维码）

（2）2007～2012 年，研究区内的各湿地类型（河流、库塘、沼泽、草地、灌丛、岸滩、休耕地等）总体面积出现了较大幅度的减少。库塘面积进一步萎缩（由 5.69 km^2 减少至 4.23 km^2）。从统计结果可以看出，类型间变化依旧非常频繁。

非湿地类型（建筑）面积快速增加，由 2007 年的面积 6.69 km^2、所占百分比 21.87%快速提升到 2012 年的面积 10.68 km^2、所占百分比 34.95%。结果表明，研究区内的建筑面积在 2007～2012 年呈现出快速增加的态势，不断占用大量湿地面积。

6.4.3　空间格局动态变化

为了进一步显示研究区内湿地与非湿地的转变和各湿地类型之间的转换过程，本研究计算了空间格局变化信息和区域湿地动态度。

为了能够进一步研究湿地类型的变化特征，研究中对各种类型进行了重新分组，归类为数量变化明显的 3 类地物类型：水域（包含河流、库塘）、植被（沼泽、灌丛、草地、林地、岸滩、休耕地）和非湿地（建筑、道路），分析其空间格局动态变化（图 4-14，图 4-15）。

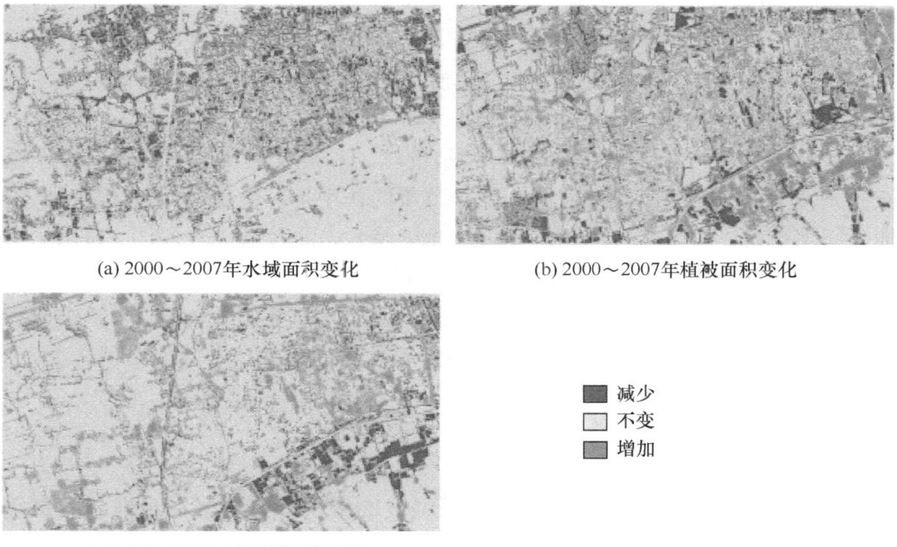

(a) 2000～2007年水域面积变化　(b) 2000～2007年植被面积变化

(c) 2000～2007年非湿地面积变化

图 4-14　2000～2007 年 3 种主要地物类型的空间格局动态变化（彩图请扫封底二维码）

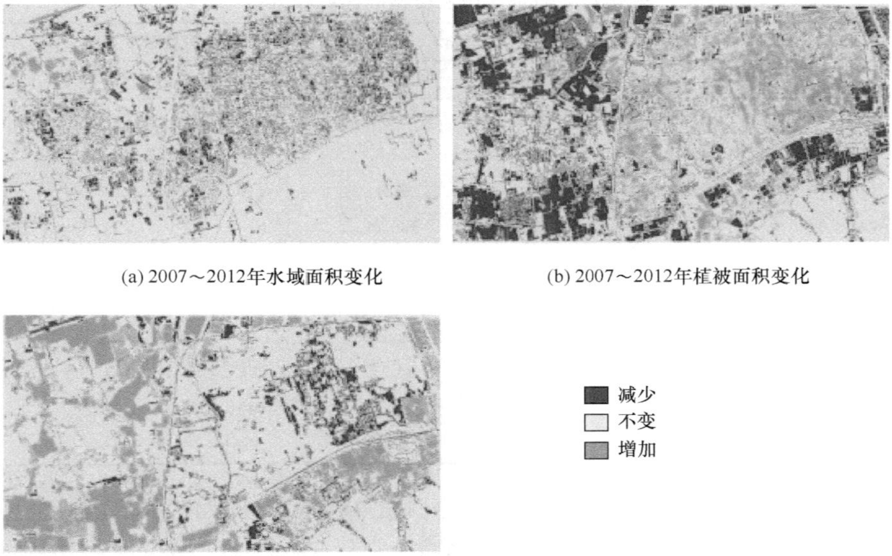

(a) 2007～2012年水域面积变化　(b) 2007～2012年植被面积变化

(c) 2007～2012年非湿地面积变化

图 4-15　2007～2012 年 3 种主要地物类型的空间格局动态变化（彩图请扫封底二维码）

（1）水域面积变化：2000～2007 年，水域面积在整个研究区域内都出现了小幅减少，面积增加的区域主要是在西溪湿地公园内。

（2）植被面积变化：2000～2007 年，植被增加和减少的面积大体相当，在研究区的东南面植被面积增加较为明显。

（3）非湿地面积变化：2000～2007 年，非湿地面积增加部分主要在研究区的西面及中南部，减少的面积主要集中在东南面。从整个研究区范围内看，非湿地面积表现为小幅增加。

（4）水域面积变化：2007～2012 年，水域面积在西溪湿地公园范围内出现了减少，在研究区的西北面出现了增加，总体面积变化不太明显。

（5）植被面积变化：2007～2012 年，植被的增加和变化趋势非常明显，在西溪湿地公园内植被面积增加，这是由于在政府规划保护政策的作用下，受到人为破坏影响较少。而在西溪湿地公园保护范围外，植被面积均呈现减少的趋势，而且减少较多，这是由于房地产开发和城市建设等人为因素影响，侵占了大量湿地资源。

（6）非湿地面积变化：2007～2012 年，非湿地面积增加及减少部分与植被面积变化正好相反，从图中也可以看出，增加的非湿地面积正是建立在减少的植被面积之上。

6.4.4　湿地景观格局动态分析

1）斑块数量和面积

随着杭州城市建设的快速发展和土地利用强度的增大，研究区非湿地景观斑块面积增加、湿地景观斑块面积减少，非湿地景观斑块数量增加、湿地景观斑块数量减少的趋势比较明显，景观呈现破碎化的趋势（表 4-12）。

表 4-12　研究区斑块类型的面积和数量

类型（编码）	斑块类型面积（CA）/hm^2			斑块数量（NP）/个		
	2000 年	2007 年	2012 年	2000 年	2007 年	2012 年
河流（1）	179.31	155.88	113.42	253	168	173
库塘（2）	831.32	568.87	422.87	4538	3057	2242
沼泽（3）	9.51	43.31	9.24	130	136	18
草地（4）	545.02	719.80	180.74	624	933	447
灌丛（5）	28.98	90.13	54.15	393	159	188
林地（6）	796.82	675.56	1101.88	2911	901	1106
岸滩（7）	83.32	17.62	21.10	1717	62	361
休耕地（8）	29.39	117.66	81.22	79	367	214
建筑（9）	245.61	448.70	833.24	543	1784	903
道路（10）	307.19	220.06	235.22	2175	309	699

其中，水域类型中的河流斑块面积从 179.31 hm^2 减少到了 113.42 hm^2，数量也从 253 个减少到 173 个；库塘减少更加明显，面积和数量分别从 831.32 hm^2 减少到 422.87 hm^2 和从 4538 个减少到 2242 个，数量减少了 50%以上。植被类型中的草地斑块面积和数量都出现了明显减少，林地斑块面积从 796.82 hm^2 增加到 1101.88 hm^2，但是斑块数量从 2911 个减少到 1106 个，表明林地分布趋于规整。非湿地类型中的建筑增加最为明显，斑块面积从 245.61 hm^2 激增到 833.24 hm^2，增加了 3.4 倍，斑块数量从 543 个增加到 903 个，说明建筑的增加以较大面积范围的开发为主。

2）斑块形状

斑块的几何形状是描述景观特征的一个重要因子，斑块的形状对区域内的各类野生动植物生境、生物多样性等都有重要影响。本研究采用斑块形状指数来描述各种类型形状的复杂程度（表 4-13）。

表 4-13 研究区斑块类型形状指数

类型（编码）	形状指数（SHAPE）		
	2000 年	2007 年	2012 年
河流（1）	2.72	2.87	2.59
库塘（2）	1.58	1.46	1.62
沼泽（3）	1.59	1.52	1.37
草地（4）	1.58	2.01	1.60
灌丛（5）	1.72	1.91	1.86
林地（6）	1.39	2.37	1.97
岸滩（7）	1.79	1.50	1.58
休耕地（8）	1.62	1.88	1.49
建筑（9）	1.64	1.41	1.58
道路（10）	2.20	3.21	2.13

研究区各类型湿地的形状指数差别较小，其中河流和道路的形状指数较大。从年际变化角度来看，库塘、草地、林地、道路和建筑的年际变化较大（图 4-16）。

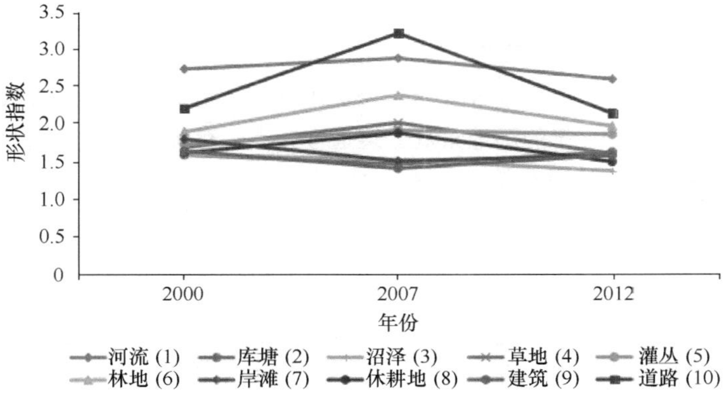

图 4-16 2007～2012 年各类型湿地形状指数动态变化

3）景观多样性变化

为了进一步研究西溪湿地景观的多样性变化特征，本研究分别计算了 2000 年、2007 年和 2012 年的香农-维纳多样性指数（SHDI）和香农均匀度指数（SHEI）2 个指标（表 4-14）。

表 4-14 2000 年、2007 年和 2012 年湿地景观多样性指数变化

指数类型	2000 年	2007 年	2012 年
香农-维纳多样性指数（SHDI）	1.8170	1.9290	1.7031
香农均匀度指数（SHEI）	0.7891	0.8378	0.7397

2012 年西溪湿地景观 SHDI 值为 1.7031，景观多样性水平较高，但是与 2000 年的 1.817 相比，多样性指数减少了，说明西溪湿地的景观多样性水平降低了。2012 年的 SHEI 值为 0.7397（即均匀度水平为最大水平的 73.97%），说明景观斑块比例不是十分均匀。整个研究区湿地景观的香农-维纳多样性指数为 1.7031～1.9290，香农均匀度指数为 0.7397～0.8378。说明西溪湿地景观多样性和均匀度变化不大，但是总体呈现多样性减少、斑块均匀度降低的趋势。

4）景观破碎度

湿地景观破碎度采用蔓延度、斑块平均大小、最大斑块所占景观面积的比例 2 个指标进行衡量（表 4-15）。

表 4-15　2000 年、2007 年和 2012 年湿地景观破碎度

类型（编码）	斑块平均大小（MPS）/hm^2			最大斑块所占景观面积的比例（LPI）		
	2000 年	2007 年	2012 年	2000 年	2007 年	2012 年
河流（1）	0.7088	0.9279	0.6556	0.4411	1.5450	0.3060
库塘（2）	0.1832	0.1861	0.1886	0.3886	0.4356	0.6111
沼泽（3）	0.0732	0.3185	0.5137	0.0237	0.2425	0.0807
草地（4）	0.8734	0.7715	0.4043	1.0347	2.8181	0.5831
灌丛（5）	0.0738	0.5669	0.2880	0.0660	0.2774	0.2270
林地（6）	0.2737	0.7498	0.9963	3.1539	2.4188	9.9268
岸滩（7）	0.0485	0.2843	0.0585	0.115	0.1158	0.0288
休耕地（8）	0.3720	0.3206	0.3796	0.2340	0.3347	0.5106
建筑（9）	0.4523	0.2515	0.9227	0.4716	0.9634	1.1191
道路（10）	0.1412	0.7122	0.3365	4.4492	4.8190	5.0614

西溪湿地景观的蔓延度最低为 2000 年的 54.3634，最高为 2012 年的 60.0173，说明 2000 年的景观破碎度最高，2012 年的湿地景观的连通性较高，有优势斑块类型的存在。结合 LPI 分析，2012 年林地、建筑和道路是研究区内的优势斑块类型。

6.5　结论

基于 2000 年、2007 年和 2012 年 3 个时期的遥感影像，对近年来西溪湿地实施动态监测和变化分析，得出以下主要结论。

（1）从湿地空间格局和面积统计结果分析：2000～2007 年，库塘、林地和草地是研究区主要的湿地类型，然而到了 2012 年库塘面积萎缩较快，建筑成为研究区内重要的土地利用类型，所占面积将近 1/3，湿地类型出现了严重的萎缩。

（2）从湿地动态变化结果分析：2000～2007 年，研究区内的各湿地类型总体面积出现小幅减少。2007～2012 年，研究区内的各湿地类型（总体面积出现较大幅度的减少）间变化非常频繁，这在一定程度上体现了西溪湿地景观格局的破碎和剧烈变化。面积增加的是非湿地类型（建筑），由 2000 年所占百分比 19.1%小幅提升到 2007 年所占百分比 21.87%，快速提升到 2012 年所占百分比 34.95%。研究区内的建筑面积在 2007～2012 年呈现出快速增加的态势，不断占用大量湿地面积，增加的部分主要集中在西溪湿地公园的外围。结果表明，由于政府部门对西溪湿地公园的强制保护措施，保护区内的湿地资源得以保留，而未受行政保护的区域破坏非常严重，急需加强保护。

（3）从湿地景观格局动态变化分析：随着城市建设的快速发展和土地利用强度的增大，研究区非湿地景观斑块面积增加、湿地景观斑块面积减少，非湿地景观斑块数量增加、湿地景观斑块数量减少的趋势比较明显，景观呈现破碎化的趋势。2012 年西溪湿地景观 SHDI 值为 1.7031，景观多样性水平较高，但是与 2000 年相比，多样性指数减少了，说明西溪湿地的景观多样性水平降低了；整个研究区湿地景观的香农-维纳多样性指数为 1.7031～1.9290，香农均匀度指数为 0.7397～0.8378，说明西溪湿地景观多样性和均匀度变化不大，但是总体呈现多样性减少、斑块均匀度降低的趋势。2012 年西溪湿地景观的蔓延度数值为 60.017，高于 2000 年的 56.437 和 2007 年的 54.363，说明蔓延度较好，存在连通性较高的斑块类型。结合 LPI 分析，2012 年林地、建筑和道路是研究区内的优势斑块类型。

参 考 文 献

高占国，张利权. 2006. 应用间接排序识别盐沼植被的光谱特征：以崇明东滩为例. 植物生态学报, 30(2): 252-260.

国家林业局. 2014. 第二次全国湿地资源调查结果. 国土绿化, 2014(2): 6-7.

李凤秀，张柏，刘殿伟. 2008. 洪河自然保护区乌拉苔草生物量高光谱遥感估算模型. 湿地科学, 6(1): 51-58.

李玲玲，宫辉力，赵文基. 2008. 1996—2006 年北京湿地面积变化信息提取与驱动因子分析. 首都师范大学学报(自然科学版), 29(3): 95-101.

宁龙梅，王学雷，吴后建. 2005. 武汉市湿地景观格局的变化与城市景观建设. 兰州大学学报(自然科学版), 41(3): 6-9.

全国海岸带办公室. 1991. 中国海岸带和海涂资源综合调查专业报告集. 北京：气象出版社.

全国科学技术名词审定委员会. 2007. 生态学名词. 北京：科学出版社: 93.

史培军，陈晋，潘耀忠. 2000. 深圳市土地利用变化机制分析. 地理学报, 55(2): 151-160.

唐小平，黄桂林. 2003. 中国湿地分类系统的研究. 林业科学研究, 16(5): 531-539.

王海霞，刘梦园，孙广友. 2010. 湿地类型与格局对城市发展取向的制约作用. 干旱区资源与环境, 24(5): 11-16.

王海霞，孙广友，于少鹏，等. 2005. 湿地对城市形成、演进及可持续发展制约机制的探讨. 湿地科学, 3(2): 104-109.

王志豪. 1984. 黄河口海岸带调查实践. 海岸工程, 2: 15-20.

曾辉，高启辉，陈雪，等. 2010. 深圳市 1988—2007 年间湿地景观动态变化及成因分析. 生态学报, 30(10): 2706-2714.

张怀清，鞠洪波. 2012. 湿地资源监测技术. 北京：中国林业出版社.

张娜. 2014. 景观生态学. 北京：科学出版社: 219-245.

浙江省海岸带和海涂资源综合调查领导小组办公室. 1988. 浙江省海岸带和海涂资源综合调查报告. 北京：海洋出版社.

周良勇，刘健. 2003. 加拿大海岸带调查工作. 海洋地质动态, 19(1): 1-4.

Collinge S K. 2009. Ecology of Fragmented Landscapes. Maryland: JHU Press: 1-3.

Du N, Ottens H, Sliuzas R. 2010. Spatial impact of urban expansion on surface water bodies–A case study of Wuhan, China. Landscape Urban Plan, 94(3-4): 175-185.

GlobWetland. 2016. http: //www.globwetland.org/[2016-8-15].

Graham R L, Hunsaker C T, O'Neill R V O, et al. 1991. Ecological risk assessment at the regional scale. Ecol Appl, 1: 196-206.

He C, Tian J, Shi P, et al. 2011. Simulation of the spatial stress due to urban expansion on the wetlands in Beijing, China using a GIS-based assessment model. Landscape Urban Plan, 101(3): 269-277.

Hestir E L, Khanna S, Andrew M E, et al. 2008. Identification of invasive vegetation using hyperspectral remote sensing in the California Delta ecosystem. Remote Sens Environ, 112(11): 4034-4047.

Hettiarachchi M, Morrison T H, Wickramsinghe D, et al. 2015.The eco-social transformation of urban wetlands: a case study of Colombo, Sri Lanka. Landscape Urban Plan, 132: 55-68.

Hirano A, Madden M, Welch R. 2003. Hyperspectral image data for mapping wetland vegetation, Wetlands, 23(2): 436-448.

Jones K, Lanthier Y, van der Voet P, et al. 2009. Monitoring and assessment of wetlands using Earth Observation: the GlobWetland project. J Environ Manage, 90(7): 2154-2169.

Lehner B, Döll P. 2004. Development and validation of a global database of lakes, reservoirs and wetlands. J Hydrol, 296: 1-22.

Millennium Ecosystem Assessment. 2005. Ecosystems and Human Well-Being: Synthesis. Washington D.C.: Island Press.

Neuenschwander A L, Crawford M M, Provancha M J. 1998. Mapping of coastal wetlands via hyperspectral AVIRIS data. Geosci Remote Sens Symp Proc, 1: 189-191.

Pengra, B W, Johnston C A, Loveland T R. 2007. Mapping an invasive plant, *Phragmites australis*, in coastal wetlands using the EO-1 Hyperion hyperspectral sensor. Remote Sens Environ, 108: 74-81.

Schmidt K S, Skidmore A K. 2003. Spectral discrimination of vegetation types in a coastal wetland. Remote Sens Environ, 85(1): 92-108.

Underwood E C, Mulitsch M J, Greenberg J A, et al. 2006. Mapping invasive aquatic vegetation in the Sacramento-San Joaquin Delta using hyperspectral imagery. Environ Monitor Assess, 121(1-3): 47-64.

Zomer R J, Trabucco A, Ustin S L. 2009. Building spectral libraries for wetlands land cover classification and hyperspectral remote sensing. J Environ Manage, 90: 2170-2177.

第五章　城市湿地生态系统功能

第一节　引　　言

1.1　生态系统与湿地生态系统

1.1.1　生态系统概念

生态系统（ecosystem）是由生物与非生物相互作用结合而成的结构有序的系统。关于“生态系统”最经典的定义是英国植物生态学家 Tansley 于 1935 年提出的：“生物与环境形成一个自然系统。正是这种系统构成了地球表面上各种大小和类型的基本单元，这就是生态系统”（蔡晓明 2000）。“在一定时间和空间范围内，生物与生物之间、生物与物理环境之间相互作用，通过物质循环、能量流动和信息传递，形成特定的营养结构和生物多样性，这样一个功能单位就被称为生态系统”（戈峰 2002；刘增文等 2003；郝云龙等 2008）。

生态系统具有整体性、有限性和复杂性 3 个特点。它是一个整体的功能单元，也是一个植物、动物、微生物及其环境的综合体，具有在生态系统水平的整体功能。生态系统还具有有限性，没有任何一个个体、物种和群落可以无限地生长。生态系统中各个生物群落也都是在有节制地生长，各系统不仅资源有限，而且接纳和储存废物及物质的循环能力是有限的。此外，生态系统各组成要素之间的相互作用是极其复杂的，因此生态系统还具有复杂性的特点。

生态系统是客观存在的实体，有时间、空间的概念；以生物为主体，由生物和非生物组成一个整体；系统处于动态之中，其过程就是系统的行为，体现了生态系统的多种功能；系统对变动或干扰（无论是来自内部的还是外部的）都具有适应和调控能力。

1.1.2　生态系统结构

生态系统结构主要是指构成生态诸要素及其量比关系，各组分在时间、空间上的分布，以及各组分间能量、物质、信息流的途径与传递关系。总体来讲，生态系统结构包括生物群落和无生命的非生物成分。生物群落是指一定空间内全部动物、植物、微生物的总和，它们之间构成一定的相互关系，根据各类生物之间的营养关系可以把它们分为生产者、消费者和分解者（宋永昌等 2000）。生态系统的结构决定了它的功能，即物质生产、物质循环、能量流动和信息传递，而最基本的三项生态系统功能就是能量流动、物质循环和信息传递。其中，能量流动和物质循环是生态系统的基本功能，而信息传递则在能量流动和物质循环中起调节作用，能量和信息依附于一定的物质形态，推动或调节物质运动，三者不可分割。生态系统的不同功能主要通过物种外循环（extra-species cycle）、物种内循环（intra-species cycle）和物种间循环（inter-species cycle）3 种途径来实现。生态系统中的物质生产主要是由绿色植物担当。只有绿色植物能把简单的无机物，即水、CO_2及无机盐等，在太阳辐射的作用下转变为复杂的有机物，即把太阳能转变为化学能，储存在有机物中以供生态系统中各种生命活动的能量需要。因此，生态系统中的绿色植物为初级生产者，或称为第一性生产力，这一过程称为初级生产或者第一性生产。具体作用包括物种多样性维持、提供净初级或生态系统生产力、促进养分循环、反硝化作用、氮的矿化作用等。城市湿地生态系统结构有其特殊性和复杂性（详见第二章“城市湿地生态系统结构”）。

1.1.3 生态系统功能

最早对生态系统功能（ecosystem function）进行定义的是著名生态学家奥德姆（Odum 1971），他在其著作 *Fundamentals of Ecology* 中认为，生态系统功能是指生态系统的不同生境、生物学及其系统性质或过程。Tirri 等（1998）认为过程（process）是为达到一定的结果而发生的一系列事件、反应和作用。因此，生态系统过程（ecosystem process）就是指构成生态系统的生物及非生物因素为达到一定的结果（物质、能量和信息的传输）而发生的一系列复杂的相互作用。

生态系统功能代表生态系统表现的一个属性，是一个或者多个生态系统过程的结果。最具代表性的是 de Groot 等（2002）关于生态系统功能的定义，他认为生态系统功能是生态系统为人类直接或间接提供服务的能力，并将生态系统功能分为调节功能（regulation function）、生境功能（habitat function）、产出功能（production function）和信息功能（information function）四大类。de Groot 等（2002）关于生态系统功能的定义包含着以下几个观点：首先，生态系统功能必须对人类有用，即能为人类提供产品和服务；其次，生态系统功能是生态系统过程的子集而非本身，这与奥德姆提出的生态系统功能即生态系统过程的观点形成对比。奥德姆的观点着重关注的是生态系统的自然属性（Odum 1971），而 de Groot 等（2002）则从满足人类的需要出发关注生态系统的经济学属性，可以说，de Groot 等（2002）完全是站在人类的角度来审视和定义这个世界的。在某种意义上，两位学者的观点也代表了生态学家和生态经济学家的观点。

生态系统的基本功能包括初级生产力、生物多样性（包括植被和植物、鸟类、鱼类和无脊椎动物）、养分和物质循环（包括生物地球化学循环过程、地貌过程）。

1.1.4 湿地生态系统概念及类型

湿地生态系统（wetland ecosystem）是一种独特的生态系统类型，近年来越来越多地受到专家和学者的广泛关注。湿地生态系统是开放水域与陆地之间过渡性的生态系统，它兼有水域和陆地生态系统的特点，具有其独特的结构和功能。湿地地表通常过湿或常年积水，并生长着湿地植物。湿地生态系统也是一个物质循环系统，物质通过湿地中绿色植物光合作用进入生态系统，然后沿食物链从绿色植物转移到昆虫、软体动物、小鱼小虾等植食动物，再流经水禽、涉禽、两栖类、哺乳类等肉食动物，最后部分有机物被微生物分解，供循环利用。

湿地一般被分为以下几种类型：湖泊、河流、沼泽、滨海和人工湿地五大类。此外，按淡水和咸水可分为淡水湿地生态系统和咸水湿地生态系统。

淡水湿地生态系统主要指湖泊型和河流型地上的生态系统和群落，一般分为流水和静水两大生态系统和群落类型。流水群落有浮游植物和有根植物。静水生境有水库、湖泊等，可分为若干带，在沿岸带阳光能穿透到底，常有有根湿地植物生长，包括沉水植物、浮水植物、挺水植物等，并逐渐过渡为陆生群落。静水生境一般有丰富的浮游植物，如硅藻、绿藻和蓝藻。温带的湖泊分为富养的和贫养的两类，富养湖一般水浅，贫养湖则水位一般较深。

1.2　城市湿地生态系统类型与功能

1.2.1　城市湿地生态系统类型

湿地作为全球三大生态系统之一，是价值最高的生态系统。当湿地生态系统存在于城市之中时，便产生了城市湿地生态系统。城市湿地生态系统包括河流、湖泊、鱼塘、沼泽、稻田、红树林甚至珊瑚礁。根据湿地成因、地貌类型和植被特征，城市湿地生态系统的分类系统有三级。①第一级是将城市湿地生态系统分为自然湿地和人工湿地两大类；②第二级是将自然湿地进一步划分为近海与海岸湿地、河流湿地、湖泊湿地、沼泽湿地；将人工湿地划分为水库、运河或输水河、淡水养殖场、海水养殖场、农用池塘、盐田、废水处理厂和人工城市湿地景观水面等多种类型；③第三级是根据湿地特点将自然湿地划分为多种类型，如红树林湿地、永久性淡水湖或者咸水湖、苔藓沼泽、内陆盐沼、沼泽化草甸等。

全国大中型城市都有比较著名的城市湿地，如北京的“鸟类天堂”野鸭湖湿地、“都市中的荒野”汉石桥湿地、“麋鹿的家园”南海子麋鹿苑及北京重要的水源地密云水库，杭州著名的西溪国家湿地公园和西湖等。城市湿地生态系统类型是多种多样的，不同城市湿地生态系统类型可能有着不同的生态系统过程及功能。

1.2.2　城市湿地生态系统功能

生态学是研究生物与环境关系的学科。生态系统是指生物与环境构成的统一整体。湿地是指天然或人工形成的沼泽地等带有静止或流动水体的成片浅水区，还包括在低潮时水深≤6 m的水域。生态系统功能通常指生态系统中的物理、化学和生物过程。典型的生态系统功能包括为野生生物提供生境、碳循环、分解、初级生产力和养分循环等。生态系统的基本功能包括能量流动、物质循环和信息传递3个方面。城市湿地是城市生态环境的重要组成部分，是以自然景观为主的城市公共开放空间（王海霞等 2006），城市湿地物质生产功能弱化，非物质生产功能相对较强，在提供休闲娱乐和环境教育方面更具优势（Boyer & Polasky 2004；Nassauer 2004）。研究城市湿地生态系统功能，要着眼于以下几方面的内容：生物（植物、动物、微生物）与湿地环境的相互作用及其在城市中的特殊性。

城市湿地是人们日常生活中接触最多的湿地类型之一，其具有社会、经济、制度及环境变量间复杂的交互作用，而产生以人类为主导的复杂景观。这些特点显著地影响着区域及全球的陆地生态系统功能。城市化进程对水文学、地形学和生态学的影响使得城市湿地生态系统功能与非城市湿地生态系统功能显著不同。

自然湿地是以生态服务功能为主，而且可测定并评价其不同的生态功能。而城市湿地除了生态服务功能以外，还强调其为市民提供的休闲、娱乐和生态教育功能，这些功能是自然湿地所不可取代的，同时这种城市湿地的社会服务功能也很难预测。

城市湿地是城市重要的水源地。湿地之水，除了江河、溪沟的水流外，湖泊、水库、池塘的蓄水，都是生产、生活用水的重要来源。某些湿地通过渗透还可以补充地下蓄水层的水源，对维持周围地下水的水位、保证持续供水具有重要作用。

城市湿地是生态环境的优化器。城市湿地通过蒸腾作用能够产生大量水蒸气，不仅可以提高城市地区空气湿度，减少土壤水分蒸发，还可以诱发降雨。同时，还可以通过水生植物的作用，以及化学、生物过程，吸收、固定、转化土壤和水中的营养物质，减少有毒和污染物质、净化水体、消减环境污染。

城市湿地是城市生态系统重要的物种资源库。全国内陆湿地已知的高等植物有 1548 种、高等动物有 1500 种；海岸湿地生物物种有 8200 种，其中植物 5000 种、动物 3200 种（来自湿地调查数据 http://www.oceanol.com/zhuanti2016/zhuantijxj11/gzhy111/2016-01-29/56152.html）。此外，城市湿地也是城市重要的物产和能源基地，蕴藏有丰富的淡水、动植物、矿产及能源等自然资源，可以为社会生产提供水产、禽蛋、莲藕等多种食品，以及工业原材料、矿产品等，还可以发展水电、水运，增加电力和交通运输能力，也是人们旅游、度假、疗养的理想佳地。

城市湿地土壤既是湿地许多物质转化过程的媒介，同时也是大部分湿地植物可利用化学物质的主要储存库，通常称为水成土。有机土壤主要是由不同分解阶段的植物残体组成，由于静水或者排水不畅导致的厌氧条件而造成的累积。有机物质的植物来源和土壤分解的程度是湿地有机土壤包括泥炭和腐殖土的两个更为重要的特征。有机土壤通常分成 4 类：腐殖土、泥炭土、腐殖泥炭土或者泥炭腐殖土和薄土层。其中前 3 种都属于水成土。矿质土壤在长期淹水条件下，通过铁锰氧化物的还原、迁移和氧化会形成特有的氧化还原形态特征。综上，城市湿地生态系统功能多种多样，大体归纳为四大类：调节、支持、供给和文化（表 5-1）。

表 5-1　城市湿地的功能

调节功能	大气调节	与生物地球化学循环有关的过程，包括温室气体、光化学烟雾及挥发性有机物的削减
	气候调节	调节温度、湿度等气候条件，为不同的植物和动物的生存提供微环境
	水调节	通过土地利用情况、地形、土壤和水文状况来影响河流、湖泊等湿地生态系统内水资源的时空分布
	土壤保留	通过植被、根系生物量减少土壤流失，保留岩石和土壤生物
	养分调节	养分的传输、储存和循环
	污染物处理与吸收	通过吸收、运输、扩散和再组合等方式来运输、储存和循环生态系统内多余的有机无机废物
	传粉	生物（昆虫、鸟类和哺乳动物）或非生物（风和水等）的传粉过程
	生物防治	通过生物群落间的相互作用来抵御潜在的病虫害风险
	植被边缘效应	植被可以阻止灰层等风媒物质的移动，包括农药、工业及汽车尾气等，并且可以减少噪声
支持功能	生境支持	为野生生物提供生活场所，包括为物种繁殖、保护、避难和交流提供适宜场所
	土壤形成	促进土壤形成的过程，包括有机和无机物的积累和运输等

续表

供给功能	食物	通过植物光合作用积累有机物质，为生物提供养分和能量
	原材料	部分生物量被用于除了食物外的其他用途
	水资源	通过拦沙、渗透、溶解、沉淀和扩散提供水资源
	基因资源	基因多样性的保存
	提供遮阴和庇护	改善极端天气条件，为植物、动物等提供庇护
	药物资源	一些天然材料可以用来作为药物，改善生物健康
文化功能	景观观赏	丰富多样的自然景观

1.2.3　城市与非城市湿地生态系统功能的区别

城市湿地的特别之处在于生态系统处在城市之中，而城市的主体生物是人，因此城市湿地受到人为活动的影响更大。城市中的人类对湿地生态系统的影响可能是正面的，也可能是负面的。正面的影响因素包括建立以保护为目的的湿地公园、湿地保护区等，这些人为干扰不仅能够保护城市湿地生态系统功能不受破坏，甚至可以恢复或提升部分湿地生态系统的功能。当然，负面的影响因素也是不可忽视的，如人们在利用城市湿地生态系统时出现过度滥用的现象，导致部分城市湿地生态系统功能的降低甚至丧失；城市热岛效应导致气候的改变，对城市湿地内其他生物的生存产生不利影响；城市化进程导致城市湿地面积减小甚至消失和生物物种数量显著下降等现象（图 5-1）。

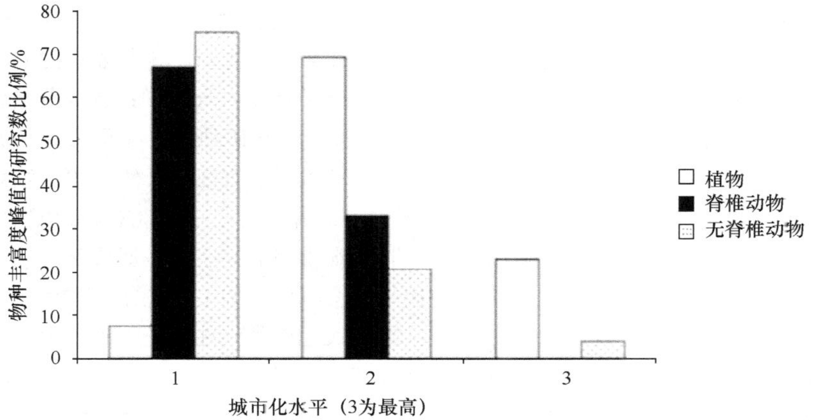

图 5-1　城市化水平对物种数量的影响（引自 Michael 2008）

第二节　城市湿地生态系统功能的内容

与陆地生态系统功能相同，城市湿地生态系统功能也包括物质循环、能量流动和信息传递 3 个方面。因此，城市湿地生态系统同样发挥着这 3 项主要功能。

2.1　城市湿地物质循环

生态系统的物质循环功能是指地球上各个库中的生命元素（life element）：碳（C）、氧

（O）、氮（N）、磷（P）和硫（S）等的全球或区域的生物地球化学循环（biogeochemical cycle）过程。城市湿地生态系统的物质循环功能是指生命活动所需的各种营养物质通过食物链各营养级之间，以及各营养级的内部传递和转化。物质循环和能量流动不同，它不是单方向的。同一物质可以在食物链的同一营养级内被多次利用，各种复杂的有机物质经过分解者分解成简单的无机物并归还到环境，再被生产者利用，周而复始地循环。物质循环是生态系统的普遍现象，对维持生态系统平衡及人类生存具有重要意义。对城市湿地生态系统来说，物质循环不仅可以支持城市湿地生态系统持续健康地发展，也为其生态系统功能的发挥提供基础和可能。

城市湿地中，生命必要元素的循环具有两条主要的流动途径：生物循环（biological circulation）和地球化学循环（geochemical circulation）。前者是生命必要元素在城市湿地生态系统内进行的循环，有人称为闭路循环；后者是元素在城市湿地生态系统外部进行的循环，相应地被称为开路循环。而这两种循环最终必将连接在一起组成城市湿地的生物地球化学循环（biogeochemical circulation in urban wetland）。实际上，城市湿地的生物地球化学循环就是城市湿地内部若干局部的单独循环之和，这些局部循环在各个生态系统范围内单独进行，通过各种横向联系把这些局部的单独循环链接在一起。

2.1.1　城市湿地内的碳循环

众所周知，生态系统内的碳循环对于生命的意义十分重要，有机体约49%都是由碳元素构成的。自然界中碳源的数量很大，种类也多种多样，然而只有空气中气态的 CO_2 或溶解于水中的 CO_2 才能成为有机体制造食物的碳源。对于城市湿地而言，碳循环同样至关重要。

城市湿地内碳循环的主要形式也是 CO_2 通过光合作用转变为植物有机物质，成为绿色植物和动物所需的碳水化合物，并构成了生物体的组成部分；另外，城市湿地内的生物要进行呼吸作用，通过呼吸作用可以把一部分碳以 CO_2 的形式排入大气之中；当城市湿地内有机体死亡时，其尸体或凋落物通过各种分解者的作用而被分解和矿质化，从而又将 CO_2 释放到空气中；还有一部分生物遗体被埋葬在土壤或水底下形成煤、石油、天然气等矿物燃料，当它们被主动或被动燃烧后又可以释放 CO_2 到大气中。此外，空气中的 CO_2 有相当一部分会被城市湿地水体所吸收，逐渐转变为碳酸盐沉积于河流或湖泊的底部，形成新的岩石，或通过水生生物的贝壳和骨骼移到陆地，这些碳酸盐又从空气中吸收 CO_2 成为碳酸氢盐而溶于水，最后归于海洋。碳的循环速度一般是比较迅速的，CO_2 的周转时间是一年以上，有时几个星期或几个月就可以返回空气，最快的仅需几分钟或几小时。

城市湿地土壤存储的有机碳十分丰富，一方面，由于湿地生态系统水分过饱和造成的厌氧特性，微生物活动相对较弱，植物残体分解及碳释放过程十分缓慢，进而形成了富含有机质的湿地土壤和泥炭层。因此，与森林、草地等生态系统相比，湿地具有较高的固碳潜力。另一方面，城市湿地还是重要温室气体 CH_4 的排放源，其 CH_4 排放量约占自然 CH_4 排放量的80%。在全球变化导致水文条件变化的背景下，城市湿地生态系统，尤其是北方高纬度或高海拔地区城市湿地中储存的数量巨大的碳极易被释放到大气中。因此，城市湿地生态系统中碳循环功能对整个湿地生态系统的稳定起到至关重要的作用。

2.1.2　城市湿地内的氮循环

氮元素是蛋白质、核酸、叶绿素的组成成分，也是生命的基本物质。氮循环是地球上维持生命系统的最基本过程之一。地球上的氮元素主要存在于空气中，其体积的 80%为分子态的氮，氮最大的储存基地是地壳的岩石圈，而最大的交换场所是土壤中的腐殖质。在地球上参与生物圈内氮循环的氮有 99.4%存在于空气圈中，0.5%在水圈中，0.05%在土壤中，0.0005%在生物量中。尽管空气中的氮含量极其丰富，但是空气中的氮元素并不能直接为城市湿地植物所利用，必须经过不同过程及途径才能进入城市湿地生态系统的氮循环过程中。

首先，能使大量氮素从空气中进入城市湿地生态系统的是微生物的固氮作用，其中最有效的固氮菌是与豆科湿地植物共生的根瘤菌。此外，还有一些湿地植物的菌根及蓝藻也能直接从空气中固定氮。其次，雷雨发生时空中放电可使空气中的 N_2 和 O_2 发生作用形成氮氧化物，再经由雨水把它们带入土壤中。上述各类氮源进入土壤被植物根系吸收后，即转变成氨基酸并被运送到植物叶片中，然后被用来合成植物蛋白，这些蛋白质便是动物所需的含氮食物。城市湿地内的植物或动物死亡后，分解者又使有机氮逐渐变成无机氮，这一过程称为氮的矿质化。

2.1.3 城市湿地内的磷循环

磷元素也是生命体的基本组成要素，它的主要储存库是地壳中的磷酸盐等沉积物，鸟类等动物化石中也含有磷。城市湿地中磷的循环属于沉积型循环，磷通过自然和人为过程（侵蚀和开采等）从岩石中移出而进入各类生态系统，包括城市湿地生态系统。湿地植物从环境中吸收磷，合成原生质，通过食物链在湿地生态系统中流动，然后这些生物的排泄物和尸体等被磷酸盐化细菌分解成磷酸盐归还到土壤中被重新利用；还有一部分磷会进入城市湿地生态系统中的水循环中，即可溶性磷酸盐被水带到河流、湖泊或海洋里，在水体中沉积下来，通过鱼、海鸟和人及其他水生生物的生物量循环又回到陆地。但城市湿地生态系统内沉积的磷相对较少，大部分磷元素主要沉积在深海处。由于磷没有挥发性，因此磷元素没有直接返回到大气的有效途径。磷在水体内的沉积，除非发生水陆变迁，由水底变为陆地，否则沉积在水体底部的磷就脱离了循环，因此，磷元素的循环是不完全循环。正因为此，城市湿地生态系统内的磷损失越来越大，现存数量越来越少。

2.1.4 城市湿地内的水循环

水是地球上最丰富的无机化合物，也是生物组织中含量最多的一种化合物。水具有可溶性、可动性和比热容高等理化性质，因此它是地球上一切物质循环和生命活动的介质。没有水循环，生态系统就无法启动，生命就会死亡。水是所有营养物质的介质，水对于物质是很好的溶剂，而且水是地质变化的动因之一。水循环是城市湿地生态系统内最重要的循环之一，它也是由太阳能推动的各种物质循环（上文提到的碳、氮、磷等）的一个中心循环。通常情况下，照射到地球表面的太阳能约有 1/4 用于蒸发水分。城市湿地内的水分不仅能从水面、陆地表面蒸发，而且能通过湿地植物叶面的蒸腾作用进入大气。大气中的水遇冷后凝结成雨、雪等，降落到地表，其中一部分深入土壤，供植物吸收，或形成地下水储存起来；另外一部分成为地表径流，流入江河，汇入海洋，供水面蒸发，从而形成了水循环。

2.2　城市湿地能量流动

根据热力学第一定律，能量既不能凭空产生，也不能被消灭，可以从一种形式转变为其他形式，或从一个体系转移到其他体系，即能量守恒定律。在城市湿地生态系统中，一方面以湿地植物为主的生产者通过光合作用把光能转变为化学能，储存在有机物中，另一方面又通过呼吸作用将储存在有机物中的化学能转变为热能，转移到周围环境中，能量的形式改变了，但并没有被消灭。

2.2.1　概念及特征

城市湿地生态系统能量流动功能是指能量通过食物网在城市湿地生态系统内的传递和耗散的过程。能量流动开始于初级生产者（主要是指湿地植物）将太阳能固定在有机物中，这部分能量有 3 个去向：一部分为各类草食动物所采食；还有一部分因自身生命活动如呼吸过程等而消耗；第三部分暂时储存在植物体内或储存于枯枝落叶中，这一部分最终再经一系列的物理、化学和生物学过程而逐渐被分解者所分解，即凋落物分解过程。

城市湿地生态系统能量流动与物理系统中的能量流动是不同的。在非生命的物理系统中（电、热、机械等）能量流动是复杂的，但是又是有规律的，可以用直接的形式来表达。对一定的系统来说又是一个常数。例如，在一定的温度下，铜导线中的电流在每时每刻都是相同的（10 V）。而在城市湿地生态系统中，能量流动是变化的，以捕食者—被捕食者为例，被食者单位质量能量的含量和捕食者单位质量的产出能量是不同的。

此外，城市湿地生态系统能量流动的另一个显著特征是单向性。能量以光能的状态进入湿地生态系统中，就不能再以光的形式存在，而是以热的形式不断地逸散于环境之中。热力学第二定律注意到宇宙在每一个地方都趋向于均匀的熵。它只能向自由能减少的方向进行而不能逆转，且集中型的能量可以不需要外力的带动，自动实现向分散型能量的衰变，这样的过程称为自发过程，如热自发地从高温物体传到低温物体，直至两者温度相同。自发过程都是不可逆的，总是单向趋于平衡的。在城市湿地生态系统中，能量的流动之所以是单向的是因为湿地内的分解者最后并不能自发地、全部地把热能再转变为势能，归还给湿地生态系统中的生产者和消费者。逆向的进行只能借助于外力做功。例如，城市湿地生态系统中复杂的有机物质被分解者分解为无机物质是一种自发过程，借助于太阳能，才可以使水和 CO_2 变为复杂的有机物。

食物链是城市湿地生态系统能量流动的主要途径。能量流动以食物链作为主线，将绿色植物与消费者之间进行能量代谢的过程有机地联系在一起。城市湿地生态系统中食物链是多种多样的，如由小型寄生生物吸取寄主体液而获得营养的寄生性食物链、捕食者通过吞食活的猎物而获得营养的捕食性食物链等。根据食物链的性质可分为两种主要类型，即牧食食物链和腐食食物链：牧食食物链是以活的生物为基础营养源，而腐食食物链是以动物尸体和植物残株为基础营养源，这些生物残体被许多微生物利用，然后由原生生物、蚯蚓等摄食、转化。在城市湿地生态系统中这两种食物链几乎同时存在。在牧食食物链的每一个环节上都有一定的新陈代谢产物进入腐食食物链中。这样把两种主要食物链联系起来。

综上，城市湿地生态系统中能流的单向性主要表现在3个方面：①太阳辐射能以光能的形式输入城市湿地生态系统后，通过湿地植物光合作用所固定，此后不能再以光能的形式返回城市湿地生态系统；②城市湿地内的自养生物被异养生物摄食后，能量就由自养生物流到异养生物体内，也不能再返回给自养生物；③从城市湿地生态系统总的能流途经来看，能量只是一次性流经城市湿地生态系统，是不可逆的。

2.2.2　物种流

自然界中众多的物种在不同生境中生长繁衍，通过流动汇集成一个个生物群落，赋予生态系统以新的面貌，每种生态系统都有其独特的生物区系。在生态系统中，物种既是遗传的单元，又是适应变异的单元。同一物种个体可以自由交配，共享共有的基因库，每一个物种都具有一个独特的基因库。所以，物种流也就意味着基因流。

城市湿地的物种流是指湿地物种在城市湿地生态系统内或系统之间发生时空变化的过程。物种流是城市湿地生态系统最重要的过程之一，它扩大和加强了城市湿地生态系统与其他类型生态系统间的交流和联系，同时提高了城市湿地生态系统的功能及服务质量。

城市湿地内物种流主要有3层含义：①城市湿地生物有机体与湿地环境之间相互作用所产生的时间、空间变化过程；②湿地物种种群在城市湿地生态系统内或者系统间格局和数量的动态变化，反映了物种关系的状态，如寄生、捕食、共生等；③湿地生物群落中物种的组成、配置、营养结构的变化，外来物种和本地物种间的相互作用，以及城市湿地生态系统对物种增加和空缺的响应及适应等。

流动、扩散是湿地生物的适应现象。通过流动，扩展了湿地生物的分布区域，扩大了对新资源的利用范围，改变了湿地生物的营养结构，促进了种群间基因物质的交流，形成了异质种群，又称为复合种群或者超种群，经过扩散和选择把最适的那些个体保留下来。一个多样化的基因库更有利于物种的发展。尽管如此，种群在流动扩散中并不能保证每个个体都受益，当环境极度恶化时，代价就会很大，但通过扩散仍然增加了保留后代的概率。

城市湿地生态系统中的物种流的形成途径有外来物种入侵、物种的增加或减少（演替、迁移等）、动物对种子传播产生的物种流，以及对虾迁移、鱼类洄游、鸟类迁徙等。

2.3　城市湿地信息传递

城市湿地生态系统包含大量的信息，这些信息主要有以下几个特点：①信息量与日俱增；②信息种类多，多样性高；③信息通信复杂；④物种信息储存量大；⑤大量信息还有待进一步开发。城市湿地生态系统中的信息可分为两大类：物理信息和化学信息。物理信息是以物理过程为传递形式的信息，如光、声、电等。动物的求偶、报警等行为都与物理信息有关。化学信息是将生物代谢过程中产生的一些化学物质作为传递信息的物质，借助它们传递信息，这些化学物质称为信息素。城市湿地生态系统信息传递功能是指构成城市湿地生态系统的各组分之间（包括生物与非生物）进行的物理信息、化学信息、行为信息和营养信息的双向传递过程。

第三节　城市湿地生态系统功能的研究热点

城市湿地生态系统功能的研究热点主要围绕城市湿地生态系统净初级生产力、生物多样性、凋落物分解、生物入侵等重要生态系统过程，以及城市化进程对湿地生态系统功能的影响。

3.1　城市湿地与初级生产力

3.1.1　城市湿地生态系统的初级生产力

城市湿地生态系统初级生产力（primary productivity）是指城市湿地内的湿地植物（包括高等维管植物和浮游植物）利用太阳能进行光合作用，将无机碳固定、转化为有机碳这一过程的能力。城市湿地生态系统的初级生产力不仅可以直接反映湿地植被群落基于自然环境条件下的生产能力，也能从一定程度上判定城市湿地生态系统的物质循环、能量流动等生态系统过程的运转情况。在湿地生态系统健康评价上，初级生产力还是其中的重要评价指标。所以，对于城市湿地生态系统初级生产力的研究具有重要的意义，当前相关研究主要集中在初级生产能力的核算和影响初级生产力变化的因子分析两个方面。

3.1.2　城市湿地生态系统初级生产力的核算

当前对于初级生产能力的核算主要是基于模型的方法获得的，比较常用的模型有统计模型、过程分析模型、光能利用模型 3 类（王莉雯和卫亚星 2012）。各模型均具有各自的优缺点及适用范围，统计模型主要是运用初级生产力与气候因子之间的相关性，建立两者之间的简单回归模型，此方法较为简便，但是缺乏严密的生态学机制，比较适合在大尺度上估算湿地生态系统的初级生产力；过程分析模型充分考虑了生态系统的养分循环、凋落物的分解等生态系统过程，所以具有较为严密的生态学机制，但是由于相关生态系统过程及功能的复杂性，模型构建时较为复杂，具体参数也较难选择，因此此方法在实际运用上受到了较大的限制，具体运用实例较少；相比上述两种方法，光能利用模型则是介于两者之间的方法，该方法借助遥感技术，通过计算植被冠层截获的太阳能及转化率从而计算初级生产力，并且随着遥感技术越来越成熟，该方法已成为计算湿地生态系统初级生产能力最为常用的方法（国志兴等 2008；王宗明等 2009；宗玮等 2011）。

3.1.3　影响城市湿地初级生产力变化的因子分析

影响城市湿地生态系统初级生产力的因素有较多种，概括起来大体可以分为三大类：植被自身特征及其群落结构的影响、环境因子的影响、人为活动干扰的影响。尤其是人为活动干扰对城市湿地的影响可能更大。植被自身特征及群落结构会对湿地生态系统初级生产力产生一定程度的影响。Tomimatsu 等（2014）通过对芦苇基因型的分析研究表明，芦苇基因型的多样性会显著影响湿地生态系统的初级生产力及水体环境质量。Brothers 等（2013）研究表明，对于浅水的富营养湖泊湿地，植物的群落结构对其初级生产力起着决定性的作用。

环境因子对城市湿地初级生产力的影响主要是水体的物理扰动及水化学因子的变化对其的影响。Dolinar 等（2016）研究表明，湿地水位的变化会驱动和影响凋落物分解、呼吸作用等一系列生态系统过程，从而影响城市湿地生态系统的初级生产力；济瓦伊湖（Lake Ziway）湖泊湿地的相关研究表明，湖泊沉积物中氮、磷、钾等大量元素的富集能显著提高湖泊大型水生植被的初级生产力（Tamire & Mengistou 2014）。

人为活动干扰对湿地生态系统初级生产力的影响主要表现在人类根据自身需要直接改变湿地土地利用类型，从而对城市湿地生态系统初级生产力造成影响。土地利用类型的改变直接导致了整个生境的改变（如将湖泊、湿地改造成农田湿地），进而也改变了整个城市湿地生态系统的植被结构、生态系统物质循环及能量流动特征，直接影响到城市湿地生态系统初级生产力的供给（Hirota et al. 2007；Trilla et al. 2010；Dong et al. 2015）。

3.2　城市湿地与生物多样性

湿地是介于陆生和水生生态系统之间的具有独特结构和功能的生态系统，被誉为“地球之肾”和物种的基因库，与海洋和森林并称为全球三大价值最高的生态系统，它不仅向人类提供了丰富的物产资源，具有多种环境调节功能，而且在调节气候、涵养水源、蓄洪防旱、净化水质、保护生物多样性等方面发挥着不可替代的作用（Keddy et al. 2009）。城市湿地生物多样性功能对于人类的生存和发展至关重要，城市湿地生物多样性功能与其他湿地生态系统功能的关系及其内在机制是当前生态学领域的重大科学问题（杨永兴 2011）。

由于有着不同的水体陆地条件，加之大量的人为干预，城市湿地生态系统是一个蕴藏着丰富物种的复杂生态系统。在同一个景观尺度下，湿地有着丰富的生物多样性，通常呈现出较高的 α 多样性和 β 多样性（Flinn et al. 2008）。由于人类活动的影响，湿地也是地球上受到最多威胁的生态系统（Revenga et al. 2005），水体富营养化和重金属污染是湿地生物多样性减少的最主要原因（Lambert & Davy 2011）。然而，人为活动的干预也可能增加城市湿地生态系统多样性，如人工处理湿地的建造使得部分受损湿地或非湿地转变成功能完好的城市湿地生态系统。

有研究证明，具有高大挺水植物的湿地其物种多样性会低于其他湿地，因此湿地管理中应适当减少高大挺水植物的优势度以增加生态系统的异质性和其他物种的多样性（Weisner & Thiere 2010）。但是，高大挺水植物的存在会促进湿地中氮的去除，同时有研究表明在湿地生态系统中延长氮的固定过程会减少其生物多样性（Verhoeven et al. 2006）。

Hsu 等（2011）对人工构建湿地的研究结果表明，湿地的多样性主要受大型水生植物和水质的影响，其对群落结构的影响依类群不同而有所差异。另外，鸟类和鱼类的丰富度和多样性增加有助于湿地面积的扩大。

基于目前城市湿地生态系统现状，建立有效可靠的湿地生物多样性监测体系是十分必要的（Pasqualini et al. 2006）。例如，从 20 世纪 80 年代起，美国和加拿大的科学家就开始探索建立针对世界上最大的淡水水域北美五大湖（Great Lakes）湿地的生物多样性监测网络，目前已形成相对成熟的湿地生物多样性监测方案；研究人员每年对五大湖湿地五大生物类群

（植物、底栖无脊椎动物、鱼类、两栖类和鸟类）进行野外调查和采集，评价湿地生物多样性和生态系统健康的现状和变化趋势（Albert & Minc 2004）。Boix 等（2005）在西班牙加泰罗尼亚地区选取具有代表性的浅水湿地作为监测样点，以甲壳纲动物和昆虫作为指示类群进行定期采样调查，以评价湿地的生态质量。

在城市湿地生物多样性中，因为植物多样性比不上动物多样性丰富，所以研究者更倾向于关注后者。但植物作为生态系统的建设者，为动物提供了栖息地、食物等资源，两者的关系密不可分，而且在自然湿地恢复和人工湿地建设中，人们往往对植物的调控更多，所以城市湿地植物多样性研究的意义也不可低估（程志等 2010）。目前对于城市湿地生物多样性的研究手段较为单一，对生物多样性 3 个层次之一的遗传多样性、谱系多样性等的研究相对匮缺，以及利用遥感技术等新方法对湿地多样性的探究相对较少。

3.3　城市湿地与凋落物分解

城市湿地生态系统中凋落物分解过程作为湿地生态系统的物质循环和能量流动的重要环节，凋落物分解速率直接决定着城市湿地生态系统养分循环的快慢，对于维持城市湿地生态系统养分的归还和利用等生态过程有着重要的意义。人们对于城市湿地凋落物分解过程的认识主要借鉴于陆地凋落物的分解模型，包括淋溶、微生物的建立，以及底栖动物的破碎和取食 3 个阶段，其中淋溶主要发生于最初的 24 h 内（Petersen & Cummins 1974；Gessner et al. 1999）。与陆地生态系统相似，城市湿地凋落物在分解过程中受到凋落物的质量及其分解周边的微环境和整个大气候的影响，然而由于城市湿地生态系统特殊的水环境特性，又表现出一定的影响因子差异性，如水分（湿地不受限性）、氧气（水环境中表现出限制性）等（Royer & Minshall 2003；Graça et al. 2015）。

依据城市湿地凋落物的来源差异，可将凋落物分为外源和内源两种（Webster & Benfield 1986），由河岸带植被提供的外源凋落物是溪流、河流等流域生态系统重要的养分来源（Wallace et al. 1997）。全球变化、生物入侵及人为因素等带来的岸边带植被类型变化对于研究外源凋落物基质在流域生态系统中的分解机制有着重要的意义（Ferreira et al. 2016a；Martínez et al. 2016）。城市湿地凋落物的分解过程，除受限于凋落物质量外，基于外在环境因素的影响也是较为复杂的。目前，基于凋落物分解所处的水环境因子对养分、重金属含量等研究，以及对城市湿地凋落物分解过程中的内在生物驱动力有着更深入的阐述（Oguma & Klerks 2015；Bottino et al. 2016；Ferreira et al. 2016b）。湿地凋落物的分解过程整合了水生生境下的生物、化学和物理因素的影响，在一定程度上，对于表征城市湿地生态系统完整性和健康性有着重要的指示意义（Gessner & Chauvet 2002；Hagen et al. 2006；Young et al. 2008）。

城市湿地生态系统中凋落物分解研究主要包括三大方面内容：①湿地凋落物分解过程研究；②湿地凋落物分解的影响因素研究；③全球变化对湿地凋落物分解过程的影响（孙志高和刘景双 2007）。

（1）凋落物分解过程研究：主要研究分解过程中的 3 个子过程。例如，有研究表明淋溶过程主要表现为可溶性有机组分和无机组分的快速损失，该过程一般经历几天或几周，主要发生碳、氮和磷的大量损失（France et al. 1997）。分解和破碎化过程主要为微生物大量分解凋落物中不稳定有机物和难溶化合物，且这些过程均随着凋落物物理和生物破碎化程度的提高而加强（Harrison and Mann 1975）。

（2）湿地凋落物分解的影响因素：影响因素主要分为生物因素和非生物因素两大类。生物因素主要包括凋落物的质量和分解者群落。其中凋落物质量通常用植物性状来表征，对于叶片性状来说，主要有叶片比叶面积、叶片干物质含量、叶片大小、叶片 pH、叶片养分元素含量、叶片硬度、叶片木质素含量、叶片单宁含量等（Cornelissen & Thompson 1997；Pan et al. 2014）。对于分解者自身来说，参与凋落物分解过程的分解者主要是细菌和真菌等微生物和无脊椎动物。微生物体内各种特殊化学酶系统对凋落物分解作用产生重要影响，而且细菌和真菌对凋落物分解的贡献可能也不同（Sandhya et al. 1992），无脊椎动物在分解过程中主要起到破碎和摄食消化等方面的作用（蔡晓明 2000）。

（3）全球变化对城市湿地凋落物分解过程的影响：与城市湿地凋落物分解过程有密切关系的全球变化主要有气候变暖、大气 CO_2 浓度升高及干湿沉降等。有研究表明，气候变暖可以直接或间接地影响湿地植物凋落物分解过程，主要是通过促进土壤养分的矿化和可利用性，并提高微生物活性等方式来影响湿地植物凋落物分解过程（Peterjohn et al. 1994）；对于大气温室气体浓度升高来说，其对分解过程本身无直接影响，却可以通过影响凋落物的质量、土壤水分含量及动物、微生物群落的变化而作用于湿地植物凋落物分解过程（Chen et al. 2001）；干湿沉降的改变影响着凋落物分解过程中的湿度条件及其潜在变化幅度，进而影响凋落物的呼吸（Flangan & Veum 1974）。此外，干湿沉降会改变凋落物的木质素和单宁的含量，进而间接影响城市湿地植物凋落物的分解过程（Alerts & Caluwe 1997）。

综上，目前国外对湿地凋落物分解研究已开展较多，相比而言国内研究相对较少，而单独针对城市湿地生态系统的特殊性开展的凋落物分解研究就更少了。如何进一步研究凋落物在城市湿地生态系统功能中发挥的作用是未来城市湿地生态系统功能研究中的一个新的热点。

3.4 城市湿地与生物入侵

随着社会经济的发展和人类活动干扰程度的加剧，城市湿地生态系统正在受到严重的破坏，生物入侵已经成为干扰城市湿地生态系统的重要因素。同时湿地植物具有很高的入侵性，湿地和生物入侵都是现代生态学的研究热点（李洪远和孟伟庆 2008）。

外来入侵植物通过竞争、寄生、改变生境和传播疾病等方式对本地生物产生威胁，危及本地物种特别是珍稀濒危物种的生存，造成生物多样性的破坏，对本地生态系统的完整性造成威胁（Bais et al. 2003；Hierro & Callaway 2003）。目前，外来入侵植物对于入侵湿地的影响包括从对本地植物多样性与生态系统地上部分消费者的多样性的研究逐渐转到对生态系统地下部分的生物多样性及生态过程的研究（Callaway et al. 2004；Hook et al. 2004）。从宏观方面对湿地植物种群种间甚至生态系统影响的研究到从微观方面对湿地植物基因遗传等方面的研究（Fitzpatrick et al. 2010）。

由于城市湿地作为过渡带的独特生境类型具有多样性，且分布广泛，城市湿地容易受到植物入侵的影响。国内外关于城市湿地遭受植物入侵的研究甚多，如城市湿地脱水致使水流量减少的地方往往入侵种特别丰富［主要是柽柳科（Tamaricaceae）植物］（Amon et al. 2002；李洪远和孟伟庆 2008）。目前，关于城市湿地容易遭受植物入侵的原因有城市湿地本身固有的脆弱性及其生态系统的不稳定性，易受干扰（包括径流干扰与人为干扰），湿地的特殊位置及物种扩散路线，以及城市湿地生境的多样性等方面（表 5-2）。

表 5-2 城市化进程对城市湿地水文学和地形学的影响（引自 Ehrenfeld 2000）

水文学：
导致雨水等流入湿地的水量增加
导致流入城市滨海系统的沉积物增加
导致城市湿地水质发生改变（增加浑浊度，增加重金属、有机污染物含量，降低溶解氧含量等）
降低地下水补给能力
增加洪水频率和幅度
增加流速，使低流速河流消失，高流速河流增加
地形学：
城市湿地蜿蜒度的降低减少了交错区生境的数量
河流和运河等蜿蜒度的降低增加了排入湿地污水的流速，不利于水质的净化
对湿地性状和坡度的改变会影响污染物扩散特性
增加河流交汇区域会增加城市湿地土壤侵蚀

同时，国内外学者对于城市湿地植物具有高度入侵性提出了各种假说，如天敌逃避假说认为当外来物种被引入一个新的地区时，由于没有天敌，会导致该外来物种迅速侵入并占据生境空间和资源，形成单一种群而破坏当地的生态系统（Mitchell & Power 2003）；杂种优势说认为杂交是入侵的一个主要的且被低估了的原因（Ellstrand & Schierenbeck 2000）；还有异株克生说等，但关于城市湿地植物遭受入侵的原因并非单一因素能够解释的，而需要进一步的论证与探索。

关于城市湿地及其生物入侵的研究大部分集中于国外，国内的研究还较少。同时对于城市湿地生物入侵机制的研究也有待进一步探究。

3.5 城市湿地与城市化进程

城市化进程通常指城市特征增加的程度，或是城市和农村面积的增加程度，或是区域为了更大城市发展而发生的转变（Lee et al. 2006）。城市化有时也用来描述城市人口比例或者城市人口增加比例等。全球范围内，湿地生态系统遭受着城市人口增长的巨大压力（Ehrenfeld 2000）。许多学者关注城市化进程如何影响城市湿地生态系统功能，尤其是养分循环及水质净化等。城市化进程能够通过改变水文和养分沉降等因素影响城市湿地养分循环功能，上述因素的改变可能进一步影响植物物种组成和养分循环格局，进而影响物种数量，如鸟类、鱼类、无脊椎种群数量（Faulkner 2004）。

人类活动给城市湿地带来的另一负面影响就是水体的富营养化（Rosenberg 1985；Nixon 1995）。与日俱增的人类活动通过农业或工业排放等导致大量养分和有机物质进入城市湿地中，尤其是滨海湿地中。城市化进程对地表径流的影响也被大量报道，不仅会增加地表径流的 N、P 含量，还会增加流入城市湿地内的污染物（Booth et al. 2002）。城市化进程带来的不利影响会严重降低土壤动物的种类和数量（Huryn et al. 2002），进而影响城市湿地生态系统功能。此外，生境破碎化也是城市化进程给城市湿地带来的另一个不良影响。全球范围内，超过一半以上的阔叶混交林生物在人类活动影响下遭受破碎化甚至消失（Wade et al. 2004）。未来的城市化进程只会愈演愈烈，如何降低城市化进程对城市湿地生态系统功能的影响是未来城市湿地生态系统生态学领域的又一研究热点。

参考文献

蔡晓明. 2000. 生态系统生态学. 北京: 科学出版社.

程志, 郭亮华, 王东清, 等. 2010. 我国湿地植物多样性研究进展. 湿地科学与管理, 6(2): 53-56.

崔巍, 李伟, 张曼胤, 等. 2011. 湿地生态系统中的土壤动物研究进展. 中国农学通报, 27(32): 200-204.

戈峰. 2002. 现代生态学. 北京: 科学出版社.

国志兴, 王宗明, 宋开山, 等. 2008. 三江平原沼泽湿地植被净初级生产力空间变化特征分析. 湿地科学, 6(3): 372-378.

郝云龙, 王林和, 张国盛. 2008. 生态系统概念探讨. 生态农业科学, 24(2): 353-356.

李春华. 2012. 国外城市湿地研究的现状、问题及前瞻. 中南林业科技大学学报, 32(12): 25-30.

李洪远, 孟伟庆. 2008. 湿地中的植物入侵及湿地植物的入侵性. 生态学杂志, 25(5): 577-580.

李伟, 崔丽娟, 朱利, 等. 2014. 湿地种子库研究概述. 湿地科学与管理, 10(1): 62-65.

梁威, 邵学新, 吴明, 等. 2012. 杭州湾滨海湿地不同植被类型沉积物磷形态变化特征. 生态学报, 32(6): 5025-5033.

刘银银, 李峰, 孙庆业, 等. 2013. 湿地生态系统土壤微生物研究进展. 应用与环境生物学报, 19(3): 547-552.

刘增文, 李雅素, 李文华. 2003. 关于生态系统概念的讨论. 西北农林科技大学学报(自然科学版), 31(6): 204-208.

栾军伟. 2012. 国外湿地生态系统碳循环研究进展. 湿地科学, 10(2): 235-242.

佘国强, 陈扬乐. 1997. 湿地生态系统的结构和功能. 湘潭师范学院学报, 18(3): 77-81.

宋洪涛, 崔丽娟, 栾军伟, 等. 2001. 湿地固碳功能与潜力. 世界林业研究, 24(6): 6-11.

宋永昌, 由文辉, 王祥荣, 等. 2000. 城市生态学. 上海: 华东师范大学出版社.

孙志高, 刘景双. 2007. 湿地枯落物分解及其对全球变化的响应. 生态学报, 27(4): 1606-1618.

王海霞, 孙广友, 宫辉力, 等. 2006. 北京市可持续发展战略下的湿地建设策略. 干旱区资源与环境, 20(1): 27-32.

王莉雯, 卫亚星. 2012. 盘锦湿地净初级生产力时空分布特征. 生态学报, 32(19): 6006-6015.

王宗明, 国志兴, 宋开山, 等. 2009. 2000～2005 年三江平原土地利用/覆被变化对植被净初级生产力的影响研究. 自然资源学报, 24(1): 136-146.

杨永兴. 2011. 国际湿地科学研究的主要特点, 进展与展望. 地理科学进展, 21(2): 111-120.

宗玮, 林文鹏, 周云轩, 等. 2011. 基于遥感的上海崇明东滩湿地典型植被净初级生产力估算. 长江流域资源与环境, 20(11): 1355-1360.

Albert D, Minc L. 2004. Plants as regional indicators of Great Lakes coastal wetland health. Aquat Ecosyst Health Manage, 7(2): 233-247.

Alberti M. 2010. Maintaining ecological integrity and sustaining ecosystem function in urban areas. Curr Opin Environ Sustain, 2(3): 178-184.

Alberti M, Marzluff J M. 2004. Ecological resilience in urban ecosystems: linking urban patterns to human and ecological functions. Urban Ecosyst, 7(3): 241-265.

Alerts R, Caluwe H D. 1997. Nutritional and plant mediated controls on leaf litter decomposition of *Carex* species. Ecology, 78: 244-260.

Amon J P, Thompson C A, Carpenter, Q J, et al. 2002. Temperate zone fens of the glaciated Midwestern USA. Wetlands, 22(2): 301-317.
Bais H P, Vepachedu R, Gilroy S, et al. 2003. Allelopathy and exotic plant invasion: from molecules and genes to species interactions. Science, 301(5638): 1377-1380.
Boix D, Gascón S. Sala J, et al. 2005. A new index of water quality assessment in Mediterranean wetlands based on crustacean and insect assemblages: the case of Catalunya (NE Iberian Peninsula). Aquat Conserv, 15(6): 635-651.
Booth D B, Hartley D, Jackson R. 2002. Forest cover, impervious-surface area, and the mitigation of stormwater impacts. J Am Water Res Assoc, 38: 835-845.
Bottino F, Cunha-Santino M B, Bianchini Jr I. 2016. Decomposition of particulate organic carbon from aquatic macrophytes under different nutrient conditions. Aquat Geochem, 22: 17-33.
Boyer T, Polasky S. 2004. Valuing urban wetlands: a review of non-market valuation studies. Wetlands, 24(4): 744-755.
Brinson M M, Lugo A E, Brown S. 1981. Primary productivity, decomposition and consumer activity in freshwater wetlands. Ann Rev Ecol System, 12: 123-161.
Brothers S M, Hilt S, Meyer S, et al. 2013. Plant community structure determines primary productivity in shallow, eutrophic lakes. Freshwater Biol, 58(11): 2264-2276.
Callaway R M, Thelen G C, Rodriguez A, et al. 2004. Soil biota and exotic plant invasion. Nature, 427(6976): 731-733.
Campion B B. 2012. Urban Wetland Ecology and Floods in Kumasi, Ghana. Bremen: Staats-und Universitätsbibliothek Bremen PhD Dissertation.
Chen H, Mark E H, Tian H Q. 2001. Effects of global change on litter decomposition in terrestrial ecosystems. Acta Ecologia Sinica, 21: 1549-1560.
Cornelissen J H C, Thompson K. 1997. Functional leaf attributes predict litter decomposition rate in herbaceous plants. New Phytol, 135: 109-114.
Cronk J K, Fennessy M S. 2001. Wetland Plants: Biology and Ecology. Boca Raton: CRC Press.
de Groot R S, Wilson M A, Boumans R M J. 2002. A typology for the classification, description and valuation of ecosystem functions, goods and services. Ecol Econ, 41(3): 393-408.
DeFries R S, Foley J A, Asner G P. 2004. Land-use choices: balancing human needs and ecosystem function. Front Ecol Environ, 2(5): 249-257.
Díaz S, Cabido M. 1997. Plant functional types and ecosystem function in relation to global change. J Veg Sci, 8: 463-474.
Dolinar N, Regvar M, Abram D, et al. 2016. Water-level fluctuations as a driver of *Phragmites australis* primary productivity, litter decomposition, and fungal root colonisation in an intermittent wetland. Hydrobiologia, 774: 69-80.
Dong G, Bai J, Yang S, et al. 2015. The impact of land use and land cover change on net primary productivity on China's Sanjiang Plain. Environ Earth Sci, 74(4): 2907-2917.
Ehrenfeld J G. 2000. Evaluating wetlands within an urban context. Ecol Eng, 15(3): 253-265.
Ellstrand N C, Schierenbeck K A. 2000. Hybridization as a stimulus for the evolution of invasiveness in plants? Proc Nat Acad Sci, 97(13): 7043-7050.
Engelhardt K A M, Ritchie M E. 2001. Effects of macrophyte species richness on wetland ecosystem functioning and services. Nature, 411(6838): 687-689.
Engelhardt K A M, Ritchie M E. 2002. The effect of aquatic plant species richness on wetland ecosystem processes. Ecology, 83(10): 2911-2924.
Faulkner S. 2004. Urbanization impacts on the structure and function of forested wetlands. Urban Ecosyst, 7(2): 89-106.
Ferreira V, Koricheva J, Duarte S, et al. 2016b. Effects of anthropogenic heavy metal contamination on litter decomposition in streams—A meta-analysis. Environ Poll, 210: 261-270.

Ferreira V, Koricheva J, Pozo J, et al. 2016a. A meta-analysis on the effects of changes in the composition of native forests on litter decomposition in streams. Forest Ecol Manage, 364: 27-38.

Fitzpatrick B M, Johnson J R, Kump D K, et al. 2010. Rapid spread of invasive genes into a threatened native species. Proc Nat Acad Sci, 107(8): 3606-3610.

Flangan P W, Veum A K. 1974. Relationship between respiration, weight loss, temperature and moisture in organic redidues on tundra. *In*: Holiding A J, Heal O W, Mechean J S F, et al. Soil Organisms and Decomposition in Tundra. Tundra Biome Steering Committee (Stockholm): 249-277.

Flinn K M, Lechowicz M J, Waterway M J. 2008. Plant species diversity and composition of wetlands within an upland forest. Am J Bot, 95(10): 1216-1224.

France R, Cullbert H, Freeborough C, et al. 1997. Leaching and early mass loss of boreal leaves and wood in oligotrophic water. Hydrobiologia, 345: 209-214.

Gessner M O, Chauvet E. 2002. A case for using litter breakdown to assess functional stream integrity. Ecol Appl, 12: 498-510.

Gessner M O, Chauvet E, Dobson M. 1999. A perspective on leaf litter breakdown in streams. Oikos, 85: 377-384.

Graça M A S, Ferreira V, Canhoto C, et al. 2015. A conceptual model of litter breakdown in low order streams. Int Rev Hydrobiol, 100: 1-12.

Groffman P M, Law N L, Belt K T, et al. 2004. Nitrogen fluxes and retention in urban watershed ecosystems. Ecosystems, 7(4): 393-403.

Hagen E M, Webster J R, Benfield E F. 2006. Are leaf breakdown rates a useful measure of stream integrity along an agricultural landuse gradient? J North Am Benthol Soc, 25: 330-343.

Harrison P G, Mann K H. 1975. Detritus formation from eelgrass (*Zostera marina* L.): the relative effects of fragmentation, leaching and decay. Limnol Oceanogr, 20: 924-934.

Hierro J L, Callaway R M. 2003. Allelopathy and exotic plant invasion. Plant Soil, 256(1): 29-39.

Hirota M, Kawada K, Hu Q, et al. 2007. Net primary productivity and spatial distribution of vegetation in an alpine wetland, Qinghai-Tibetan Plateau. Limnology, 8(2): 161-170.

Hook P B, Olson B E, Wraith J M. 2004. Effects of the invasive forb *Centaurea maculosa* on grassland carbon and nitrogen pools in Montana, USA. Ecosystems, 7(6): 686-694.

Hsu C B, Hsieh H L, Yang L, et al. 2011. Biodiversity of constructed wetlands for wastewater treatment. Ecol Engineer, 37(10): 1533-1545.

Huryn A D, Huryn V B N, Arbuckle C J, et al. 2002. Catchment land-use, macroinvertebrates and detritus processing in headwater streams: Taxonomic richness versus function. Freshwater Biol, 47: 401-415.

Jax K. 2005. Function and "functioning" in ecology: what does it mean? Oikos, 111(3): 641-648.

Johnson P T J, Chase J M. 2004. Parasites in the food web: linking amphibian malformations and aquatic eutrophication. Ecol Lett, 7(7): 521-526.

Keddy P A. 2010. Wetland Ecology: Principles and Conservation. Cambridge: Cambridge University Press.

Keddy P A, Fraser L H, Solomeshch A I, et al. 2009. Wet and wonderful: the world's largest wetlands are conservation priorities. BioScience, 59: 39-51.

Kettenring K M, Whigham D F, Hazelton E L G, et al. 2015. Biotic resistance, disturbance, and mode of colonization impact the invasion of a widespread, introduced wetland grass. Ecol Appl, 25(2): 466-480.

Lambert S J, Davy A J. 2011. Water quality as a threat to aquatic plants: discriminating between the effects of nitrate, phosphate, boron and heavy metals on charophytes. New Phytol, 189(4): 1051-1059.

Lee S Y, Dunn R J K, Young R A, et al. 2006. Impact of urbanization on coastal wetland structure and function. Austral Ecology, 31: 149-163.

Martínez A, Monroy S, Pérez J, et al. 2016. In-stream litter decomposition along an altitudinal gradient: does substrate quality matter? Hydrobiologia, 766: 17-28.

Meyer J L, Paul M J, Taulbee W K. 2005. Stream ecosystem function in urbanizing landscapes. J North Am Benthol Soc, 24(3): 602-612.

Michael L K. 2008. Effects of urbanization on species richness: a review of plants and animals. Urban

Ecosyst, 11: 161-176.
Miller R L, Fujii R. 2010. Plant community, primary productivity, and environmental conditions following wetland re-establishment in the Sacramento-San Joaquin Delta, California. Wetlands Ecol Manage, 18(1): 1-16.
Mitchell C E, Power A G. 2003. Release of invasive plants from fungal and viral pathogens. Nature, 421(6923): 625-627.
Moreno-Mateos D, Power M E, Comín F A, et al. 2012. Structural and functional loss in restored wetland ecosystems. PLoS Biol, 10(1): e1001247.
Naeem S, Chapin III F S, Costanza R, et al. 1999. Biodiversity and ecosystem functioning: maintaining natural life support processes. *In*: Issues in Ecology. Ecological Society of America. Washington D. C.: 1-26.
Nassauer J I. 2004. Monitoring the success of metropolitan wetland restorations: cultural sustainability and ecological function. Wetlands, 24: 756-765.
Nixon S W. 1995. Coastal marine eutrophication: a definition, social causes, and future concerns. Ophelia, 41: 199-219.
Odum E. 1971. Fundamentals of Ecology. Philadelphia: Saunders.
Oguma A Y, Klerks P L. 2015. Evidence for mild sediment Pb contamination affecting leaf-litter decomposition in a lake. Ecotoxicology, 24: 1322-1329.
Pan X, Cornelissen J H C, Zhao W W, et al. 2014. Experimental evidence that the Ornstein-Uhlenbeck model best describes the evolution of leaf litter decomposability. Ecol Evol, 4: 3339-3349.
Pasqualini V, Pergent-Martini C, Fernandez C, et al. 2006. Wetland monitoring: aquatic plant changes in two Corsican coastal lagoons (Western Mediterranean Sea). Aquat Conserv, 16(1): 43-60.
Peterjohn W T, Melillo J M, Steudler P A, et al. 1994. Responses of trace gas fluxes and N availability to experimental elevated soil temperatures. Ecol Appl, 4: 617-625.
Petersen R C, Cummins K W. 1974. Leaf processing in a woodland stream. Freshwater Biol, 4: 343-368.
Polis G A, Anderson W B, Holt R D. 1997. Toward an integration of landscape and food web ecology: the dynamics of spatially subsidized food webs. Ann Rev Ecol Syst, 28: 289-316.
Revenga C, Campbell I, Abell R, et al. 2005. Prospects for monitoring freshwater ecosystems towards the 2010 targets. Phil Trans R Soc B, 360(1454): 397-413.
Reynolds C, Miranda N A F, Cumming G S. 2015. The role of waterbirds in the dispersal of aquatic alien and invasive species. Divers Distrib, 21(7): 744-754.
Rosenberg R. 1985. Eutrophication—the future marine coastal nuisance? Mar Poll Bull, 16: 227-231.
Royer T V, Minshall G W. 2003. Controls on leaf processing in streams from spatial-scaling and hierarchical perspectives. J North Am Benthol Soc, 22: 352-358.
Sandhya G, Pradeep K S, Hasija S K. 1992. Relative contribution of bacteria and fungi to water hyacinth decomposition. Aquat Bot, 43: 1-15.
Savard J P L, Clergeau P, Mennechez G. 2000. Biodiversity concepts and urban ecosystems. Landscape Urban Plan, 48(3): 131-142.
Sukopp H. 1998. Urban Ecology—Scientific and Practical Aspects. Heidelberg: Springer.
Tamire G, Mengistou S. 2014. Biomass and net aboveground primary productivity of macrophytes in relation to physico-chemical factors in the littoral zone of Lake Ziway, Ethiopia. Tropic Ecol, 55(3): 313-326.
Tirri R, Lehtonen J, Lemmetyinen R, et al. 1998. Elsevier's Dictionary of Biology. Amsterdam: Elsevier.
Tomimatsu H, Nakano K, Yamamoto N, et al. 2014. Effects of genotypic diversity of *Phragmites australis* on primary productivity and water quality in an experimental wetland. Oecologia, 175(1): 163-172.
Trettin C C, Jurgensen M F. 2003. Carbon cycling in wetland forest soils. Boca Raton, London, New York, Washington D.C.: Lewis Publishers.
Trilla G G, de Marco S, Marcovecchio J, et al. 2010. Net primary productivity of *Spartina densiflora* Brong in an SW Atlantic coastal salt marsh. Estuar Coasts, 33(4): 953-962.

Verhoeven J T, Arheimer B, Yin C. 2006. Regional and global concerns over wetlands and water quality. Trends Ecol Evol, 21(2): 96-103.

Wade T G, Riitters K H, Wickham J D, et al. 2004. Distribution and causes of global forest fragmentation. Conserv Ecol, 7: 7.

Wallace J B, Eggert S L, Meyer J L, et al. 1997. Multiple trophic levels of a forest stream linked to terrestrial litter inputs. Science, 277: 102-104.

Webster J, Benfield E. 1986. Vascular plant breakdown in freshwater ecosystems. Ann Rev Ecol Syst, 17: 567-594.

Weisner S E B, Thiere G. 2010. Effects of vegetation state on biodiversity and nitrogen retention in created wetlands: a test of the biodiversity-ecosystem functioning hypothesis. Freshwater Biol, 55(2): 387-396.

Young R G, Matthaei C D, Townsend C R. 2008. Organic matter breakdown and ecosystem metabolism: functional indicators for assessing river ecosystem health. J North Am Benthol Soc, 27: 605-625.

Zedler J B, Kercher S. 2004. Causes and consequences of invasive plants in wetlands: opportunities, opportunists, and outcomes. Crit Rev Plant Sci, 23(5): 431-452.

第六章　城市湿地生态系统服务

第一节　引　　言

城市是人类成熟与文明的标志，也是人类群居生活的高级形式。湿地对人类的影响在城市尚未出现之前就已表现出来，它是人类生存发展的摇篮。城市最重要的形成条件之一是湿地，依托河流、湖泊建设人口密集区是城市形成和发展的一条普遍规律。城市湿地，特别是城市中心河流沿岸地区往往是城市起源的核心，是城市历史文化最重要的载体，是现代化城市的中心。早期的人类文明都是基于湿地发展起来的，如我国的两河流域、埃及的尼罗河流域、印度的印度河流域等。

城市在本质上是一个以人类行为为主导、自然生态系统为依托、生态过程复杂的动态的社会-经济-自然复合生态系统，湿地是城市中的稀缺资源、生命之源和活力之源，在城市中作为独特的自然地理要素，具有独一无二且不可替代的生态系统服务功能。

城市湿地为城市的可持续发展提供水源，补充地下水，调节和控制洪水，过滤转化毒物和杂质，保留营养物质，提供可利用的动植物资源，支撑野生物种多样化（包括濒危物种），保持城市区域良好的小气候，还可以为人们提供观光旅游、休闲娱乐场所及湿地生态环境教育和科研基地，是城市可持续发展的基础（张庆辉等 2013）。

城市湿地在城市的环境调节、资源供应、灾害防治及人居环境的美化等方面都起到了不可或缺的作用，合理开发和利用湿地资源是确保城市可持续发展的重要前提。生态系统服务功能的退化已引发区域乃至全球性生态环境问题，并促使全球各国及地区越发重视经济发展与环境保护间的关系。生态系统服务功能评价作为生态系统有效管理的基础，对人类的可持续发展同样具有重要意义。

占地球表面积 6%的湿地生态系统具有较高的生产力和丰富的生物多样性，为人类提供食品、药品及其他物质资源，创造与维持了地球生命支持系统，形成了人类生存所依赖的环境条件。20 世纪 50 年代国际社会上逐渐认识到湿地对人类社会的意义，因而广泛开展了湿地研究工作，积累了有关湿地分类、性质及其功能的丰富的研究资料。

第二节　概　　念

2.1　生态系统服务

人类生存与发展所需要的资源归根结底都来源于自然生态系统。自然生态系统不仅可以直接为我们的生存提供各种原料或产品（食品、水、氧气、木材和纤维等），而且在大尺度上具有调节气候、净化污染、涵养水源、保持水土、防风固沙、减轻灾害和保护生物多样性等功能，进而为人类的生存与发展提供良好的生态环境。已有研究与实践表明，自然生态系统的具体功能虽然人工可以代替（如污水净化、土壤修复等），但是，在规模尺度上的自然生态系统功能至少到目前为止仍然没有人工可以代替的可能（如生物圈 2 号试验的失败等）。从这个角度上讲，自然生态系统对于人类的生存与发展具有不可替代性。自然生态系统服务的质量和数量是决定人类生存与发展质量和前景的自然条件。维护和建设良性循环的自然生态系统就是在维护人类生存与发展的基础。

2.1.1 生态系统服务的定义

生态系统服务（ecosystem services）指生态系统及生态过程所形成及所维持的人类赖以生存的自然环境条件与效用，包括对人类生存及生活质量有贡献的生态系统产品和生态系统功能（Costanza 1997）。美国生态学家 Costanza 将全球生态系统服务划分为以下 17 个方面（表 6-1）：气体调节、气候调剂、干扰调节、水分调节、水分供给、控制侵蚀和沉积物保持、土壤形成、养分循环、废弃物处理、授粉、生物控制、庇护、食物生产、原材料、基因资源、休闲、文化（欧阳志云等 1999）。

表 6-1 生态系统服务及功能（引自 Costanza 1997；欧阳志云等 1999）

序号	生态系统服务	生态系统功能	效用
1	气体调节	大气化学成分调节	CO_2/O_2 平衡
2	气候调节	对气温、降水的调节，以及对其他气候过程的生物调节作用	调节温室气体
3	干扰调节	生态系统反应对环境波动的容纳、延迟和整合	控制洪水、暴风雨防护、干旱恢复
4	水分调节	调节水文循环过程	调节径流
5	水分供给	储存、保持水分	为生产和生活提供水分
6	控制侵蚀和沉积物保持	保持土壤	防止水土流失
7	土壤形成	成土过程	风化岩石
8	养分循环	养分的获取、内部循环和存储	N、P 等营养元素的循环
9	废弃物处理	流失养分的恢复和过剩养分、有毒物质的转移或降解	废物处理、污染控制、解毒作用
10	授粉	植物配子的移动	提供传粉者，维持植物种群的再生产
11	生物控制	种群营养动态调节	捕食者对被捕食者种类的控制
12	庇护	提供本地种与暂居种的栖息地	迁徙种的庇护所、栖息地，当地经济种类的栖息地
13	食物生产	总初级生产中可用作食物的部分	陆生动植物产品、海产品
14	原材料	总初级生产中可用作原材料的部分	石油、染料、橡胶等
15	基因资源	人类可利用的特有生物材料和产品源	抗病与抗虫植物基因
16	休闲	为人类提供休闲娱乐	生态旅游、垂钓
17	文化	为非商业应用提供资源	科教方面的意义

在生态系统服务的定义上，国内外学者经历了一个发展变化的过程。最早提出生态系统服务这一概念的 Daily 等（1997）指出生态系统服务是指自然生态系统及其物种所提供的能够满足和维持人类生活需要的条件和过程。联合国《千年生态系统评估报告》（MA）认为，生态系统服务功能是人类从生态系统中获得的惠益，包括供给服务、调节服务、支持服务和文化服务。我国的研究者将生态系统服务功能的概念概括为：生态系统与生态过程所形成及所维持的人类赖以生存的自然环境条件与效用（欧阳志云等 1999；王如松和欧阳志云 2012）。无论研究者从何种角度出发，生态系统服务的核心内容是没有变化的，即通过生态系统的功能直接或间接得到的产品和服务，这种由自然资本的能流、物流、信息流构成的生态系统服务和非自然资本结合在一起所产生的人类福利。

随着对生态系统研究的深入，人们逐步认识到，生态系统服务是人类得以生存与现代文明得以存在的基础，现代科学技术能够影响生态系统服务，但不能替代自然生态系统服务功能。

2.1.2　生态系统服务功能的主要内容

1）有机质的生产与生态系统产品

人类生存和发展所需的物质资源都是依存于一定的生态系统生存和发展的。生态系统蕴含着丰富的动植物资源，为人类提供各种产品如食物、药品、木材、纤维、橡胶、淡水、工业原料及各种能源。例如，自然森林生产的木材被广泛用于家具、建筑、艺术品、工具、纸张、衣料及其他许多生产和生活资料中。同时，在发展中国家和地区，木材仍然是重要燃料来源。全世界约有 15%的燃料为木头和其他植物产品。另外，森林还生产橡胶、染料、胶类、鞣酸、植物油、蜡、杀虫剂及各类天然化合物。野生的鸟、兽、虫、鱼是人们生存所必需的动物蛋白的重要来源。据统计，生态系统每年为人类提供粮食 1.8×10^9 t、肉类约 6.0×10^8 t，而且全世界每年约有 15%的能源来自于生态系统（张步翀 2006）。农牧业生态系统生产粮食和其他农牧业产品的功能，是生态系统生产生物资源功能的主要体现。

2）生物多样性的产生与维护

生物多样性是指生物及其所在生态复合体的种类丰富度和相互间的差异性，是生态系统稳定性的基础，它至少包括 3 个层次，即遗传多样性、物种多样性和生态系统多样性（康文星 2008）。生态系统与生物多样性相互依存，前者的建造依靠后者，而后者的维持又依靠前者的存在与正常运行。

森林生态系统的多层次结构特点，为植物提供了适宜的生存与发展条件。郁闭林形成隐蔽和挡风遮雨环境，以及适宜的温湿度；密集的林冠和树穴、树根隧道为动物栖息提供良好场所。水陆交界的滩涂和湿地，由于人类干扰少、环境条件特殊，也成为生物多样性较高的地方。草原和荒漠生态系统，其严酷的自然环境条件常常造就一些独特的物种，虽然其生物多样性不高，但由于生态系统脆弱和生物种特殊，应给予特别关注。一些特殊的地理环境或封闭的地域，如高原的湖泊和海中的岛屿，在长期进化中也形成特殊的物种，成为生物多样性保护的特殊关注对象。自然界约有 8 万种植物可供人类食用，只有 150 种粮食作物被人类广泛种植与利用，其中 82 种作物提供了人类 90%的食物。而那些尚未被人类驯化的物种，都由生态系统所维持，它们既是人类潜在的食物，又是农作物品种改良与新的抗逆品种的基因来源。

高的生物多样性维护着生态系统的合理结构、健全的功能和结构功能的稳定性。物种的消失，特别是那些影响水和养分动态、营养结构和生产能力的物种的消失，会削弱生态系统的功能。物种的减少往往会使生态系统的生产效率下降，抵抗自然灾害、外来物种入侵和其他干扰的能力下降。

3）调节气候

生态系统具有调节气候的功能，系统内植物的水分循环和大气组分的改变调节局部地区的温度、湿度和降水状况。生态系统中绿色植物的固碳释氧过程能够调节大气组分，减轻温室效应。

植物通过光合作用从大气中吸收CO_2，产生碳水化合物。这其中一部分碳水化合物会在活组织中被动物摄取，或者在死组织中由细菌摄取，然后变成CO_2返回大气；一部分碳则以碳水化合物的形式留在活的或者死的生物组织中。CO_2可以吸收红外线辐射，地球表面的热量平衡动态和气候的时空格局都会受到影响。在区域和河流流域的范围里，植被影响云量、水蒸气和降雨。植被在生长代谢过程中，从土壤吸取水分，通过叶面蒸腾，将水蒸气释放到大气中。自然植被的水分蒸腾往往会增加当地的温度、云量和降雨，增加局部的水分循环。除了对降雨量的直接影响外，云量增加也影响辐射和大气中的热量交换，具有调节气候的作用。在更小的空间尺度上，森林类型和状况决定林中的小气候，如林冠遮挡阳光、阻碍林内外空气交换，为许多物种提供适宜的温度、光线、湿度和其他生存条件。林冠接受的太阳热能又因树叶表面的水分蒸发及其气孔的蒸腾作用而大部分被消耗掉。

4）减缓灾害

生态系统的防灾减灾功能是生态系统多种环境功能综合作用的结果。我国是世界上自然灾害最多的国家之一，洪旱灾害时有发生。而随着生态环境的恶化，泥石流、山体滑坡、风灾、虫灾也频繁发生。

陆地生态系统具有滞洪作用，在洪水期，植被能显著地削减洪峰。这种减缓作用是通过降水截留、植被的蒸腾蒸发、土壤的水分渗透、延长融雪时间、减少地表径流等功能综合实现的。在降雨过程中，覆盖于地表植被的枝叶树冠承接雨水，减少了雨点对地面的冲击。自然植被具有深广多层的根系，这些根系和死亡的植物组织维系和固持着土壤，并且吸收和保持一部分水。因此，无论雨水是从地表渗入地下还是经地表流入河溪，植被和土壤都会截取一部分水并减缓水的流速，防止大量降水集中汇入下游，降低洪水水量。雨季后，植被和土壤中保持的水逐渐流出，在旱季为下游河流供水。湿地生态系统在水循环中发挥着极其重要的缓冲调节作用。暴雨之后，湿地蓄留大量的水。湿地植被减缓地表水流流速，从而降低了下游洪峰的形成和规模强度。湿地生态系统能够将多余的降水蓄积起来，并缓慢地释放，从而能够在时间和空间上对降水进行再次分配（Buchmann & Nabhan 1996）。沿海地带的红树林生态系统能够有效防止海岸侵蚀。

5）维持土壤功能

维持土壤功能是生态系统在防止土壤侵蚀方面为人类提供的服务。土壤侵蚀的自然营力主要是雨水和风。土壤是建造生态系统的物质基础，是一种几近不可再生的资源，自然界每生成1 cm厚的土壤需要百年以上的时间。水土流失造成的主要危害是养分流失、土壤肥力降低、土壤退化，导致地面变形、沟道切割、地面支离破碎，降低土地的使用价值。流失的土壤堵塞河道、淤塞水库湖泊，降低其发电、灌溉、蓄水滞洪的能力。生态系统中保护土壤、防止水土流失的功能主要由植物承担。高大植物的冠层拦截雨水，削弱雨滴对土壤的击溅侵蚀；地被植物阻截径流和积蓄水分，使水分下渗而减少径流冲刷；植物根系具有机械固土作用；根系分泌的有机物胶结土壤，使其坚固而耐受冲刷；根系发达还使土壤疏松，增加雨水下渗能力而减少流失。

6）传粉播种

大部分有花植物需要动物来协助完成交配繁殖的过程。有些植物还同特定的传粉动物有着极为特殊的相互依赖关系。据研究，在全世界已记载的 24 万种显花植物中，有 22 万种需要动物传粉。如果没有动物的传粉，不仅会导致农作物大幅减产，还会导致一些物种的绝灭（董全 1999）。据记载，已发现传粉动物约 10 万种，包括鸟、蝙蝠与昆虫。动物在为植物传粉的同时，也获得自身生长、发育和繁殖所需要的食物与营养。在农作物中，大约有 70%的物种需要动物授粉。动物还是植物传播扩散的主要载体之一，有些植物需要动物传播和散布种子，如北美的白皮松（*Pinus bungeana*）依赖于星鸦（*Nucifraga caryocatactes*）把种子从松果中嗑出来并埋到别处（Pimentel et al. 1989）。植物发芽后，一般在原地长大不再移动。因此，动物埋藏食物是许多植物赖以完成散布的重要渠道。

7）控制有害生物

许多昆虫、线形动物、软体动物、真菌、病毒和鼠类会感染或取食农作物，这些与人类争夺食物、木材、棉花及其他农林产品的生物统称为有害生物。据估计，由于有害生物造成每年有 25%～50%的农作物生产损失（李春晖 2003）。农田杂草与作物竞争光、水分和土壤养分，减少作物产量，危害农业。在自然生态系统中，这些有害生物往往受到天敌的控制，它们的天敌包括其捕食者、寄生者和致病因子，如鸟类、蜘蛛、瓢虫、寄生蜂、寄生蝇、真菌、病毒等。自然系统的多种生态过程维持供养了这些天敌，限制了潜在有害生物的数量。这些生态系统过程结合起来，保障和提高了农业生产的稳定性，保证了食物生产供应和农业经济收入。

8）净化环境

人类每年产生的大量污染物主要靠生态环境消纳。在生态系统中，微生物不仅起着分解净化系统本身产生的有机废物从而维持系统物质循环的作用，也为净化输入系统的人造污染物做出了贡献。绿色植物对保持空气清洁和净化大气污染物具有独特作用，包括抑尘滞尘，吸收硫化物、氮化物、卤素等有毒气体，释放有益健康的空气负离子和杀菌剂等，例如，1 hm^2 15 年生侧柏，仅叶片每天可吸收 SO_2 1.52 kg，1 L 污水通过 30～40 m 的林带后，其含菌量比经过裸地的减少一半。湿地在全球和区域性的水循环系统中起着重要的净化作用，湿地植被减缓地表水流的流速，流速减慢和植物枝叶的阻挡，也使水中泥沙得以沉降。同时，经过植物和土壤的生物代谢过程和物理化学作用，水中的各种有机、无机溶解物和悬浮物被截留下来。许多有毒有害的复合物被分解转化为无害甚至有用的物质，使水体澄清。因此，将湿地称为“地球之肾”。

9）文化功能

生态系统多样性不仅造就了美丽的景观，为人类提供了娱乐、旅游的场所，而且启迪了人类的智慧，为我们提供科学研究对象和文学、美学创作的源泉。“大漠孤烟直，长河落日圆”展现了荒漠生态系统的荒凉与浩瀚；“东临碣石，以观沧海。水何澹澹，山岛竦峙”，海洋生态系统的壮阔景象尽收眼底；“天苍苍野茫茫，风吹草低见牛羊”，草原生态系统生机勃勃的景象跃然纸上。随着社会的发展，人类的精神需求迅速增加。因此，生态系统在文教科研、陶冶情操、丰富思维、开阔视野等方面具有无穷潜力。

2.1.3　生态系统服务功能价值的特征

1）整体有用性

生态系统各组分组合成一个整体才具有服务价值，如森林生态系统中的乔木、灌木及枯落物结合起来才具有保持水土、防风固沙等功能。

2）空间固定性

不同于普通商品，在市场上流通不限制于一定空间或区域内，自然生态系统通常在一定地域才能形成并发挥服务。

3）用途多样性

一般商品往往只有一种使用价值，而自然生态系统服务价值具有多样性，如森林具有固碳释氧、保持水土、调节气候等多种价值。

4）持续有用性

一般商品都具有有效期或使用寿命，而自然生态系统在合理、适度使用条件下，可持续利用。

5）共享性

一般商品只能由所有者享用，而自然生态系统的价值可以被人类共同享用。

6）负效益性

一般商品通常只带有正面效益，而如果人类不合理使用或不适度开发自然生态系统，就会产生负面影响，如全球变暖、旱涝频发、环境污染等。

2.2　城市湿地生态系统服务特点

城市湿地生态系统位于特殊的地理位置，具有复杂的自身结构与一般湿地生态系统服务功能的共性，又具有受人类活动影响较大及为人类提供特殊服务功能的特性。城市湿地除了主要提供基本的生态系统服务外，还为城市居民提供娱乐休闲、生态教育等难以预测的社会服务（图 6-1）。

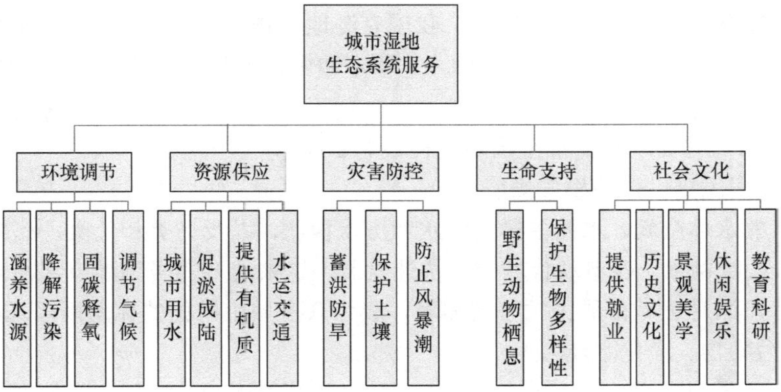

图 6-1　城市湿地生态系统服务

与其他湿地系统相比，城市湿地物质生产功能弱化，非物质生产功能相对增强；由于城市人口聚集、经济发达，城市湿地在环境调节和自然灾害防控方面的意义更为突出；城市湿地在提供休闲娱乐和环境教育方面更具优势（王建华 2007）。城市湿地生态系统的服务功能主要体现在以下几方面。

1）提供水源

城市湿地是城市发展的必要条件。湿地常作为居民生活用水、工业生产用水和农业灌溉用水的水源，城市溪流、河流、池塘、湖泊中都有可以直接利用的水源。目前，我国许多城市的人均用水量（除工业用水）已达到 100 L/（人·d）以上（阎水玉和王祥荣 1999），如此庞大的用水量如果从城市的河湖湿地中汲取，具有投资少、稳定性高的诸多优势。城市生产中所必需的大量的各类工业用水从就近的城市河湖湿地中解决，也明显具有成本低、稳定性高的优势。例如，上海市 80%的公共供水、绝大部分农业用水和大部分工业用水取自内河河网，这大大减轻了城市缺水的危机。

2）降低城市热岛效应和防洪排涝

城市下垫面的低比热容和生产生活排放的大量热量，使城市温度明显高于周围地区，形成热岛。有关资料显示，北京城区的气温比郊区高 0.7℃；美国城市与周围地区相比太阳辐射减少 20%，风速减少了 10%～30%，空气年平均温度比郊区高 0.5℃，由此给城市居民生活带来诸多不便（潮洛蒙等 2003）。而城市湿地的存在可以明显降低城市的热岛效应。由于湿地比热容大，水分蒸散剧烈，其对区域空气有一定的降温增湿作用，继而对区域小气候产生调节作用。高俊琴等（2002）对三江平原湿地冷湿效应的研究显示：三江平原湿地冷湿效应与湿地植被及其积水深度有关，不同下垫面近地面气温和湿度变化不同，但都与高度呈正相关。张芸等（2004）研究表明湿地植被有降温增湿的作用，其冷湿效应与湿地面积大小有关，且多种植物的相互作用可加强湿地的冷湿作用。湿地还具有蓄水、防洪、除涝作用，能够将多余的降水蓄积起来，并缓慢地释放，从而能够在时间和空间上对降水进行再次分配。湿地土壤具有强大的蓄水能力，过量的水分，如洪水，被储存在湿地土壤中或以地表水的形式保存着，从而能够调节径流，避免发生洪涝灾害。

3）生物多样性保育

湿地作为一种特殊的生态系统，拥有非常丰富的动植物种类。湿地景观的高度异质性为众多野生动植物栖息、繁衍提供了基地。我国有湿地植物 2760 种，包括挺水型、浮叶型、沉水型和漂浮型等；植物类型有乔木、灌木、草本和木本植物等。我国有湿地野生动物 2000 多种，包括很多濒危物种和我国特有物种，如白鱀豚（*Lipotes vexillifer*）、扬子鳄（*Alligator sinensis*）等。水禽有 257 种，占全国鸟类种数的 20.6%。

4）为城市居民提供休闲娱乐场所

湿地丰富的水体空间、水面多样的浮水和挺水植物，以及鸟类和鱼类，都充满了大自然的灵韵，使人心旷神怡。随着现代城市的快速发展，越来越多的居民渴望回归自然，城市湿地以其自身特点满足了城市居民的心理需求，成为众多城市居民的休闲娱乐场所。

5）降解污染物、净化水质

湿地具有很强的净化功能，当工农业生产和人类其他活动等过程产生的农药、工业污染物、有毒物质进入湿地时，湿地的生物和化学过程可使有毒物质降解和转化。据环保部门检测，污水经人工湿地处理后，总氮、总磷去除率分别为 50%和 40%，悬浮物去除率达 80%以上，化学需氧量（COD）和生化需氧量（BOD）去除率分别为 60%和 50%，水质提高了 1～2 级，较好地控制了面源污染问题（吴晓磊 1994）。目前，全国已有不少城市在利用人工湿地治理河流、湖泊等水污染问题上取得了良好成效。

2.3　湿地生态服务功能价值的评估研究

20 世纪 40 年代以来的生态系统概念与理论的提出和发展，促进了人们对生态结构与功能的认识和了解，并为人们研究生态系统服务功能提供了科学基础。20 世纪 50 年代国际社会上逐渐认识到湿地对人类社会生存与发展的意义，因而广泛开展了湿地研究工作，积累了丰富的有关湿地分类、性质和功能的研究资料。从 Young 和 Gray（1972）就水的娱乐价值进行评价开始，此后有许多研究机构对不同河流的娱乐经济价值，以及河流径流、水环境质量对娱乐价值的影响开展了评价。Costanza 等（1989）对占美国海岸湿地资源 40%的路易斯安那海岸沼泽地进行了评价，所计入的价值有商业捕鱼、捕毛皮兽、游乐和防风暴。Turner（1991）在论述湿地的效益及其管理时，将湿地效益的总经济价值分为使用价值和非使用价值，并论述了各类价值的评估方法。Maltby 等（1994）研究了湿地生态系统功能与评价方法，认为美国的评价方法在欧洲不适用，并开展了多国间河岸湿地对比研究。在 Costanza（1997）的基础上，近年来我国的湿地评价开展得比较活跃，崔丽娟和宋玉祥（1997）开始了国内湿地生态服务功能价值的评估研究。严承高等（2000）在分析湿地生物多样性的概念、价值及其种类的基础上，提出了湿地生物多样性的价值评价指标及其评价方法。崔保山和杨志峰（2001）对吉林省典型湿地资源效益评价进行了研究。崔丽娟等（2002）对扎龙湿地的生态服务功能进行了货币化评估，分析了鄱阳湖湿地的生态服务功能，对鄱阳湖湿地各项生态服务功能进行估算，得出的生态服务功能总价值为每年 0.362 亿元。吴玲玲等（2003）对长江口湿地的生态服务功能价值进行了评估，得出其总价值为每年 40 亿元。王伟和陆健健（2005）对温州三垟湿地的生态服务功能进行了评价。同年，张天华等（2005）对西藏拉萨拉鲁湿地的生态服务功能价值进行了估算，得出其总价值为每年 0.548 亿元。张晓云等（2008）利用遥感等手段，对若尔盖高原湿地区生态系统服务价值进行了评价，结果表明：2006 年若尔盖高原湿地区生态系统服务价值为 169.88 亿元。庞丙亮（2014）基于 CASA（Carnegie-Ames-Stanford approach）估算模型，分别对扎龙湿地的植物固碳和土壤碳储存价值进行了评价，结果表明：2011 年扎龙湿地的固碳总价值约为 9.8 亿元，其中植物固碳价值 2.4 亿元，土壤碳储存价值 7.4 亿元。在湿地服务功能价值评价的基础上，贾军梅等（2015）基于近 10 年来太湖生态系统服务功能价值变化，对太湖生态系统服务功能退化规律进行了探讨。李晖等（2014）基于会仙岩溶湿地生态服务功能价值对其生态补偿机制进行了研究。国内湿地资源评价研究经历了由特征描述的定性评价到模型构建的定量评价，从单一属性评价到综合价值评价。遥感技术（RS）、地理信息系统（GIS）、测绘技术等也逐步被引入湿地资源评价研究中，充分说明了湿地生态系统的重要性及其服务功能所蕴含的巨大经济价值，然而其评价方法和评价体系还有待进一步完善。

第三节　服务价值评估方法

3.1　能值分析法

能值分析是以能值为基准，把生态系统或生态经济系统中不同种类、不可比较的能值转换成同一标准的能值来衡量和分析，从中评价其在系统中的作用和地位。综合分析系统中各种生态流（能物流、货币流、人口流和信息流），得出一系列能值综合指标（energy index），定量分析系统的结构功能特征与生态经济效益（表 6-2）。

表 6-2　能值分析的基本概念

术语	定义
有效能	具有做功能力的潜能，其数量在做功过程中减少（单位：joule，kcal，BTU 等）
能值	产品形成所需直接和间接投入应用的一种有效能总量（单位：太阳能焦耳 sej）
太阳能值	产品形成所需直接和间接应用的太阳能总量（单位：太阳能焦耳 sej）
太阳能值转换率	单位能量（物质）所含的太阳能值总量（单位：sej/J 或 sej/g）
能值功率	单位时间内的能值流量（单位：sej/次）
能值货币比率	单位货币相当的能值量，由一个国家年能值利用总量除以当年国民生产总值（GNP）而得（单位：sej/$）
能值-货币价值	能值相当的市场货币价值，即以能值来衡量财富的价值或称为宏观经济价值

1）能值分析法的基本步骤

（1）资料收集：收集研究对象相关的自然环境、地理和社会经济的各种资料数据，整理分类及存机处理。

（2）能量系统图的绘制：应用“能量系统语言”图例，绘制能量系统图，以组织收集的资料，形成包括系统主要组分及相互关系的系统图解。

（3）编制各种能值分析表：计算系统的主要能量流、物质流和经济流；根据各种资源的相应能值转换率，将不同度量单位（J、g 或$）的生态流或经济流转换为能值单位（sej）；编制能值分析评价表，评价它们在系统中的地位和贡献。

（4）构建系统的能值综合结构图：构建体现系统资源能值基础的能值综合结构图，对总系统和各子系统生态流进行集结和综合。

（5）建立能值指标体系：由能值分析表及系统能值综合结构图，进一步建立和计算出一系列反映生态与经济效率的能值指标体系，如人均能值、能值货币比率、能值投入率、净能值产出率、能值交换率、环境承载率、能值密度等。

（6）系统模拟：可采用能量系统动态模拟进行系统模拟。

（7）系统的发展评价和策略分析：通过能值指标比较分析、系统结构与功能的能值评价和模拟，为制定正确可行的系统管理措施和经济发展策略提供科学依据，指导生态经济系统良性循环和可持续发展（蓝盛芳 2001）。

2）能值分析法的优点与局限性

（1）能值分析法的优点。自然资源、商品、劳务等都可以用能值衡量其真实价值，能值方法使不同类别的能量可以转换为同一客观标准，从而可以进行定量的比较；能值分析方法把生态系统与人类社会经济系统统一起来，有助于调整生态环境与经济发展的关系，为人类认识世界提供了一个重要的度量标准。

（2）能值分析法的局限性。产品的能值转换率计算，需要对生产该产品的生态系统进行能值分析，用系统消耗的太阳能值总量除以产品的能量而求得，这种分析非常复杂，并且难度很大；能值反映的是物质生产过程中所消耗的太阳能，不能反映人类对生态系统所提供的服务的需求性，即支付意愿（WTP），也不能反映生态系统服务的稀缺性。

3.2 物质量评价法

物质量评价法是指从物质量的角度对生态系统提供的各项服务进行评价（赵景柱 2000）。

1）物质量评价方法的优点

运用物质量评价方法对生态系统服务进行评价的结果比较客观、恒定，不会随生态系统所提供的服务的稀缺性增大而大幅度增加，对于空间尺度较大的区域生态系统或关键生态系统更是如此；运用物质量评价方法能够比较客观地评价不同生态系统所提供的同一项服务的能力的大小和系统间的差异。

2）物质量评价方法的局限性

运用物质量评价方法得出的结果不能引起人们对区域生态系统服务足够的重视，进而影响人们对生态系统服务的持续利用；运用物质量评价方法得出的各单项生态系统服务的量纲不同，无法进行加和，很难评价某一生态系统的综合生态系统服务。

3.3 价值量评价法

价值量评价法是指从货币价值量的角度对生态系统提供的服务进行定量评价。

根据生态经济学、环境经济学和资源经济学的研究成果，目前较为常用的主要评估方法有市场价值法、生产函数法、碳税法和造林成本法、机会成本法、影子工程法、生产力变化法、人力资本法、费用支出法、旅行费用法、成果参照法、替代费用法和条件价值法等。根据不同的生态系统服务功能选择相对应的价值评价方法（表 6-3）。

表 6-3 湿地生态系统服务及评估方法举例

服务类型	生态系统服务	价值评估方法
供给服务	动植物产品	市场价值法
	水分供给	市场价值法
调节服务	调蓄洪水	影子工程法
	涵养水源	影子工程法
	气候调节	影子工程法
	净化水质	影子工程法
	固碳释氧	碳税法和造林成本法

续表

服务类型	生态系统服务	价值评估方法
调节服务	大气调节	市场价值法
	防风固堤	影子工程法
支持服务	营养物质循环	替代费用法
	生物多样性	支付意愿法
	土壤保持	替代工程法
文化服务	旅游休闲	旅行费用法
	科研教育	模拟市场法

市场价值法：是对有市场价格的生态系统产品和功能进行估价的一种方法，主要用在生态系统物质产品的评价上，如湿地野生动植物产品等。其价值就是当前人们普遍概念上的生物资源价值，计算方法如下：

$$V = \sum S_i Y_i P_i$$

式中，V 为物质产品价值；S_i 为第 i 类物质生产面积；Y_i 为第 i 类物质单位面积产量；P_i 为第 i 类物质市场价格。

生产函数法：列出产出与不同投入水平的函数关系。其中，干物质与产出 CO_2 之间的函数关系在湿地评价中主要应用于使用碳税法估算固定 CO_2 的价值。

碳税法和造林成本法：碳税法是根据光合作用方程式，以干物质生产量来换算湿地植物固定 CO_2 和释放 O_2 的量，再根据国际和我国对 CO_2 排放的收费标准，将生态指标换算成经济指标，得出固定 CO_2 的经济价值。造林成本法是单位面积植物碳素的净生长量、造林成本及湿地植物总面积三者的乘积。

机会成本法：是指在资源稀缺的条件下，使用一种方案则意味着必须放弃其他方案，而在被弃方案中可能获得的最大利益就构成了该方案的机会成本。

影子工程法：是指假设当环境被破坏后，以人工建造一个新工程来替代原来生态系统的功能或原来被破坏的生态功能的费用，然后用建造新工程所需的费用来估算环境破坏（或污染）造成的损失的一种方法。

生产力变化法：又称生产效应法，指环境变化可以通过生产过程来影响生产者的产量、成本和利润，或者通过消费品的供给与价格变动影响消费者福利，如因湿地面积缩小导致渔业减产时，损失的价值等于损失产量与单价之积。

人力资本法：也称为疾病成本法，包括由人的知识、技能及健康创造的价值。

费用支出法：是从消费者角度来核算生态环境效益的方法，以人们对其中环境效益的支出费用来表示该效益的经济价值。

旅行费用法：常被用来描述那些具有市场价格的自然景点或者环境资源的价值。根据旅游者在旅游活动中所有的支出和花费，包括游客在某一湿地所支出的交通费、饮食费、门票、住宿费和旅行时间价值等，对旅游地区的旅游价值进行估算的方法。可以根据以下公式计算。

旅游价值＝旅行费用支出+消费者支出+旅游时间价值

旅行费用支出=每天旅游人数×每天旅游费用×每年旅游时间

消费者剩余=旅行费用支出×40%

旅游时间价值=旅行总时间×单位旅行时间的机会工资成本

成果参照法：是指估算某项生态系统服务价值时参照相同生态系统服务价值评价的研究成果。

替代费用法：是通过分析需花费多少钱才能替代某一开发项目对生产资料造成的损失，然后把这些费用与防止环境损失发生的费用相比较。

条件价值法：也称为问卷调查法，是通过支付意愿或接受补偿意愿的调查而实现的评估方法，是利用征询问题的方式诱导人们对非使用价值的保存和改善进行支付的意愿，确定某种非市场性物品或服务的价值。它适用于缺乏实际市场和替代市场交换商品的价值评估，是类似生态资产这样的“公共商品”价值评估的一种特有的重要方法，能评价各种环境效益（包括无形效益和有形效益）的经济价值。它的核心是通过直接调查，了解人们对环境商品的支付意愿（WAP），并以支付意愿和净支付意愿来表达环境商品或服务的价值。

第四节　生态服务价值分类

在环境经济学中，生态系统服务价值包括两个部分：使用价值和非使用价值。使用价值是环境资源的某一产品或服务被消费时，满足人们的某种需要或偏好的能力，使用价值又可分为直接使用价值和间接使用价值。非使用价值则是指环境资源的内在属性，是其本身的价值，与人们是否使用它没有关系，可以分为选择价值和存在价值（表 6-4）。

表 6-4　湿地生态系统服务价值分类

使用价值		非使用价值	
直接使用价值	间接使用价值	选择价值	存在价值
渔业、农业	保持营养物	生物多样性	基因库保存
薪材、泥炭	消纳污染物	保护生存栖息地	生存栖息地
动植物资源	控制洪水	未来的潜在用途	文化遗产
运输	防风固堤	未来的信息价值	遗赠价值
旅游	防止盐水入侵		
环境教育	调节地下水		
科研	稳定小气候		

参考文献

潮洛蒙，李小凌，俞孔坚. 2003. 城市湿地的生态功能. 城市问题, (3): 9-12.

崔保山，杨志峰. 2001. 吉林省典型湿地资源效益评价研究.资源科学, 23(3): 55-61.

崔丽娟. 2002. 扎龙湿地价值货币化评价. 自然资源学报, 17(4): 451-456.

崔丽娟. 2004. 鄱阳湖湿地生态系统服务功能研究. 水土保持学报, 18(2): 109-114.

崔丽娟，宋玉祥. 1997. 湿地社会经济评价指标体系研究. 地理科学, 17(增): 446-450.

董全. 1999. 生态功益：自然生态过程对人类的贡献. 应用生态学报, 10(2): 233-240.

高俊琴，吕宪国，李兆富. 2002. 三江平原湿地冷湿效应研究. 水土保持学报, 16(4): 149-151.

贾军梅，罗维，杜婷婷，等. 2015. 近10年太湖生态系统服务功能价值变化评估. 生态学报, 35(7): 1-14.

康文星. 2008. 洞庭湖滩涂和草甸沼泽湿地调蓄水量的功能研究. 水土保持学报, 22(5): 209-216.

蓝盛芳. 2001. 生态系统的能值分析. 应用生态学报, 12(1): 129-131.
李春晖. 2003. 城市湿地保护与修复研究进展. 地理科学进展, 28(2): 271-279.
李晖, 蒋忠诚, 尹辉. 2014. 基于生态服务功能价值的会仙岩溶湿地生态补偿研究. 水土保持研究, 21(1): 267-271.
欧阳志云, 王如松, 赵景柱. 1999. 生态系统服务功能及其生态经济价值评价. 应用生态学报, 10(5): 635-640.
庞丙亮. 2014. 扎龙湿地生态系统固碳服务价值评价. 生态学杂志, 33(8): 2078-2083.
王建华. 2007. 城市湿地概念和功能及中国城市湿地保护. 生态学杂志, 26(4): 555-560.
王如松, 欧阳志云. 2012. 社会-经济-自然复合生态系统与可持续发展. 中国科学院院刊, 27(3): 337-345.
王伟, 陆健健. 2005. 三垟湿地生态系统服务功能及其价值. 生态学报, 25(3): 404-407.
吴玲玲, 陆健健, 童春富, 等. 2003. 长江口湿地生态系统服务功能价值的评估. 长江流域资源与环境, 12(5): 411-416.
吴晓磊. 1994. 人工湿地废水处理机理. 环境科学, 16(3): 83-86.
严承高, 张明祥, 王建春. 2000. 湿地生物多样性价值评价指标及方法研究. 林业资源管理, (1) : 41-46.
阎水玉, 王祥荣. 1999. 城市河流在城市生态建设中的意义和应用方法. 城市环境与城市生态, 12(6): 36-38.
张步翀. 2006. 生物多样性对生态系统功能及其稳定性的影响. 中国生态农业学报, 14(4): 12-15.
张庆辉, 赵捷, 朱晋, 等. 2013.中国城市湿地公园研究现状. 湿地科学, 11(1): 129-135.
张天华. 2005. 西藏拉萨拉鲁湿地生态系统服务功能价值估算. 生态学报, 25(12): 3176-3180.
张晓云, 吕宪国, 沈松平, 等. 2008. 若尔盖高原湿地区主要生态系统服务价值评价. 湿地科学, 6(4): 466-472.
张芸, 吕宪国, 倪健. 2004. 三江平原典型湿地冷湿效应的初步研究. 生态环境, 13(1): 37-39.
赵景柱, 肖寒, 吴刚. 2000. 生态系统服务的物质量与价值量评价方法的比较分析. 应用生态学报, 11(2): 290-292.
Buchmann S L, Nabhan G P. 1996. The Forgotten Pollinators. Washington D.C.: Island Press.
Costanza R, Farber S C, Maxwell J. 1989. Valuation and management of wetland ecosystems. Ecol Econ, 1: 335-361.
Costanza R. 1997. The value of the world's ecosystem services and natural capital. Nature, 387: 253-260.
Daily G C, Alexander S, Ehrlich P R, et al. 1997. Ecosystem services: Benefits supplied to human societies by natural ecosystems. Issues Ecol, 2: 1-16.
Maltby E, Hogan D V, Immirzi C P, et al. 1994. Building a new approach to the investigation and assessment of wetland ecosystem functioning. *In*: Mitsch W J. Global Wetlands: Old World and New. Amsterdam: Elsevier Science B. V.: 637-658.
Pimentel D, McLaughlin L, Zepp A, et al. 1989. Environmental and economic impacts of reducing U.S. agricultural pesticide use. Handbook of Pest Management in Agriculture, 4: 223-278.
Turner K. 1991. Economics and wetland management. Ambio, 20(2): 59-61.
Young R A, Gray S L. 1972. Economic value of water: concepts and empirical estimates. Fort Collins, Colorado: Department of Economics, Colorado State University: 347.

第七章　城市湿地生态系统健康

第一节　引　　言

1.1　基本概念

生态系统健康的概念最初是由 Schaeffer 和 Rapport 共同提出的（马克明等 2001）。Schaeffer 等（1998）从医学疾病学的角度出发，指出健康的生态系统应该是没有或缺少疾病的，生态系统的组织、结构等未受到损害；Rapport 等（1989）认为生态系统健康可以从生态系统活力、组织力和恢复力 3 个方面加以定义，后又添加了生态系统服务功能的维持；Cairns 等（1993）从生态系统完整性角度出发，认为生态系统健康应该指的是生态系统的完整性，即生态系统未受到人类干扰而出现退化。另外，从可持续发展的角度出发，生态系统健康即生态系统自身保持稳态、健康且没有疾病的、健康具有多样性和复杂性、健康且有活力的、健康具有稳定性和恢复性、健康是系统要素间的动态平衡等 6 个方面（Costanza 1998；Lu et al. 2015）。

当前对城市湿地生态系统健康已经进行了许多研究工作，但尚未形成统一的、清晰的城市湿地生态系统健康定义和概念。不同的研究者基于不同的城市湿地类型及所关注的研究侧重点对城市湿地生态系统健康进行了定义。例如，Karr 等（1986）和 Smol（1992）认为健康的湿地生态系统应该是活跃的和组织结构完整的，并且具有较强的从环境胁迫状态恢复过来的能力；Meyer（1997）进一步总结认为，健康的湿地生态系统应该不仅仅是要维持自身的组织完整、结构稳定和功能全面，更应该包含其给予城市社会发展的生态环境效益和社会价值得到充分保障；崔保山和杨志峰（2003a）从湿地生态系统特征、组成结构及功能与服务的角度出发，指出湿地（包括城市湿地）生态系统健康主要是指生态系统关键生态组分保存完整且不具有疾病，在一定时空尺度内具有较好的对抗外部干扰的能力，整体功能上表现出复杂性和多样性、活力和相应的生产率，并且能够充分发挥其生态系统服务功能；王如松和欧阳志云（2012）通过分析城市湿地生态系统的发展与演化特征，指出城市生态系统为一种高度人工化的自然-社会-经济三位一体的复合生态系统，城市湿地生态系统的健康应该是自然、社会、经济 3 个子系统在时间、空间、数量、结构及秩序等方面的生态耦合及协调发展。以上相关定义表明，城市湿地最大的特点就是受到人类活动的强烈干扰，同时又强烈影响着人类的社会生活、经济及文化。所以，对于城市湿地健康的研究必须将人类和自然视为整体研究对象。城市湿地生态系统健康的内涵应该是湿地自然生态系统健康和人类生计、健康、文化及福祉间相互影响，人类与环境之间有利或不利的交互作用，即应该是“城市湿地生态文化健康”（刘焱序等 2015）。综上，本研究将城市湿地生态系统健康定义为：自然、人类等组成部分，整体结构上的完整性及布局合理性，整个复合生态系统充满活力，生物组分与社会文化和人类福祉间的协同恢复性等，总体上能够保证城市湿地的可持续发展。

1.2 国内外研究进展

生态系统健康的概念产生于 20 世纪 70 年代末（Woodwell 1970；Barrett 1976；Rapport et al. 1979；Schaeffer et al. 1988），90 年代国际生态系统健康学会（International Society for Ecosystem Health，ISEH）成立之后，生态系统健康的研究开始从哲理性的概念论述转向实际运用，ISEH 鼓励人们认识和理解人类对生态系统生物物理过程及功能的影响及生态系统对人类社会经济、健康等的反馈作用，并建立评价生态系统健康的基础理论和操作方法（Rapport et al. 2000；Jerry et al. 2001）。2000 年前后，我国学者开始大量关注生态系统健康研究，并且对生态系统健康的相关概念、理论框架、评价指标及评价方法等都做了较为完整的分析和论述（曾德慧等 1999；任海等 2000；傅伯杰等 2001；李瑾等 2001；马克明等 2001；孔红梅等 2002；肖风劲和欧阳华 2002）。

经过近 40 年的发展，生态系统健康的研究已经取得了大量成果，特别是 2002 年以后，关于生态系统健康的研究论文数量呈指数模式增长（刘焱序等 2015）。但是，大多数成果都是以森林、草原等自然生态系统为研究对象进行的，而对受人类影响更为强烈的城市湿地生态系统健康的研究却相对较少。现有的少量的关于城市湿地生态系统健康的研究主要都集中于如何建立健康评价指标体系，对城市湿地生态系统健康进行诊断、风险评估及综合健康评价等偏重于实际运用方面，而关于重点阐述城市湿地生态系统健康特殊性的研究相对较少（Harpham 1996；韩美等 2006；Lu et al. 2015；朱士鹏等 2015）。

1.3 目的与意义

城市生态系统是一个自然-社会-经济复合的特殊生态系统，城市湿地生态系统则是其中的重要组成部分，其本身也融合着自然、社会、经济三重属性（朱士鹏等 2015）。城市湿地生态系统的健康直接关系到城市复合生态系统的安全和可持续发展（吕宝贵 2013）。对于城市湿地生态系统健康的研究，其目的与意义主要体现在以下三个方面。

1）城市湿地生态系统健康研究能为湿地管理提供理论指导

城市湿地管理者为了科学的管理和维护城市湿地，需要以城市湿地生态系统健康理论为指导来制定湿地环境保护政策、管理手段和管理目标。而上述的政策、手段、目标等正是城市湿地生态系统健康理论研究所关注的其与人类健康、社会经济健康、社会人文健康等的耦合关系的具体体现形式。因此，城市湿地生态系统健康研究能为湿地管理与政策制定提供良好的理论指导和参考，是城市湿地生态系统环境管理的最终目标（Costanza 2012）。

2）城市湿地生态系统健康评估为城市湿地管理和保护提供科学依据

当前城市湿地生态系统的非健康状态主要是由两方面的原因导致的（潮洛蒙等 2003；王建华和吕宪国 2007；李春晖等 2009）：一方面是对于城市湿地的重要性缺乏足够的认识，进而导致湿地资源缺乏管理和保护；另一方面是由于缺乏科学有效的保护和管理方法，进而导致湿地生态系统健康受损。在充分认识到城市湿地重要性的基础上，当务之急是寻找一种全面、科学、有效的城市湿地生态系统管理和保护的新方法。城市湿地生态系统健康评估基于生态系统理论、健康理论和社会经济理论三者有机结合，综合评估湿地生态系统过程和功能的持续运转情况、生态系统服务的提供状况，以及其与人类健康、社会经济和人文健康状况的和谐程度。

3）城市湿地生态系统健康理论是城市可持续发展理论的重要组成部分

当今城市的发展追求的是可持续发展模式，城市可持续发展指的是经济、社会、环境和文化等多维一体的协调发展模式（孙平 1996；刘岩等 2000）。城市可持续发展理论研究表明，城市的发展应当是一种既能满足当前需要又不对未来造成不利影响的全新的科学发展模式，其主要以地学、生物学、生态学、资源学、环境科学、人地关系学、社会科学与经济学、高新技术科学等学科知识为理论基础（李松志和董观志 2006）。城市湿地生态系统健康研究正是上述学科理论的综合体现，研究的目的就是揭示生态系统持续性发展的规律，揭示胁迫下湿地生态系统的抵抗能力和恢复能力，以及其与人类健康、城市经济发展、社会健康和谐等之间的关系（鞠美庭等 2009）。因此，城市湿地生态系统健康研究为城市可持续发展服务，是城市可持续发展理论的重要组成部分。

第二节　城市湿地生态系统健康的理论

2.1　生态系统健康标准

生态系统健康的 3 个最基本的标准是活力（vigor）、组织（organization）、恢复力（resilience）（Costanza 1992）。活力主要是指生态系统的活动性，生态系统对外部输入的能量运转效率越高、物质循环越快，其生态系统的活力一般越强。组织即生态系统的组织结构，它主要表征生态系统的复杂性，生态系统生物多样性越高，食物链、食物网关系越复杂，则生态系统结构越复杂，生态系统也就越健康。恢复力是指当生态系统受到外部干扰后能够克服干扰压力恢复到接近或等同于原始状态所需要的时间容量，恢复能力越强说明生态系统越健康。

对于城市湿地生态系统而言，它是具有自然-社会-经济属性的复合生态系统类型，是以人类为主导，以自然环境资源为依托，以社会经济为命脉，形成的自然生态子系统、社会生态子系统、经济生态子系统三者相互联系、相互影响的结合体结构（曾德慧等 1999；王如松和欧阳志云 2012）。城市湿地生态系统的健康不仅需要保证生态系统本身的自我维持、恢复与更新能力，还要满足人类社会和经济的合理需求能力，后者是前者的目标，前者则是后者的基础（李瑾等 2001）。健康的城市湿地生态系统可以为人类提供多种生态系统服务功能，如涵养水源、净化水质、减缓城市热岛效应、城市生态旅游及文化传承等；健康的城市湿地生态系统应该对社会经济具有促进作用，如城市湿地的良好景观可以用于城市旅游开发进而促进城市经济发展；健康的城市湿地生态系统还应该具有提高和改善人类健康的能力，如城市湿地清幽的环境可以很好地缓解城市人群的焦虑情绪。所以，城市湿地生态系统健康的标准除活力、组织、恢复力外，还应包括生态系统服务功能的提供、社会经济的促进、人类健康的保证等 6 个方面，涵盖城市湿地的自然、经济、社会三重属性。

2.2　影响因素

影响城市湿地生态系统健康的因素可以分为自然、社会、经济 3 个，它们之间不是相互独立而是彼此相互影响和牵制的。

1）自然因素

自然因素是指由气候或地质变化等自然作用力本身所带来的影响因素，如干旱、洪水、地震、自然火灾、病虫害暴发等。自然因素主要影响城市湿地复合生态系统的自然子系统的结构、生态系统过程，进而影响生态系统服务及其功能的产生和提供。

2）社会因素

和自然因素一样，社会因素也会影响城市湿地生态系统结构、过程等，从而影响湿地生态系统服务或功能的提供和维持，威胁生态系统的健康。社会因素是指主要由人类活动对生态系统造成的影响，如生产生活污水及有毒物质的排放、外来生物的入侵、湿地土地利用方式的改变、湿地保护意识、管理水平等。

3）经济因素

经济因素包括湿地周边人均经济水平、城市总体经济水平等。因为城市湿地资源同时也是城市经济发展的重要物质基础，湿地周边居民个体及城市政府群体等都会根据自身的经济水平来开发和利用城市湿地资源，在开发和利用的过程中就会不可避免地影响城市湿地生态系统结构和功能，进而影响生态系统的健康。

城市湿地均分布于人类集中的城市周边或城市中间，相比自然湿地生态系统而言，城市湿地生态系统的健康更容易受到人为因素的影响，所以，对城市湿地生态系统健康进行评估或评价时，要充分考虑社会因素和经济因素的影响，不仅要单独考虑单个因素的主要效应，还要考虑多个因素交互效应的影响。

2.3 研究尺度

尺度是研究客体或过程的空间维和时间维，即所谓的空间尺度和时间尺度（邬建国 2000）。生态学中的空间尺度是指生态系统面积的大小，而时间尺度则是动态变化的时间间隔。所选择的研究尺度不同，湿地生态系统健康研究的内容也不相同（崔保山和杨志峰 2003b）。相比自然湿地，城市湿地面积虽小但结构更为复杂，因此城市湿地生态系统健康的研究一般选择的尺度为景观尺度，研究的内容主要集中于城市湿地生态系统对于环境变化的响应与适应；湿地景观结构及功能的变化；湿地斑块的空间格局及动态变化；城市湿地生态系统自然、社会、经济 3 个子系统间的整合关系研究等（表 7-1）。

表 7-1　不同尺度下生态系统健康所研究的主要内容（改自崔保山和杨志峰 2001）

研究尺度	主要研究内容
生态系统尺度	系统内部组成要素动态特征；生态系统生产力；物质循环和能量流动；生态系统结构和功能；物种多样性
流域尺度	流域内的景观格局及动态；上、中、下游湿地系统的连接性；生态系统之间的物质循环、能量流动及信息传递；流域内自然、社会、经济复合系统的整合性
景观尺度	系统对环境背景值的影响与响应；景观的结构和功能变化；嵌块的动态变化及空间格局；城市湿地内自然、社会、经济复合系统的整合性

2.4 评估原则

城市湿地生态系统健康评价（评估）的最终目的是让人们充分认识和全面了解城市湿地当前的健康状况，进而帮助人们制定合适的管理政策和有效的保护措施，使湿地在保证自身健康运转的同时最大限度地满足人类的合理需求。城市湿地生态系统健康评价主要有 3 个评估原则：单项评估与综合性评估相结合原则、定性定量评价相结合原则、标准规范化评估原则。

1）单项评估与综合评估相结合原则

单项评估与综合评估相结合是城市湿地生态系统健康评估的最重要的评估原则。城市湿地生态系统是一个由各个组分有机构成的复合生态系统类型，其目的是提供各种生态系统功能和服务，即为人类的利益和福祉服务。由于不同利益群体所关注的生态系统功能和服务不同，因此所关注的湿地生态系统健康的出发点（生态系统的不同组分或水平）不同。例如，湿地周围居民更多关注的是湿地的农产品等产品提供服务，所以他们更关注湿地经济植物长势、产量等个体或种群结构特征；政府部门更多关注的是湿地整体景观及生物多样性等，更多从整个生态系统的水平进行关注。综上所述，为了满足不同利益相关者，进行城市湿地生态系统评估时既要有单项评估，又要有综合评估，即单项评估与综合评估相结合的评估原则。

2）定性定量评价相结合原则

进行城市湿地生态系统健康评估时，有些评价指标在当前是很难进行量化的（如管理水平），但是为了完整客观地评价城市湿地生态系统的健康状况，这些指标又是必不可少的。在进行健康评价时对于可以定量测定的指标采取定量的评价，对于无法进行定量测定的指标采取定性的描述性评价，即定性定量评估相结合的评估原则。

3）标准规范化评估原则

选用的评价指标最好统一，指标测定的方法要参照标准测定方法做到规范，这样评价的结果才可以进行较好的比较（至少在同一类型的生态系统中可以进行相互比较），从而提高评价结果的实际运用性。

2.5 指标体系

2.5.1 指标体系的分类

城市湿地生态系统健康评价的指标体系主要有基于活力-组织-恢复力（V-O-R）模型改进后的评估模型指标体系，基于人类与自然环境相互作用的逻辑关系建立的压力-状态-响应（P-S-R）评价模型指标体系，还可以建立基于生态完整性概念的生物完整性指数（index of biotic integrity，IBI）评价指标体系，以及根据城市湿地生态系统自然属性及社会服务功能属性建立的层次分析模型（APH）评价指标体系 4 类。

1）改进后的 V-O-R 模型评价指标体系

改进后的 V-O-R 评价模型，除活力、组织、恢复力外，还包含生态系统功能、社会经济及人类健康等，更适用于城市湿地等更为复杂的生态系统类型。但是该模型评价指标体系目前在城市湿地生态系统健康评价的实际运用中案例非常稀少（卢媛媛等 2006）。

2）基于 PSR 模型的评价指标体系

PSR 模型最初由 Tony Friend 和 David Rapport 在 1979 年提出，后经由国际经济合作与发展组织（OECD）修改后用于生态系统环境健康评价（Walz 2000）。该模型指标体系分为 3 个层次，分别是压力层、状态层、响应层。压力层指标体现人类在获取自然资源和服务时对生态系统造成的影响，状态层指标体现生态系统遭受人类干扰后的状态，响应层指标则体现受干扰后的生态系统对人类的反馈作用及人类采取的相应措施等。在城市湿地生态系统健康评价中依据此模型构建健康质量评价指标体系运用最多，吕宝贵（2013）、张永利等（2015）和朱燕玲等（2011）都采用该评价指标体系对城市湿地生态系统健康进行了评价。杨丽芳等（2015）在对鸣翠湖湿地生态系统健康的评价过程中，构建了包含 27 个评价指标的评价指标体系（表 7-2）。

表 7-2　基于 PSR 模型的鸣翠湖湿地生态系统健康评价指标体系（改自杨丽芳等 2015）

指标体系层次	指标内容
压力层（pressure）	人口密度
	人口自然增长率
	化肥施用强度
	湿地受人为破坏程度
状态层（state）	水质等级
	水体富营养化程度
	土壤有机质质量比
	湿地面积退化率
	斑块个数
	景观破碎度
	景观多样性指数
	生物多样性状况
	入侵物种数及其比例
	植被覆盖率
	湿地自然灾害发生等级
	水文调节功能等级
	水质净化功能等级
	干旱指数
	土地初级生产力
	生物栖息地功能等级
	观光旅游服务等级
响应层（response）	湿地管理水平
	自然保护区级别
	环保投资指数
	湿地保护程度
	政策法规的贯彻力度
	生活、工业污水处理效率

3）基于生物完整性指数（IBI）的评价指标体系

生态系统完整性的内涵即生态系统能够支持和维护一个与地区性自然生境相对等的生物集合群的物种组成、多样性和功能等的稳定能力。生物完整性指数（IBI）是基于生态系统完整性的内涵而设计的生态系统健康评价方法，此方法最先由 Cairns 等（1993）提出并通过构建鱼类生物完整性指数（F-IBI）评价指标体系在对河流生境健康评价中得到运用。依据他们的思路，现在已经构建了包括底栖生物完整性指数（B-IBI）、着生藻完整性指数（P-IBI）等众多指数及相应的评价指标体系，但是这些指数较多的都是运用在大型自然湖泊及河流生境健康评价上（李玉凤和刘红玉 2007；苏玉等 2013），目前用该指标体系来评价城市湿地生态系统健康的研究还不多见。

4）基于层次分析模型（APH）的评价指标体系

层次分析模型（APH）是将评价结果分为目标层、要素层、指标层 3 类，在此基础之上进行定性定量分析的模型方法，依据此模型构建的评价指标体系包括目标层指标、要素层指标、指标层指标。因为此模型主要是将复杂生态学问题数学化，所以各层指标之间不像 PSR 模型具有较强的生态学上的因果关系。依据此模型在城市湿地生态系统评价构建的评价指标体系虽然不像 PSR 模型一样较多，但是也有一些应用实例，张凤玲等（2005）和崔心红等（2015）在分别对北京和上海城市湿地生态系统健康进行评价时都利用了层次分析模型（APH）构建综合健康评价指标体系。

2.5.2 指标体系中指标的分类

1）功能分类

从功能上可以将城市湿地生态系统健康评价指标分为早期预警指标、适宜度指标、诊断指标 3 类（Cairns et al. 1993）。早期预警指标是指能够及时监测生态系统退化的指标，如敏感种个体生长率、形态结构畸变和化学物质耐受力等；适宜度指标是指与可接受的或参照系的标准进行比较后，能确定生态系统当前健康状况的指标，如生态系统完整性指标、活化能指标、有重要经济价值的物种丰富度等；诊断指标是指能够确定评价生态系统退化或者偏离健康原因的指标，如生物体型分布、营养级结构的完整性等。

2）结构分类

从生态系统结构上对指标体系进行分类，可将指标分为个体或种群水平指标、群落水平指标、生态系统水平指标 3 类（李瑾等 2001）。个体或种群水平指标主要是指那些对环境变化敏感的种或种群及其特征，如个体生长率、对不良环境的耐受性等，种群的出生率、死亡率、年龄结构、体型结构、丰富度、多样性等；群落水平指标包括生物的分类群组成、物种多样性、生物量等；生态系统水平指标包括生态系统初级生产力、养分循环速率、食物链或食物网复杂程度等。

3）属性分类

从属性上分类，可将城市湿地生态系统健康评价指标体系分为自然属性指标、生态系统功能属性指标、社会经济文化属性指标 3 类（Rapport 1998；汪朝辉等 2003）。自然属性指标包括动植物群落结构指标、湿地植被覆盖率、湿地水质及土壤营养状况、湿地景观多样性指数等；生态系统功能属性指标包括湿地水文调节能力、水质净化能力、初级生产力状况、生物多样性维持能力等；社会经济文化属性指标包括湿地管理水平、湿地周边居民人均国内生产总值（GDP）水平、政策法规的贯彻力度、环保投资指数等。

2.5.3 评价指标体系中选取指标的原则

城市湿地生态系统健康评价最重要的部分即是评价指标体系的构建，而其中最重要的部分则无疑是评价指标的筛选。通过总结当前构建的各种城市湿地生态系统健康评价指标体系的结构和特点、具体评价的目的等，在进行指标筛选时需要达到以下 3 个目标：①构建的指标体系必须能够全面真实地反映城市湿地生态系统的综合健康状况，既要包括自然健康，还要有人类健康及经济文化健康；②通过各种实时监测和即时分析，找出城市湿地退化或不健康的原因；③能够定期为政府部门、社会公众提供城市湿地生态系统健康状况统计总结及解释报告等。基于以上 3 个目标，筛选指标时需要遵循以下原则。

（1）全面整体性原则。城市湿地是一个复杂的复合生态系统，所以选择指标既要能反映各子系统的健康状况，又要能够说明城市湿地复合生态系统各子系统内部及之间的相互影响和联系。因此既要有反映自然属性的各种指标，又要有反映经济文化状况属性的指标。并且所选择的指标必须能够很好地构成一个完整的指标体系，充分体现出城市湿地中自然和人类是整体的研究对象。

（2）定性描述与定量测定相结合原则。对城市湿地生态系统健康全面准确的评价，必须要选取大量的指标构建指标体系来评估，但是目前还无法保证对于每项指标都能做到很好的量化，所以对于难以做到定量化但又不可或缺的指标则只能选择定性描述。

（3）静态与动态相结合原则。对于城市湿地健康的全面评价不仅需要了解它的当前健康状况，还要预测它今后的发展趋势，所以在指标选取上不仅需要能够界定其现状的静态指标，还要能够反映其内部功能或特征随外部条件变化的动态监测指标，即需要采取动静结合的原则。

（4）简明性和可操作性原则。所选指标必须概念清晰明确，在当前我国生产力水平和技术条件下能够容易获得和测量，便于统计和计算，这样才能及时、快捷并且准确地为政府、管理部门，以及人民群众等提供统计总结和解释报告。

（5）规范化原则。城市湿地生态系统健康评价是一项长期性工作，获取的数据和资料应在时间和空间上均具有较好的可比性，采用的指标和方法必须做到统一规范和具有一定的科学性。

第三节 城市湿地生态系统健康的评价方法

根据不同的评价侧重点，城市湿地生态系统健康评价的方法可以分为健康诊断、风险评估、综合健康评价 3 种，由于上述 3 种方法还没有清晰的概念，因此在实际评价过程中造成了一些混乱。例如，目的仅仅是进行生态系统健康诊断，但实际上在操作上做成了综合健康评价。本节主要对上述 3 种常用的城市湿地生态系统健康评价方法进行详细介绍。

3.1 健康诊断

健康诊断是指从城市湿地生态系统本身的结构和功能出发，诊断由于人类活动和自然因素的影响是否导致了生态系统结构紊乱和功能的失调（冯海云等 2010；袁琳等 2015）。此方法侧重于评价外来干扰对生态系统自然属性特征，如植被结构、营养循环速率等的影响，是一种相对简单的生态系统健康评价方法。

城市湿地生态系统健康诊断主要有单因子诊断法和指标体系综合分析诊断法（杜晓军等 2001）。单因子诊断法是早期研究运用较多的诊断方法，该方法的优点是较为方便快捷、容易操作，缺点是缺乏完善的指示物种筛选标准，而指示物种选取的好坏直接关系到诊断结果的准确性。常运用到的单因子诊断方法是指示物种法，其主要是利用关键物种或环境敏感物种的数量、生物量、生产力等来对生态系统健康进行诊断，如运用浮游生物、底栖动物或鱼类等对城市河流、湖泊等湿地健康进行诊断（郑耀辉等 2010；苏玉等 2013）。由于生态系统本身的复杂性，单因子诊断法不足以全面诊断整个生态系统的健康状态，因此指标体系综合分析诊断法则从湿地生态系统各个组分、结构、功能上对城市湿地进行全方位诊断。指标体系综合分析诊断法需要构建诊断指标体系，指标体系主要由生态系统结构指标和生态系统功能指标构成，生态系统结构指标包括生境结构指标（物理化学指标、景观指标）和生物结构指标（动植物群落结构特征指标）。生态系统功能指标包括生产功能、生态功能及社会文化功能等（冯海云等 2010；朱燕玲等 2011；Yuan et al. 2014；袁琳等 2015）。

3.2　风险评估

城市湿地生态系统风险评估是研究人类干扰或自然影响导致的不利生态效应发生可能性的大小（殷浩文 2001；韩茹茹等 2015），是对生态系统结构、功能等是否会受到损害的一种早期预警性评价。在当前快速化城镇建设过程中，城市湿地生态环境正面临着前所未有的挑战，为了抑制城市生态环境的进一步恶化，促进城市和谐与可持续发展，有必要对可能产生的不利影响进行预测性评价。城市生态风险评估逐渐成为城市生态环境保护和管理的重要手段（许妍等 2013）。

从被评估对象的类型上来看，城市湿地生态系统风险评估一般包括湿地水体污染风险评估、湿地土壤重金属污染风险评估，以及湿地动植物多样性和生态系统功能损害风险评估等。从遭受的风险源来看，一般可以分为富营养化风险评估、重金属污染风险评估、有毒化合物毒性生态风险评估、外来生物入侵风险评估等（陈国奇等 2009；黄芳等 2011；鲍玲 2012；于格等 2012；王波等 2013；许妍等 2013）。

城市湿地生态风险评估方法主要有适用于小尺度、单因子风险源的熵值法和暴露分析法，适用于多因子风险源的因子权重法和等级风险评估法（Hakanson 1980；鲍玲 2012）。城市湿地生态风险评估的一般步骤可以分为风险源分析、受体评估、暴露评估、危害评估和风险表征 4 个部分（Cormier et al. 2000；鞠强 2005；韩茹茹等 2015）。风险源分析主要是明确导致生态系统结构或功能损害的可能来源，如富营养化污染、重金属污染等；受体评估是指预判风险源可能会使哪些生态系统组分、结构或功能受到影响；暴露评估主要是研究风险源在评估区域中的分布范围、流动特征及其与受体之间的接触情况等；危害评估和风险表征是量化风险源导致的生态系统组分、结构或功能受损的可能性的大小（卢宏玮等 2003）。

3.3 综合健康评价

城市湿地生态系统综合健康评价不仅可以诊断城市湿地生态系统当前的健康状况，判定损害湿地生态系统健康的原因，还能和风险评估一样对可能威胁湿地生态系统健康的因子进行风险评估，所以综合健康评价是结合健康诊断和风险评估两种方法后进行的最为全面、准确的城市湿地生态系统健康评价方法。它主要是基于特定的评价模型，通过构建综合评价指标体系对城市湿地生态系统健康状况进行分等级综合性评价。

3.3.1 评价模型

综合健康评价中构建的主要评价模型主要有压力-状态-响应模型（P-S-R 模型）、改进后的活力-组织-恢复力（V-O-R）模型，以及层次分析模型（APH）3 种，它们都属于开放性评价模型，可以根据具体情况引入评价指标。P-S-R 模型具有较强的逻辑因果关系，能够充分体现城市人类对城市湿地的干扰，以及干扰后的城市湿地对人类的反馈作用这种相互作用关系。人类通过各种手段从城市湿地中获取发展的资源和服务功能，同时又向湿地排入生产生活的废物，进而对自然资源数量和生态环境质量产生负向作用，而湿地环境的改变又再次对人类生活产生反馈作用，影响人类的社会经济活动和社会福利，然后社会通过环境、经济和政府部门政策来调节湿地生态环境，如此循环则构成了城市人类与城市湿地间的压力-状态-响应关系（任晶等 2012；朱卫红等 2012）。V-O-R 模型是基于生态系统本身的活力、组织、恢复力构建的评价模型，最初的模型由于主要包含的指标多是反映生态系统自身特征的，不能很好地反映人类与生态系统间的相互作用关系，因此随后又引入了生态系统服务功能、管理选择及人群健康状况，构成改进后的 V-O-R 模型，使其可用于对城市湿地的评估。但是，在当前的实际运用中，大多采用 P-S-R 模型构建评价体系，改进后的 V-O-R 模型实际运用较为少见。层次分析模型（APH）是将评价结果分为目标层、要素层、指标层 3 类，在此基础之上进行定性定量分析的模型方法，该方法是美国运筹学家萨迪于 20 世纪 70 年代初发明的，此模型是在对复杂问题的本质、影响因素及内在关系进行分析的基础上，利用较少的定量信息使决策的过程数学化，从而为多目标、多准则等复杂问题提供简便的决策方法。层次分析模型的目标层即最终要评价的综合结果，要素层即目标层之下构成最终结果的各个要素，如城市湿地生态系统健康评价的生态特征指标、生态功能指标、社会经济及人类健康指标，指标层即最终评价时所选用的具体指标，如生态多样性指数、湿地的固碳释氧功能等。

3.3.2 评价指标体系构建

综合评价指标体系的构建是城市湿地生态系统健康综合评价的核心部分，主要涉及评价指标的选取、分类、赋值及标准化处理等部分。

（1）评价指标的选取。根据生态系统健康理论指标体系选取指标的原则，分别从生态特征、功能作用、社会经济及人群健康方面选取指标，所选取的指标既要有定性描述指标，又要有定量分析指标，既要有早期预警性指标，又要有当前状态的诊断指标及未来状况的风险预估指标等（详见本章第二节）。

（2）指标权重确定。评价指标选取赋值后，需要确定各指标在综合评价指标体系中所占的权重，然后根据各权重及指标值计算综合健康指数值。当前指标权重的确定主要将主客观赋值法（即将熵权法）和专家打分法结合起来确定各评价指标权重，最后根据熵权法计算指标熵权（官冬杰和苏维词 2006；谭娟等 2014）。

3.3.3 评价指标体系类型

依据不同评价模型，可以构建不同的综合健康评价指标体系对城市湿地生态健康进行评价。吕宝贵（2013）和杨丽芳等（2015）依据 PSR 模型构建综合健康评价指标体系，分别对南昌和鸣翠湖城市湿地生态系统健康进行了评价。张风玲等（2005）依据层次分析模型（APH）构建的综合健康评价指标体系（表 7-3），对北京市城市河湖湿地系统健康进行了评价。

表 7-3　基于 APH 模型的城市河湖湿地生态系统健康评价指标体系（改自张风玲等 2005）

目标层	要素层	指标层
城市河湖湿地生态系统健康状况	水文特征	年均蓄水量
		平均流速
		河湖补给系数
	水环境质量	地表水质状况
		水体营养状况
		底泥污染状况
	生态系统结构、功能	水生植物覆盖率
		生物多样性状况
		浮游植物初级生产力
	生态系统结构、功能	水陆交错带生境状况
		植被缓冲带宽度
	生态服务效果	观赏游憩价值
		公众对环境满意率
		最小需水保证率
	胁迫因子	污水处理率
		面源污染强度

第四节　总结与展望

城市湿地是珍贵的城市资源，同时也是城市复合生态系统的重要组成部分，城市湿地生态系统的健康对维持城市复合生态系统的安全、城市的可持续发展具有重要的意义。目前关于城市湿地生态系统健康的研究较少，今后可以就以下几方面加强研究。

1）明确城市湿地生态系统健康的概念及内涵

城市湿地生态系统健康的概念及内涵目前还不明确，健康标准也不统一，这在很大程度上影响了生态系统健康这一理论在城市湿地资源管理和利用上的运用。以往用到的城市湿地生态系统健康的定义都是不同的研究者基于不同的城市湿地类型及所关注的研究侧重点不同给出的不同定义。因为定义不同，所以健康标准也会不同，对于同一城市湿地不同的研究者根据不同的标准做出的评价结果可能差异很大甚至相反（例如，甲评价结果为健康，而乙评价结果为极度不健康），这大大降低了城市湿地生态系统健康评价结果的可比性和可信度，来来有必要加强城市湿地生态系统健康的概念及内涵的探讨，构建统一的健康标准进而增强最终评价结果的可信度。

2）加大城市湿地生态系统基本参数的实时监测力度

城市湿地生态系统健康的研究是健康诊断、风险评估及综合健康评价的重要基础。无论是采用指示物种评价还是建立指标体系评价，都需要基本的监测参数作为支撑。但是目前对城市湿地的监测力度还远远不够，全国只有少部分城市湿地建立了实时监测站，并且监测的指标参数也相当有限（主要是水质指标的监测），重要指标参数的缺失会对城市湿地生态系统健康指标体系造成很大的影响，进而也会影响最终评价结果的准确性。所以，今后有必要加大城市湿地生态系统基本参数的实时监测力度，不仅要有湿地水、土、气、生、社会经济、人类健康等城市湿地全面要素的监测数据，还要有生态系统、景观结构、群落结构、个体等不同层次的监测数据，并且由于城市湿地类型多样，因此还要有城市河流、湖泊、池塘湿地等不同城市湿地类型的监测数据等，通过利用完整的监测数据，选用适用性最好的模型，构建全面准确的城市湿地生态系统健康评价体系。

3）城市湿地生态系统健康评价模型的适用性研究

当前运用到城市湿地生态系统健康评价上的模型有许多，如 P-S-R 模型、改进后的 V-O-R 模型、APH 模型等，但是大多数研究在健康评价选取模型时都是随机选取的，没有将各种模型进行充分比较从而选取最为合适的，而模型的选用是否合适将直接影响到评价结果的准确性。所以，有必要对用于城市湿地生态系统健康评价的各种模型进行充分的适用性论证研究，增强最终评价结果的准确性和客观性。

4）构建城市湿地生态系统健康评价的标准指标体系

城市湿地生态系统健康评价研究所选用的评价模型均属于开放性评价模型，即使是同一模型下的指标体系，不同的研究者所选用的具体评价指标也不相同，这也在很大程度上降低了评价结果的可比性和可信度。今后的研究也有必要建立标准、统一的评价指标选取方法，构建标准的城市湿地生态系统健康评价指标体系。

5）干扰条件下的城市湿地生态系统健康阈值研究

虽然有研究指明健康的城市湿地生态系统应该是其自然生态子系统、社会生态子系统、经济生态子系统三者之间的和谐平衡（王如松和欧阳志云 2012）。但是，这仅仅是一个比较抽象的描述，难以很好地指导城市湿地的实际管理。Groffman 等（2006）认为生态系统健康应该有阈值，人类对于环境资源的开发利用及社会经济的发展不能超过这个阈值，这个阈值通过建立多参数模型模拟预测得出，将抽象的城市生态系统健康概念量化和具体化。因此，今后的研究也要在生态系统健康多参数模型建设方面加大研究力度，探讨不同类型、不同地区、不同尺度等条件下的城市湿地健康的阈值（Martin et al. 2009；Su et al. 2009）。

6）城市湿地生态系统健康的新表述——生态文化健康

随着人类社会的向前发展和人类对于生态系统认识的不断深入，现在的生态系统健康已经不再是单纯的自然生态系统本身结构和功能的完整性，而是生态系统病理或健康和人类生计、健康和福祉的各自影响，人类与自然环境之间有利或不利的交互作用，即所谓的“生态文化健康”（刘焱序等，2015）。城市湿地是人类与自然环境相互作用最为强烈的地带，也最能体现“生态文化健康”的内涵，所以今后的研究还需要完善以“生态文化健康”理论为指导的城市湿地生态系统健康评价指标体系的构建，并加强其在城市湿地健康评价中的运用研究，以此为城市湿地资源管理及城市的可持续发展提供理论指导。

参考文献

鲍玲. 2012. 武汉市城市湿地湖泊湿地生态风险评价. 武汉：华中师范大学博士研究生学位论文.

潮洛蒙，李小凌，俞孔坚. 2003. 城市湿地的生态功能. 城市问题, (3): 9-12.

陈国奇，李明丽，郭水良，等. 2009. 植物功能性状与苏浙沪地区草本被子植物入侵性的关系. 生态学报, 29(9): 5145-5151.

崔保山，杨志峰. 2001. 湿地生态系统健康研究进展. 生态学杂志, 20(3): 31-36.

崔保山，杨志峰. 2003a. 湿地生态环境需水量等级划分与实例分析. 资源科学, 25(1): 21-28.

崔保山，杨志峰. 2003b. 湿地生态系统健康的时空尺度特征. 应用生态学报, 14(1): 121-125.

崔心红，宋晴，朱义. 2015. 城市湿地动态与健康评价. 武汉：武汉大学出版社.

杜晓军，姜凤岐，沈慧，等. 2001. 辽西低山丘陵区生态系统退化程度的定量确定. 应用生态学报, 12(1): 156-158.

冯海云，何利平，常华，等. 2010. 滨海新区湿地生态系统退化程度诊断分析. 环境科学与管理, 35(9): 99-104.

傅伯杰，刘世梁. 2001. 生态系统综合评价的内容与方法. 生态学报, 21(11): 1885-1892.

官冬杰，苏维词. 2006. 城市生态系统健康及其评价指标体系研究. 水土保持研究, 13(5): 70-73.

韩美，李艳红，李海亭，等. 2006. 山东寿光沿海湿地生态系统健康诊断. 中国人口·资源与环境, 16(4): 78-83.

韩茹茹，周北海，李楠，等. 2015. 基于系统水平的湖泊流域生态风险评估. 环境科学研究, 28(7): 1122-1129.

黄芳，马楠，王建新. 2011. 西溪湿地底泥中有机氯农药分布特征及风险评价. 环境污染与防治, 33(11): 63-71.

鞠美庭，王艳霞，孟伟庆，等. 2009. 湿地生态系统的保护与评估. 北京：化学工业出版社.

鞠强. 2005. 博斯腾湖区域生态风险评估研究. 乌鲁木齐：新疆大学博士研究生学位论文.

孔红梅，赵景柱，姬兰柱，等. 2002. 生态系统健康评价方法初探. 应用生态学报, 13(4): 486-490.

李春晖，郑小康，牛少凤，等. 2009. 城市湿地保护与修复研究进展. 地理科学进展, 28(2): 271-279.

李瑾，安树青，程小莉，等. 2001. 生态系统健康评价的研究进展. 植物生态学报, 25(6): 641-647.

李松志，董观志. 2006. 城市可持续发展理论及其对规划实践的指导. 城市问题, (135): 14-20.

李玉凤，刘红玉. 2007. 生物完整性指数法和水文地貌评价法在湿地生态系统评价中的综合研究. 安徽农业科学, 35(34): 11188-11191.

李玉凤，刘红玉，曹晓，等. 2010. 城市湿地公园景观健康空间差异研究——以杭州西溪湿地公园为例. 地理学报, 65(11): 1429-1437.

李玉凤，刘红玉，张华兵，等. 2015. 基于结构和水环境的城市湿地景观健康研究——以西溪湿地公园为例. 自然资源学报, 30(5): 761-771.

刘岩，张珞平，洪华生. 2000. 城市规划与城市可持续发展. 城市环境与城市生态, 13(6): 12-14.

刘焱序，彭建，汪安，等. 2015. 生态系统健康研究进展. 生态学报, 35(18): 5920-5930.

卢宏玮，曾光明，谢更新，等. 2003. 洞庭湖流域区域生态风险评价. 生态学报, 23(12): 2520-2530.

卢媛媛，邬红娟，吕晋，等. 2006. 武汉市浅水湖泊生态系统健康评价. 环境科学与技术, 29(9): 66-68.
吕宝贵. 2013. 南昌城市湿地生态系统健康评价. 南昌：南昌大学博士研究生学位论文.
马克明，孔红梅，关文彬，等. 2001. 生态系统健康评价：方法与方向. 生态学报, 21(12): 2106-2116.
任海，邬建国，彭少麟. 2000. 生态系统健康的评估. 热带地理, 20(4): 310-316.
任晶，孙瑛，陈秀芝，等. 2012. 基于PSR模型的九段沙湿地生态系统健康评价. 湿地科学与管理, 8(4): 13-16.
苏玉，曹晓峰，黄艺. 2013. 应用底栖动物完整性指数评价滇池流域入湖河流生态系统健康. 湖泊科学, 25(1): 91-98.
孙平. 1996. 可持续发展与城市规划. 城市发展研究, (6): 18-22.
谭娟，黄沈发，王卿，等. 2014. 上海市滩涂湿地生态系统健康评价及成因分析. 长江流域资源与环境, 23(12): 1705-1713.
汪朝辉，王克林，许联芳. 2003. 湿地生态系统健康评估指标体系研究. 国土与自然资源研究, (4): 63-64.
王波，冯昌伟，刘晓青，等. 2013. 大阳埠城市湿地公园土壤重金属污染及生态风险预警评估. 土壤通报, 44(2): 484-489.
王建华，吕宪国. 2007. 城市湿地概念和功能及中国城市湿地保护. 生态学杂志, 26(4): 555-560.
王如松，欧阳志云. 2012. 社会-经济-自然复合生态系统与可持续发展. 中国科学院院刊, 27(3): 337-345.
邬建国. 2000. 景观生态学——概念与理论. 生态学杂志, 19(1): 42-52.
肖风劲，欧阳华. 2002. 生态系统健康及其评价指标和方法. 自然资源学报, 17(2): 203-209.
肖涛，宋垚彬，姜丹，等. 2014. 植物功能性状对城市湿地水体富营养化的响应研究进展. 湿地科学与管理, 10(2): 62-64.
许妍，高俊峰，郭建科. 2013. 太湖流域生态风险评价. 生态学报, 33(9): 2896-2906.
杨丽芳，钟艳霞，李小宇. 2015. 基于 PSR 模型的鸣翠湖湿地生态系统健康评价. 水生态学杂志, (3): 38-43.
殷浩文. 2001. 有关生态风险评价技术的专著在上海出版. 上海环境科学, (12): 579.
于格，陈静，张学庆，等. 2012. 大辽河口水环境污染生态风险评估. 生态学报, 32(15): 4651-4660.
袁琳，张利权，翁骏超，等. 2015. 基于生态系统的上海崇明东滩海岸带生态系统退化诊断. 海洋与湖沼, 46(1): 109-117.
曾德慧，姜凤岐，范志平，等. 1999. 生态系统健康与人类可持续发展. 应用生态学报, 10(6): 751-756.
张凤玲，刘静玲，杨志峰. 2005. 城市河湖生态系统健康评价—— 以北京市“六海”为例. 生态学报, 25(11): 3019-3027.
张永利，罗佳，王留林，等. 2015. 基于 PSR 模型的湖北湿地生态系统健康评价研究. 环境保护科学, 41(4): 89-94.
郑耀辉，王树功，陈桂珠. 2010. 滨海红树林湿地生态系统健康的诊断方法和评价指标. 生态学杂志, 29(1): 111-116.
朱士鹏，徐兵，毛蒋兴. 2015. 城市生态系统健康及其障碍度评价——以南宁市为例. 安徽大学学报(自然科学版), 39(3): 96-102.
朱卫红，郭艳丽，孙鹏，等. 2012. 图们江下游湿地生态系统健康评价. 生态学报, 32(21): 6609-6618.
朱燕玲，过仲阳，叶属峰，等. 2011. 崇明东滩海岸带生态系统退化诊断体系的构建. 应用生态学报, 22(2): 513-518.
Barrett G W. 1976. Stress ecology. Bioscience, 26(3): 192-194.
Cairns Jr J, McCormick P V, Niederlehner B R. 1993. A proposed framework for developing indicators of ecosystem health. Hydrobiologia, 263(1): 1-44.
Cormier S M, Smith M, Norton S, et al. 2000. Assessing ecological risk in watersheds: a case study of

problem formulation in the Big Darby Creek Watershed, Ohio USA. Environ Toxicol Chem, 19(4): 1082-1096.

Costanza R. 1992. Toward an operational definition of ecosystem health. *In*: Costanza R, Norton B G, Haskell B D. Ecosystem Health: New Goals for Environment Management. Washington D. C.: Island Press: 239-256.

Costanza R. 1998. Predictors of ecosystem health. *In*: Rapport D J, Costanza R, Epstein P R, et al. Ecosystem Health. Malden and Oxford: Blackwell Science: 81-102.

Costanza R. 2012. Ecosystem health and ecological engineering. Ecol Eng, 45: 24-29.

Groffman P M, Baron J S, Blett T, et al. 2006. Ecological thresholds: the key to successful environmental management or an important concept with no practical application? Ecosystems, 9(1): 1-13.

Hakanson L. 1980. An ecological risk index for aquatic pollution control, a sedimentological approach. Water Res, 14(8): 975-1001.

Harpham T. 1996. Urban health in the Gambia: a review. Health Place, 2(1): 45-49.

Jerry M S, Mariano B, Annalee Y, et al. 2001. Developing Ecosystem health indicators in Centro Habana: a community based approach. Ecosyst Health, 7(1): 15-26.

Karr J R, Fausch K D, Angermeier P L, et al. 1986. Assessing biological integrity in running water: a method and its rationale. Illinois Natural History Survey (Special Publication 5): 1-28.

Lu Y L, Wang R S, Zhang Y Q, et al. 2015. Ecosystem health towards sustainability. Ecosyst Health Sustain, 1(1): 1-15.

Martin J, Runge M C, Nichols J D, et al. 2009. Structured decision making as a conceptual framework to identify thresholds for conservation and management. Ecol Appl, 19(5): 1079-1090.

Meyer J L. 1997. Stream health: incorporating the human dimension to advance stream ecology. J North Am Benthol Soc, 16(2): 439-447.

Rapport D J. 1989. What constitutes ecosystem health? Persp Biol Med, 33(1): 120-132.

Rapport D J. 1998. Ecosystem Health. Oxford: Blackwell Science.

Rapport D J, Hildén M, Weppling K. 2000. Restoring the health of the earth's ecosystems: a new challenge for the earth sciences. Episodes, 23: 12-19.

Rapport D J, Thorpe C, Regler H A. 1979. Ecosystem medicine. Bull Ecol Soc, 60: 180-201.

Schaeffer L R, Rose E P, Wilton J W. 1988. Accounting for pretest environment and selection in estimating breeding values for station tested beef bulls. J Anim Sci, 66(3): 635-639.

Smol J P. 1992. Paleolimnology: an important tool for effective ecosystem management. J Aquatic Ecosyst Stress Recovery, 1(1): 49-58.

Su M R, Yang Z F, Chen B. 2009. Set pair analysis for urban ecosystem health assessment. Comm Nonlin Sci Numer Simul, 14(4): 1773-1780.

Walz R. 2000. Development of environmental indicator systems: experiences from Germany. Environ Manage, 25(6): 613-623.

Woodwell G M. 1970. Effects of pollution on structure and physiology of ecosystem. Science, 168: 429-423.

Yuan L, Ge Z M, Fan X Z, et al. 2014. Ecosystem-based coastal zone management: a comprehensive assessment of coastal ecosystems in Chongming Dongtan coastal zone. Ocean Coastal Manage, 95: 63-71.

第八章 城市湿地生态系统保护

第一节 城市湿地生态系统退化

城市湿地生态系统对于城市环境的调节、资源的供应、灾害的防治及人居环境的美化等都起到了重要的作用，因此合理开发和利用湿地资源关乎城市的可持续发展。但是城市化进程的加快、城市扩张和围垦使得城市湿地面积锐减，工农业污水与生活污水的排放严重破坏了城市湿地生态系统结构和功能的平衡，这给城市湿地保护带来了严峻的挑战。然而城市湿地生态系统不同于自然湿地生态系统，自然湿地以自然干扰为主，限制湿地演替的主要因素是自然湿地生境所需的营养物质，而城市湿地干扰以人为干扰为主，因此，城市湿地保护应区别于一般自然湿地保护，更加注重城市的特殊性（李春晖等 2009）。

1.1 城市湿地生态系统退化的概念

有关湿地退化的概念尚未统一。美国明尼哈哈（Minnehaha）流域管理委员会定义湿地退化为：湿地退化是指人类活动的影响而使湿地只能提供最小的功能和价值的变化。《美国国家食物安全行动指南》中将湿地退化定义为：湿地退化是指人类活动的影响致使湿地的一种或多种功能受损、减弱或破坏。韩大勇等（2012）将湿地退化定义为：由于自然环境的变化或是人类对湿地自然资源过度地及不合理地利用而造成的湿地生态系统结构破坏、功能衰退、生物多样性减少、生物生产力下降及湿地生产潜力衰退、湿地资源逐渐丧失等一系列生态环境恶化的现象。针对城市湿地的特点并结合湿地退化的概念，总结城市湿地退化：自然因素尤其是人类活动的影响导致城市湿地生态系统结构破坏、功能退化甚至丧失，并引发系统的稳定性、恢复力、生产力及服务功能在多个层次上发生退化。

1.2 城市湿地生态系统退化的表征

城市湿地的退化更偏重于人类活动的干扰，在湿地退化的基础上，更容易受城市化进程、城市工程设施建设、城市旅游业发展等人类活动的影响，主要表现在城市湿地的面积退化、资源退化、结构退化、功能退化，甚至包括城市湿地环境各个要素在内的整个生境的退化。

1.2.1 城市湿地生态系统面积的退化

在城市化建设的过程中，由于缺乏对湿地功能和价值的认识，湿地常常成为城市建设与扩张过程中的牺牲品，首先被占用、填埋和改造，湿地面积的减少会增加城市热岛效应，地表水注蓄和下渗能力减弱。研究表明，湿地是城市化进程中消失最快的成分之一。2003 年我国完成了首次全国湿地资源调查，初步掌握了单块面积 100 hm^2 以上湿地的基本情况，2013 年我国完成了第二次全国湿地调查，结果显示：近 10 年来我国湿地面积减少了 339.63 万 hm^2，减少率为 5.96%，其中自然湿地面积减少了 337.62 万 hm^2，减少率为 6.75%，人工湿地比自然湿地的减少率要低，湿地保护率由 30.49%提高到 43.51%，但 10 年来湿地面积还是大幅减少，基础建设占用湿地增长了 9 倍以上。例如，在沿海经济发达的上海湿地减少速度更是惊人，2015 年上海现有湿地 27 万 hm^2，比 10 年前第一次调查的湿地面积减少约 5 万 hm^2，减少率为 15.8%，并且随着城市的扩张和人口压力的增大，崇明岛、横沙岛等边滩类型的湿地资源围垦成了占补平衡机制下获得更多土地资源的唯一来源，湿地的现状不容乐观。

1.2.2　城市湿地生态系统资源的退化

1）城市湿地植物资源的退化

水生植物是维持湿地生态系统结构和功能的关键部分。在湿地受污染后，湿地植物生理过程，以及群落高度、生产力、种群繁殖方式和种间关系等植物生态特征均会发生退化。对于沼泽湿地，由于疏干排水等人为活动干扰，原生湿地植物群落退化为杂草类群落，无论是种类的数量还是个体的数量均极大降低，使植物群落趋向同质化。对于浅水湖泊湿地（水深<4 m，由于湖泊富营养化而造成植物退化，例如，浮游植物或大型水生植物的过量生长，使湖泊向“藻型湖”或“草型湖”退化（韩大勇等 2012）。

2）城市湿地动物资源的退化

湿地动物资源研究主要集中在动物种类和丰度的变化。城市疏干排水导致湿地退化突出的特点是湿地动物种类减少、数量下降，陆生动物种类增加、数量增多。在污染胁迫下，湿地耐污染的种类保存下来，大多数对污染敏感的种类消失。云南滇池就是一个典型的实例，1970 年，滇池被围垦面积为 2500 km^2，而且被围垦区多为土著鱼类繁殖和觅食的浅水区，其渔业产量曾占滇池总渔业产量的 50%，由于栖息地的丧失、生态结构的破坏，鱼种类和产量锐减，现已濒临灭绝。

3）城市湿地水资源的退化

湿地被人们称为“地球之肾”，具有降解和转化污染物的强大功能。但是，随着工业废水和生活污水的大量排放，湿地面积和容量不断减少，加之城市不透水面积的增加，河湖渠道化等降低了河湖生态系统自身的净化能力，使城市水体水质进一步恶化。《中国水资源公报》显示，2000～2004 年全国工业废水和城市污水 70%～80%未经处理直接排放，总排放量从 620 亿 t 上升到 693 亿 t（王建华和吕宪国 2007）。现在全国 90%以上的城市用水严重污染，因水源污染而导致缺水的城市占总缺水城市的 60%～70%。因城市的干扰、湿地被破坏，纳入的污水量超过了湿地承载能力，同时由污染物沉积的底泥形成的内源污染、水体污染和富营养化严重，导致城市湿地生态系统结构失调。

4）城市湿地底泥的退化

底泥是湿地赖以形成、生存、延续的基本条件，它对水质改善、水生生物生存等有重要的意义。城市湿地底质的破坏首先表现为有机质含量、腐殖酸含量、容重、孔隙度、营养元素等理化特征的改变。大量城市生活污水、工业废水及农田农药、化肥污水的排放污染了湿地的底泥，有些裸露出水面的底泥散发出刺鼻的臊臭味，不仅影响了城市的美观，而且损害了居民的身体健康。

1.2.3　城市湿地生态系统结构的退化

城市湿地生态系统结构的退化包括湿地生态系统空间结构和营养结构的退化。

1）城市湿地连通性降低，其生态系统空间结构退化

城市化是城市湿地面积减少的主要原因之一，城市建成区扩张使城区湿地生境呈现严重的破碎化，形成分布不均、孤岛式生境斑块、空间结构不合理的城市湿地。该类结构的破坏，增加了内部生境的破碎化程度，降低了各个城市湿地斑块生境间的连接度和通达性，进而降低城市湿地生态系统的生境完整性和稳定性，影响该系统的生态平衡和长期的发展演化趋势。

2）生物多样性降低，城市湿地生态系统营养结构退化

根据生态学的观点，任何湿地生态系统的营养结构都包括生产者、消费者和分解者，与非生物环境间通过能量流和物质流维持相对稳定的系统状态。受城市建成区扩张的影响，湿地内部生境破碎化严重，其系统内部的营养关系结构即食物链较简单或单一，且相对接近的城市湿地系统间的能量交换、物质循环相对较少。因此，相对于常规的自然湿地生态系统，城市湿地生态系统的营养结构稳定性低、脆弱性显著。同时大量工业废水、生活污水和化肥、农药等有害物质排入河流、湖泊等城市湿地中，水体和土壤污染的富营养化日益加剧，水质污染超过湿地的净化能力，导致水体功能萎缩、湿地生境丧失、河流湖泊湿地中的大量生物死亡、生物物种减少，使城市湿地生态系统的生物多样性受损，食物链趋于简单，营养级降低，对城市湿地生态系统的营养结构造成了难以弥补的损失（田琳琳等 2012）。

1.2.4　城市湿地生态系统功能的退化

湿地的生态功能包括提供物质资源、净化过滤污染物、防洪减灾、维持生物多样性、抵制环境破坏、调节环境状态、提供生物栖息地等。调查显示，全国七大水系中63%的河段因严重污染而失去了饮用水的功能，严重影响到周边地区的饮水安全和农业用水安全。生产芦苇、水产养殖等提供直接农副产品的功能、旅游服务和科学研究与文化功能等方面的直接服务功能，以及主要包括固碳，涵养水源，调节气候与水文，降解污染物，作为鸟类及其他一些物种的栖息、繁殖地等功能均不同程度退化（安娜等 2008）。

1.3　城市湿地生态系统退化的原因

湿地作为一个完善的生态系统，对外界的干扰具有一定的免疫力，这种自身的免疫力包括湿地的集水能力、水体的自净能力、植被生态保护能力等。当它的免疫力不足以抵御外界的侵害时，生态系统遭到破坏，湿地会发生退化，如果没有相应的补救措施，湿地将难以恢复甚至会消失。城市化进程的加快、城市规模的膨胀、人口的积聚、经济转型水污染和富营养化等对城市湿地面积影响较大，除此之外还有城市气候、降水、温度等自然环境也对城市湿地有很大影响，综合城市对湿地产生各种影响的人为和自然因素来改善城市湿地生态系统

的退化情况。

1.3.1　社会经济发展对城市湿地的影响

1）城市化进程加剧，城市建设用地扩张

城市化程度是衡量一个国家或地区经济发展水平、社会政治文化、科技水平的重要标志，也是衡量国家或地区社会组织程度和管理水平的重要标志。然而城市化也带来了一系列问题，如改变了城市湿地原本的自然风貌、水文特征并直接影响了湿地的结构和功能。城市建设如水利工程、采矿活动、道路和桥的修建活动、工业活动及人类的旅游活动等都对城市湿地产生很大的负面影响。水利工程主要指水电站、水电大坝、水库工程、运河、沟渠、防洪堤、蓄水设施等，这些水利工程或是增加了水流入和流出湿地的速度，从而加速了湿地的更新速度，改变了湿地的沉淀方式，影响了湿地的功能和价值，或是减弱了水循环，影响了生态系统的生物多样性和生产力，也造成了非本地植物入侵。不少湖泊在主要通江口处修建闸坝，洄游鱼类的通道受阻从而使洄游鱼类资源衰竭；同时也切断了湖水与外江水的交换通道，使湖水植物群落发生变化甚至变成沼泽；采矿活动不但对开采的湿地有影响，还使周围地区的湿地退化，对湿地生态保护、湿地多样性保护和可持续发展非常不利；道路和桥的修建活动会增加湿地沉积物的负载量，道路会分割生境，打断生境的连续性，许多不适应新环境的内部物种会消失或迁移，给能适应环境的非本地物种提供生存机会，道路还阻碍了物种的正常活动，甚至可能导致湿地动物死亡；工业活动对湿地的影响包括减少湿地面积，由于工业废水的排放改变了湿地水文，增加点源和非点源污染，并且造成 pH 的改变和大气尘降；人为大规模旅游活动对湿地景区的动植物造成了破坏和影响，直接或间接地对湿地生态环境造成了破坏，改变了湿地原有的自然景观（秦红梅 2007）。

2）水污染和富营养化，降低生物多样性

随着城市的发展，大量的工业废水、生活污水和掺杂着化肥、农药的农业污水排入河流等城市湿地中，严重破坏了城市湿地的生物多样性。对湿地资源的掠夺式开采、工业生活污染及新物种引进的干扰，不仅降低了湿地资源潜力和生态功能的发挥，也造成了生物多样性的丧失及湿地生境的恶化。工业废水和农药的流失将直接导致重金属等有害物质在水生生物体中的富集甚至水生生物死亡；生活污水的排放和化肥的流失，则导致水体富营养化，使浮游生物的种类单一，使藻类暴发性生长，致使其他生物缺少生存所必需的阳光、空气等基本条件，从而使整个湿地生境恶化。滇池位于城市下游，城市生活污水、沿湖地区工业废水及地表径流直接排入滇池，并且 40%的污水未经处理。滇池北部每年约 510 亿 m^3 污水流经城区和郊区的径流，最终汇入滇池，纳入的污水量超过了水体的承载能力，同时由污染物沉积的底泥形成的内源污染、水体污染和富营养化严重，导致生态系统结构失调（安娜等 2008）。

3）盲目规划设计，降低湿地生态服务功能

城市规划过程中不合理的土地规划降低了湿地的生态服务功能。城市湿地作为重要的生态基础设施，在城市可持续发展过程中扮演着重要的角色，使城市及其居民能持续地获取自然可持续的服务。城市可持续发展首先要有前瞻性的市政基础建设，如果这些基础设施不完善或不能满足城市可持续的发展，在随后的城市建设过程中必然会付出沉重的代价。有些地区为了美化城市生活环境，采取了填埋、掩盖、河道人工化等河流治理措施。这些不合理的城市人工美化措施会降低城市湿地系统的生态服务功能和社会利用价值。例如，自然植被河岸变成水泥河道，水泥阻碍物种正常生长，导致物种多样性急剧减少，水泥地面也会增加热岛效应，降低湿地本身的生态服务功能（曹鹏飞 2008）。

1.3.2 自然因素对城市湿地的影响

1）新构造运动对城市湿地的影响

新构造运动是自然湿地退化的主要原因之一。新构造运动导致地壳隆起、沉降及河流侵蚀，从而改变了地形和水系格局，使湿地趋向自然疏干从而发生退化。

2）气候变化对城市湿地的影响

气候发生明显变化主要表现在降水的增多、气温的升高、海平面的升高，以及一些极端天气（如高温天气、强降水、热带气旋强风等）发生频率的增加。海平面升高会使盐水侵入湿地，严重阻碍湿地补充淡水；可能会改变沿海湿地分布状况，直接淹没大片城市湿地，加剧湿地的侵蚀后退，扩散污染和恶化环境（秦红梅 2007）。

3）火灾对城市湿地生态系统具有重要的影响

城市湿地人类活动频繁，火在生活中应用广泛。火灾对湿地生态系统的影响主要表现在迫害湿地植物、动物和鸟类的生存和环境，影响湿地小气候、集水区水文、土壤环境及冻土热状况等。

4）生物入侵频发，土著物种灭绝

对于城市湿地，外来种入侵会改变湿地本身的生态特性。湿地生态变化又有正负两种情形，负面变化主要表现在原来的物种受到排挤而使湿地组成结构发生变化，导致湿地功能丧失；正面变化主要表现在湿地管理、湿地恢复及湿地调整上，有利于湿地的可持续利用、健康发展及功能的运作。

第二节 城市湿地生态系统保护方法和原则

2.1 城市湿地生态系统保护的概念

关于城市湿地生态系统保护至今没有一个统一明确的概念，还有待发展和完善。城市湿地生态系统保护要以法律为依据，对城市湿地生态系统的资源、结构和功能进行保护以达到生态系统的生物多样性丰富、结构性稳定、生态效益增加及服务功能增强的目的。

2.2 城市湿地生态系统保护的内容

城市湿地生态系统保护主要包括对城市湿地生态系统资源的保护、结构的保护及功能的保护。

2.2.1 城市湿地生态系统资源的保护

1）水资源保护

湿地普遍具有降解和转化污染的能力，然而当工业、农业及生活污水未经处理直接排放的速度远远超过湿地本身的降解和净化能力时，会导致污染直接累加。对于城市湿地的水体保护，应将重点放在以下几个方面：①控制城市湿地水体的污染。首要任务就是确定污染源，针对工业、农业及生活排放加大监管力度，对排污大的重工业限期整改，农业禁止过多使用农药、化肥，生活污水必须处理后排放。②加强城市湿地之间的水体自然循环。将城市湿地零散的斑块通过水体连通，使它们不再是独立的湿地区域，从而形成一个连通的城市湿地水网体系。③采用生态的城市湿地水底防渗漏处理方式。安全控制城市湿地的地表水和地下水之间的循环，防止污染严重的地表水混入地下水造成不必要的损失（曹璐 2014）。

2）动植物资源保护

对于城市动植物资源保护，要为动植物生长营造良好的湿地生态环境，遵循自然规律，因地制宜，充分考虑其生存方式和需求，培育乡土动植物使其形成群落结构，防止外来动植物入侵。

3）生物多样性保护

保护城市湿地最根本的目的就是维持湿地的生物多样性平衡。为了合理地增加地生物多样性，有效地保护城市湿地，应该采取相应措施防止外来物种入侵，全方位地保持城市湿地生物多样性平衡。另外，应选择生物多样性高，且对该地区社会经济发展影响较大的城市湿地区域进行优先试点生态保护工作。

4）土地资源保护

对城市湿地土地资源的保护最主要的是控制土壤的污染。因此，应当对排放的废水严格净化，做到无害化处理，严格控制湿地土壤污染源。对现有的湿地积极保护，严禁盲目开发和破坏湿地，在条件允许的情况下实施退田还湖、还林、还湿地等恢复工程，以实现湿地资源的可持续利用。城市湿地的形成主要归结于特殊的地形，因此必须对湿地周围的地形进行保护进而保护湿地。

5）地域文化保护

城市湿地孕育出独特的城市文化，城市建设过程中应该合理规划城市湿地，使城市湿地与城市文化有机融合并努力挖掘历史人文资源，将鲜明的地域特色，如反映地域特色的建筑风貌、饮食文化、农耕文化、渔业文化、民俗风情等融入湿地保护工作中，在自然景色的基础上增加人文吸引力，赋予湿地特定的历史、文化内涵，传承城市文脉。

2.2.2　城市湿地生态系统结构的保护

城市湿地生态系统结构的保护包括湿地生态系统空间结构和营养结构的保护。

1）城市湿地生态系统空间结构的保护

城市湿地生态系统空间结构的保护主要体现在湿地物理及空间结构连通性的保护上，为了改变城市湿地彼此缺乏结构和功能连接的状况，对急需要整治的湿地进行人工干预，将分散的城市湿地通过人工开挖的水道相连接，实现水量动态平衡、景观连续和生态相联结，并对退化和受损湿地生态系统进行恢复、改良和重建，恢复发展生物特别是水禽栖息地。在市区和近郊实施主要湖泊、湿地的连通工程，形成一条连通城市湿地、打通市区与郊区水道景观、将城市外部自然生态引入市内的完整的生态、景观和休闲走廊（王亚男和冯长春 2007）。

2）城市湿地生态系统营养结构的保护

城市湿地生态系统营养结构的保护要求减少城市建设对湿地的占用，禁止未经处理的生活、工业污水直接排入湿地中，避免水体和土壤的富营养化而导致水体自净和自我恢复能力的损害，增加营养结构及食物链的复杂性以提高生态系统的稳定性。

2.2.3 城市湿地生态系统功能的保护

城市湿地生态系统功能的保护主要包括两种，一种是生态功能的保护，另一种是社会服务功能的保护。生态功能的保护主要包括调蓄洪水、防止岸坡侵蚀、防止盐水入侵的防控灾害的功能保护，如净化水质、补充地下水、降解污染物、缓解水体富营养化、固碳释氧、调节气候等调节环境的功能保护，为湿地动植物资源提供栖息地的生命支持功能保护。社会服务功能主要包括提供城市用水、促淤成陆、提供丰富的动植物食品等供应资源功能的保护，为城市居民提供休息娱乐、教育科研及普及城市文化的景观功能保护。城市湿地生态系统功能的保护更迫切的要求是对其整体与局部的全面保护，禁止过度开发城市、禁止不合理的土地利用方式，以及禁止过度开发城市湿地的旅游资源以达到对城市湿地生态系统功能的保护（张耀武等 2012）。

2.3 城市湿地生态系统保护中存在的问题

目前城市湿地生态系统保护仍存在着以下几方面的问题。

1）城市湿地生态系统认识的局限性

过去由于人类对湿地认识不够，错误地把湿地等同于荒地、废地，大规模围垦湿地，以及将湿地作为排污场所的现象屡见不鲜。并且大多数湿地处于城乡结合处，随着城市的扩张，湿地必然会被破坏或加以改造；保护政策的制定和实施力度不够，一些水库湿地开展不合理的旅游开发活动，造成水体再次污染；过多的人流量和垃圾的增多严重干扰了候鸟的栖息环境，破坏了湿地的生物多样性；湿地的特殊性和复杂性又给多学科协调发展带来不小的难度，导致湿地保护效果不佳。

2）缺乏科学的管理体制

城市湿地缺乏科学的管理体制：湿地生态系统的保护和管理、开发与利用涉及的部门和机构较多而且分工不明确，至今尚未形成良好的协调机制。一旦出现污染或破坏等事件相互推脱责任，并且各部门由于对湿地生态保护和利用的目标不同，利益不同，各自为政，各行其是，矛盾较为突出，影响了湿地的统一协调与科学管理。湿地生态系统的监测体制不完善，地区对湿地生态系统污染的监测力度，在布设样点数量、监测频率等方面都未能达到要求，监测标准尚不统一，很难实现信息成果共享。

3）缺乏资金支撑

缺乏资金支撑是湿地保护与管理工作面临的主要问题。资金的缺乏导致很多现有的湿地保护区不能发挥其应有的保护功能，拟定的湿地生态系统保护和管理项目停滞或很难实施，必要的湿地基础研究也难以得到有效的开展。在湿地调查研究、湿地自然保护区建设、湿地生态系统监测等方面都缺乏专门的资金支持，导致湿地保护或研究滞后。

4）湿地保护宣传教育滞后

由于对湿地缺乏宣传教育，人们对湿地的价值和重要性不明确，导致全社会普遍缺乏湿地保护意识。湿地保护宣传教育工作严重滞后于经济发展和资源保护形势的需求，宣传教育工作的力度、广度、深度都不够，因此宣传普及湿地保护知识、提高全民的湿地保护意识，是我国湿地保护管理工作的重要任务之一。

5）相应的法制体系建设落后

对于湿地保护与合理利用，目前还没有一部专门的法律法规。已有的法律法规中有关湿地保护的条款比较分散，相互交叉甚至重复，不成系统。在执法时缺少法律依据，执法人员不足，并且缺少必要的技术装备，以及交通、通信等设施，影响了正常的执法工作。

2.4　城市湿地保护策略

1）对湿地资源进行全国性调查，合理规划

对城市湿地进行保护，首先要摸清“家底”，要对整个城市湿地的面积、类型、经济价值、质量等级等方面进行清查评估。在保证不影响城市湿地生态平衡的前提下，对不同区域、不同类型的湿地进行综合规划，提出最佳的开发利用和保护管理方案，以及科学的整治目标和可操作策略，发挥城市湿地的综合功能，追求最大的生态和经济利益。

2）科学划定城市与湿地之间的蓝线

综合利用国内外先进的湿地评价方法、生态学及湿地保护的相关理论，在城市规划阶段提前划分城市与湿地之间的蓝线，在蓝线周围划分出不同的地域块，从而对城市湿地保护与城市发展进行指导（陈双 2013）。

3）严格控制城市湿地污染，加强污染治理

在城市化进程中，要严格控制对湿地造成损害的工业污染、生活污染及农业污染，湿地本应该是城市的美景而不应该成为城市的排污场所。要将有重度污染的企业迁离湿地周围或进行整改使其达到排放标准，对污水进行截留，并对雨水与污水进行分流，禁止污水、废水直接排入城市湿地，保证城市生态系统的良性循环。对已污染的城市湿地要积极治理，对未污染的城市湿地要防患于未然。同时对污染的湿地划分污染等级，分等级进行治理，使城市湿地为我们创造良好的生态环境。

4）立足国情，构建节约型城市湿地保护策略

城市湿地的保护主要有两个措施：一是建立湿地自然保护区；二是建设城市湿地公园。建立湿地自然保护区，要划定湿地保护的范围并且常年设定人员进行巡逻监管，投资不大。而湿地公园则呈现投资规模增大、建设周期增长、自然元素减少、人工成分增加的趋势。因此，城市湿地保护应结合本国国情，适应我国建设节约型社会的需要，构建一个因地制宜的、与自然社会和谐的节约型城市湿地保护策略。

5）城市湿地保护尊重差异，保护多样性，并保护乡土物种

我国地大物博，但是各地自然条件和社会经济状况差异很大，每个城市保存的湿地的数量和类型应该根据城市所在区域环境状况、经济状况、城市职能、城市历史文化特点及城市规模来确定，要尊重地域多样性。另外，在城市湿地植被保护中提倡保护乡土物种，一是乡土物种经过长期自然选择最适应当地环境，而且它的管理和维护成本较低；二是考虑外来物

种引入的生态风险。从某种意义上讲，保护乡土物种就是保护物种多样性。

6）行政管理、法制制约和市场激励相结合

对城市湿地的保护不仅是因为认识上有偏差而缺失，也是因为城市湿地带来的生态价值不是一朝一夕能看到的，不能用金钱来衡量。城市建设中填埋湿地，建设房地产所得到的收益可能远远大于维持湿地所得到的收益。在我国目前相关政策、法律法规和环境市场还不完善的情况下，城市湿地保护只能作为一项公益性事业来进行，更多的是由政府运用行政管理、法制制约和市场激励等方法，达到加强城市湿地管理和保护的目的（王建华和吕宪国 2007）。

7）加强多学科之间的交叉协作

为了提高城市湿地保护的有效性，要加强多学科的交流与合作，融合多学科的优势。城市湿地是生态系统中的一个复合型生态系统，同其他生态系统相互作用、相互协调、循环再生。这就要求我们在湿地的开发利用中要统筹兼顾、全面考虑，以便更宏观、系统地使用生态学、经济学和社会学上有优势的生态系统管理手段，改变过去问题分割、治标不治本的办法，从而形成生态上合理、经济上可行、社会广泛参与的生态区域管理方法，全面推动城市湿地保护（陈双 2013）。

8）建立城市湿地监测、评估与预警机制

对城市湿地的生态功能和特征进行实时监测与评估是城市湿地可持续管理的要求，伴随着城市湿地状况发生变化的同时，要不断地调整可持续管理的目标与对策。对于已经被开发利用的城市湿地，管理目标应考虑如何使其可持续发展；对于未受到人类影响的大面积城市湿地，管理目标应该以生态保护为首要方向，特别是对于国家级城市湿地景观区域要设立城市湿地公园或者自然保护区，从而使湿地生物物种的濒危或灭绝率降低，使城市湿地管理机制保持可持续性，组织领导力得到加强。具体的方法有以下几个方面：①成立城市湿地监测评估研究中心；②属于国际、国家与省级重要湿地名录的湿地要做好长期、定点的生态环境及生物多样性监测工作，要制定预警机制；③对以上所提到的重要城市湿地确定其生态功能和价值（曹璐 2014）。

9）普及环保教育，吸引公众参与

要让社会和公众认识到人对于自然的依赖及自然所包含的复杂性，尤其要认识城市湿地的结构、功能及其生态价值。吸引公众参与有两方面的意义：一方面可以增加湿地保护的力量；另一方面可以在无形中减少湿地的人为威胁因素，尤其是来自于公众生产、生活方面的威胁。拓宽湿地保护投入渠道，有助于为社会公众创造有效参与湿地保护的机会，也有助于扩大湿地保护与管理工作的资金投入。

2.5 城市湿地资源保护的原则

1）整体性原则

城市湿地是一个完整的生态系统，湿地保护、开发和利用必须坚持统一规划和综合管理。

2）优先性原则

对现有的湿地实施全面的生态保护与恢复，从当前状况最紧迫、急需整治的城市湿地出发，要正确处理湿地开发利用和保护，以及与生态环境的关系。严格遵守自然经济法则，科学合理地开发利用湿地，坚决抵制掠夺式的开发，做到预防为主、防治结合、保护优先。

3）协调性原则

城市湿地生态系统各子系统之间存在着复杂的信息网络，相互之间都有影响与制约，因此，在进行管理与保护决策时，应统筹兼顾。

4）自然化原则

追求城市湿地保护与城市发展的融合。未遭受严重破坏的城市湿地生态系统具有自恢复能力，能够通过自我调节，回到原本的自然状况，使得原本具有的生态服务功能得以恢复。尽量避免形式单一的人工形式，充分利用自然地形、地貌，建立起阳光、动植物、微生物、水体、土壤之间关系和谐的城市湿地生态系统，采取近自然手段开展保护管理工作，体现了对自然的尊重，也体现了管理工作的科学性。

5）科技主导性原则

加强国内外的合作，充分吸收国内外城市湿地生态保护的先进理念和方法，加强新技术在城市湿地生态保护中的应用，结合我国城市湿地的实际情况，确保城市湿地生态保护的合理性与科学性。

6）社会参与性原则

在城市规划中，要时刻保持保护城市生态环境理念不放松，树立人与自然和谐相处的思想。保护城市湿地是责任也是义务，每个人都责无旁贷，共同努力，携手并进，还湿地原始自然面貌。

7）地域分区性原则

不同区域的城市湿地具有各自独特的自然地理特征，应当全面了解湿地的地域特征、类型、功能要求、经济特征等信息，以此来制定因地制宜的城市湿地生态保护的方法措施、技术途径、指标体系（陈双 2013）。

2.6 城市湿地生态系统保护的目标

1）近期目标

近 5 年内，根据城市湿地的破坏程度，采取抢救性保护措施并结合近自然的保护手段，初步实现城市湿地生态系统的功能性恢复。在城市总体规划的基础上结合专项规划和详细规划，梳理现有城市湿地生态系统内景观、水系的整治计划，对城市湿地的布局、功能、形态作系统性综合研究，以水功能区划和景观水系规划为基础，编制城市湿地综合整治规划，实现城市湿地生态系统的恢复、保护及功能性开发的起步（王亚男和冯长春 2007）。

2）中期目标

建立比较完善、科学、规范的城市湿地生态系统保护与管理的法律法规体系、监测体系、管理体系，使湿地及其生物多样性得到有效保护，力争使退化的湿地得到不同程度的恢复和治理，使隔离或片断化的生物栖息地重新贯通，使湿地能明显地发挥生态、经济、社会效益，实现城市人居环境的大幅度提升。

3）远期目标

维护湿地生态系统的生态特性和功能，保持和最大限度地发挥湿地生态系统的各种功能和效益，保证湿地资源的可持续利用。

2.7　城市湿地生态系统保护的实例

1）伦敦湿地公园

伦敦湿地公园是世界上第一个位于城市中心的湿地公园，它是城市湿地恢复与保护的成功范例，被认为是欧洲城市接触野生动物的最佳场所。湿地公园共占地 42.5 km^2，由一个废弃的水库改建而成，由湖泊、池塘及沼泽等组成，中心填埋 40 万 hm^2，种植树木 2.7 万株、水生植物 30 多万株，给伦敦市区居民提供了一个远离城市喧嚣的公共游憩场所，力求让游客近距离欣赏野生动物的同时，不惊扰生物、不破坏生境，城市湿地公园营造了大都市的美丽绿洲，改善了城市的景观环境（秦红梅 2007）。

2）香港湿地公园

1991 年，香港渔农署（现已更名为香港渔农自然保护理署）及香港旅游协会（现已更名为香港旅游发展局）合作完成《香港国际湿地公园及访客中心可行性研究》，将天水围生态缓解区提升为世界级的自然保护、教育及生态旅游设施。同时，香港特别行政区政府拨款建设香港湿地公园，在这个区域内不但有各种农业活动，如鱼塘、牡蛎场及其他耕作农地。更有超过 10 万只候鸟在此过冬或作为中途栖息点。香港湿地公园拥有如此丰富的生态资源和农业特质，为香港湿地公园作为一个生态环境旅游景点打下了很好的基础。

香港湿地公园建设的目的是加深香港市民对东亚地区湿地及其他地区城市湿地的认识、了解，积极争取香港城市居民的支持，以及使市民能参与湿地保护工作。香港特别行政区政府希望通过湿地公园的建立达到两个目标：第一，把香港湿地公园建设成一个世界级的旅游景点，一个区别于一般观光地方的景点，展现出香港湿地生态系统的多样性，并且强调要加以保护；第二，服务香港市民、游客，以及对野生动植物和生态环境学有兴趣的人士，为市民提供环保教育的机会并加强市民保护湿地生态系统的意识。

3）杭州西溪国家湿地公园（西溪湿地）

杭州西溪湿地位于杭州市区西部，占地面积约为 10.08 km^2，是国内较为罕见的次生城市湿地生态系统。如今西溪湿地已不再是国家生态保护区意义上的原始生态湿地，而是集休闲观光、趣味科普、度假、产业为一体的城市湿地公园。杭州西溪湿地保护区划分为五大特色保护区，即生态保护培育区、民俗文化浏览区、秋雪庵保护区、曲水庵保护区、湿地自然景观保护区。杭州西湖与西溪湿地，生态功能相似、优势互补，它们都是杭州重要的生态绿地和生态旅游资源。开展西溪湿地综合保护工程，恢复、重建生态型、文化型、景观型的河沼次生湿地，对杭州生态质量改善、生态系统保护、促进人与自然和谐相处、社会经济可持续发展、城市品位提升等都具有非常重要的作用。

参 考 文 献

安娜，高乃云，刘长娥. 2008. 中国湿地的退化原因、评价及保护. 生态学杂志, 27(5): 821-828.

曹璐. 2014. 银川市城市湿地生态保护及其可持续发展体系构建研究. 银川：宁夏大学硕士研究生学位论文.

曹鹏飞. 2008. 浅谈城市湿地生态功能退化的原因及其恢复与保护. 福建林业科技, 35(1): 176-179.

陈双. 2013. 城市湿地景观评价及保护研究. 长沙：中南林业科技大学硕士研究生学位论文.

韩大勇，杨永兴，杨杨，等. 2012. 湿地退化研究进展. 生态学报, 32(4): 1293-1307.
李春晖，郑小康，牛少凤，等. 2009. 城市湿地保护与修复研究进展. 地理科学进展, 28(2): 271-279.
秦红梅. 2007. 大项目规划中湿地生态系统的保护利用与恢复研究. 天津：天津大学硕士研究生学位论文.
田琳琳，庄舜尧，杨浩. 2012. 城市湿地生态系统的结构特征及现存问题. 资源开发与市场，10(2): 148-150.
王建华，吕宪国. 2007. 城市湿地概念和功能及中国城市湿地保护. 生态学杂志, 26(4): 555-560.
王亚男，冯长春. 2007. 银川城市湿地的保护与合理开发利用探讨. 地域研究与开发, 26(1): 99-103.
张耀武，刘伟刚，郭建荣，等. 2012. 城市湿地生态系统保护的现状与思考. 环境科学与管理，37(6): 162-164.

第九章　城市湿地生态系统恢复

第一节　引　　言

1.1　城市湿地生态系统恢复的背景

随着城市的发展和城市化进程的加快，人类的活动范围进一步扩大，对城市湿地生态系统造成了严重的影响。目前，城市湿地生态系统面临的主要问题包括人为干扰强度大、湿地面积锐减、景观破碎化、水质污染严重、湿地功能退化和生物多样性降低等（李永丽和殷昊源 2014）。相关研究表明，美国在 20 世纪存在严重的城市湿地面积锐减的问题，由于城市化进程的加快，58%的湿地丧失（潮洛蒙等 2003；曹新向等 2005）。我国的北京、上海等大城市也存在类似的情况，北京在 20 世纪六七十年代为了城市建设和发展填埋了 33.4 km^2 的湖泊湿地，上海在 20 世纪 80 年代到 90 年代末期的 20 年中湿地面积减少了 25%（潮洛蒙等 2003；曹新向等 2005）。浙江省杭州市的西溪国家湿地公园作为我国第一个国家级城市湿地公园，历史上面积曾一度达到 60 km^2 以上，然而目前已缩减到 10.08 km^2（董鸣等 2013）。随着城市化进程的加快和湿地保护意识的薄弱，大量的废水（工业废水和生活污水）、农药等排入城市湿地，给城市湿地的水环境和生物多样性造成了严重的影响（郭长文 2006；张耀武等 2012）。城市的发展有时必然会对湿地造成一定程度的破坏，因此在加强对湿地优化管理和保护的同时，如何对已受损的城市湿地生态系统进行恢复，从而实现城市发展与湿地保护的和谐共存已成为亟待解决的问题（于敬磊等 2007；李永丽和殷昊源 2014）。

1.2　湿地恢复的概念及内容

湿地恢复（wetland restoration）通常是指通过生态技术或生态工程对退化或消失的湿地进行修复或重建，再现退化前的结构和功能，以及相关的物理、化学和生物学特性，使其发挥应有的作用（张明祥等 2009）。也有学者将湿地恢复定义为在退化或丧失的湿地上通过生态技术或生态工程进行生态系统结构的修复或重建，使其发挥原有的或预设的生态服务功能（陆健健等 2006）。从广义层面上理解，湿地恢复是指利用相关技术维持正常的湿地生态系统功能；从狭义层面上理解，湿地恢复是指对湿地生态系统的具体结构、状态或功能（如水质、生物多样性等）的恢复（崔丽娟等 2011a）。湿地恢复主要包括以下几个方面的内容：湿地基质恢复、湿地水文恢复、湿地水环境恢复、湿地生物和生境恢复（崔丽娟等 2011b；赵永全等 2014）。

1）湿地基质恢复

基质具有固定植物、保持水分、供给氧气、提供营养及缓冲作用，它不仅是湿地生态系统发育和存在的载体，而且是保证湿地生态系统正常演替与发展的基础，其在湿地生态系统恢复过程中起着非常重要的作用（崔丽娟等 2011c）。崔丽娟等（2011b）根据基质的来源、化学组成和性质等将湿地基质分为 8 种类型，即天然基质、合成基质、无机基质、有机基质、单一基质、复合基质、活性基质和惰性基质。作为天然基质的土壤是其中非常重要的基质类型，它为湿地植物的生长和动物及微生物的活动提供了场所。因此，湿地基质恢复在恢复湿地生态系统结构和功能的过程中尤为重要，已成为世界湿地科学重点关注的问题之一。目前，较为常用的湿地基质恢复技术主要包括湿地基质改良、湿地基质清除、湿地基质再造等 3 种方法。基质改良主要有物理、化学和生物改良 3 种方式，其中化学改良又可以分为肥力恢复、pH 改良和污染治理等 3 种方式。湿地基质清除技术主要有机械清除、基质固化和基质覆盖 3 种方法，其中机械清除技术又包括用泵抽吸、利用专业清除机清除和利用专业清除船清除 3 种方式（崔丽娟等 2011c）。

2）湿地水文恢复

水是湿地的命脉，是湿地生态系统中最重要的物质迁移媒介，决定着湿地生态系统的生物组成（崔丽娟等 2011d）。湿地的水文功能是指与其水文过程相关的实际支持或潜在支持、保护自然生态系统与生态过程、支持和保护人类活动与生命财产的能力，它主要包括调蓄洪水、补充地下水、提供水源、保持或改善水质、调节气候、保护海岸带等功能（张明祥 2008）。湿地的水文过程（如流量与频率变化、来水时间和洪水泛滥）会对湿地生物群落的组成和数量产生显著影响，而湿地生物也会通过生理生化活动影响湿地水文过程。因此，湿地水文过程恢复是湿地恢复的重要环节之一，如何恢复湿地水文过程是湿地生态系统恢复的关键（崔丽娟等 2011d）。目前，湿地水文过程恢复主要是通过筑坝和修建引水渠等工程措施来实现，主要包括湿地水文连通技术、蓄水防渗技术和生态补水技术。湿地水文连通技术主要包括地形削平和地形抬高两种，可以通过扩挖或沟通小水面、局部深挖、区域滞水和铺设高渗透基质（如沙性土壤）等方式实现；湿地蓄水防渗技术主要包括蓄水和防渗两种技术，蓄水主要采用黏土、混凝土或生态袋等筑坝来实现，防渗技术根据水域面积大小又可分为钢筋混凝土、黏土夯实和铺设防渗膜防渗 3 种方式（崔丽娟等 2011d）。

3）湿地水环境恢复

湿地水环境（wetland water environment）是由湿地中的水体、水中的溶解物质、悬浮物、水生生物、水体下的沉积环境、水体周围的岸边湖滨带及与其密切相关的各种环境要素构成的有机综合体，在一定范围内具有自身的结构和功能，能传输、储存和提供水资源，同时又是水生生物生存、繁衍的栖息地，具有极易受到破坏和污染的特点（李胜男等 2011）。湿地水环境恢复是通过控制污染源，去除污染物，并结合换水、补水等措施改善湿地水体，以提高自净能力（崔丽娟等 2011b）。目前，湿地水环境生态恢复主要是通过生态拦截技术，湿地植物、微生物和动物净化技术，人工浮岛技术等进行。生态拦截技术主要是指通过采用工程措施建立生态隔离带和屏障（如设置生态沉降池、建立植物隔离带），降低甚至阻断外来污染源进入湿地生态系统（李胜男等 2011）。湿地植物净化技术是指利用能吸收污染物、耐受性强的挺水植物、沉水植物、藻类，通过吸附、过滤和沉淀等过程达到净化水环境的目的（崔丽娟等 2011b）；湿地微生物和动物净化技术是指利用微生物和鱼类等水生动物对引起水体富营养化的氮、磷，以及重金属的净化能力，通过构建微生物→藻类→浮游生物→鱼类的食物链，从而达到净化水环境的目的；人工浮岛技术是指将植物种在浮体上面，其实质也是利用植物和微生物对污染物的吸附、降解和吸收作用，达到净化水质、提高水体透明度的目的（李胜男等 2011）。

4）湿地生物和生境恢复

湿地生物（动物、植物和微生物）是维持湿地生态系统健康稳定的关键组成部分，其中植被的恢复是退化的生态系统恢复的关键（崔丽娟等 2011b；赵永全等 2014）。湿地植被恢复（wetland vegetation restoration）是指运用生态学原理，借助一系列的生态技术与工程，保护湿地生态系统中的现有植被，修复被毁（破）坏的植被，继而恢复其生物多样性及湿地生态系统的功能（赵永全等 2014）。目前，关于湿地植被的恢复方法主要包括环境改善法、湿地植物种植法和土壤种子库引入法。环境改善法是通过改善湿地生态系统的环境状况，从而促进植被的恢复；湿地植物种植法主要是选取适宜的湿地植物（如挺水植物、沉水植物）种植到受损的湿地生态系统中，从而达到恢复植被的目的；土壤种子库引入法是指通过向受损的湿地表层喷洒含有种子库的土壤，利用引入土壤中的种子完成植被的恢复（赵永全等 2014）。湿地生境恢复是指利用工程技术措施提高湿地生态系统生境的异质性和稳定性，维持物种适宜的栖息环境，除上述湿地基质和湿地水文恢复技术外，湿地生境恢复技术还包括地形恢复技术和湿地岸坡恢复技术（崔丽娟等 2011b）。湿地地形恢复是指通过工程措施平整局部地势、削低过陡地形，规整水面的形状，改善和营造湿地植被和水鸟的适宜生境，增加湿地生境的异质性和稳定性（崔丽娟等 2011e）。湿地岸坡恢复技术利用根系发达的湿地植物与活木桩和石块等材料，在湿地岸坡上构建具有自我组织与修复等生态功能的护坡系统，从而保证湿地岸坡物理和生态稳定性，达到维持湿地岸坡动植物和微生物生存环境的目的（崔丽娟等 2011f）。

1.3　生态学理论基础

1.3.1　生态位理论

生态位（niche）是生态学中的一个重要概念，主要是指在自然生态系统中一个种群在时间、空间上的位置及其与相关种群之间的功能关系（鞠美庭等 2009）。生态位理论的主要目的是探讨一个生态系统中的生物物种或种群在一定尺度下生存发展时，需要的条件及其发挥的功能（欧维新等 2010）。对于湿地而言，生态位又称为湿地小生境或湿地生态龛位，是一个物种所处的湿地环境及其自身生活习性的总称（陆健健等 2006；崔丽娟等 2011a）。根据生态位理论，在城市湿地生态系统恢复的过程中，为保持恢复后的群落和种群的稳定性，在物种引进时应尽可能引进生态位不同的物种，使群落中的各个种群的生态位存在明显差异，从而实现各种资源的有效利用（鞠美庭等 2009）。

1.3.2　自我设计与人为设计理论

自我设计与人为设计理论（self-design versus design theory）是目前生态恢复过程中应用较为广泛的一个理论，也是至今唯一一个从恢复生态学中产生的理论。自我设计理论认为只要有足够的时间，退化生态系统将随着时间的推移而根据环境条件合理地自我组织并最终改变其组分（周晓光 2012）。Middleton（1999）首次提出将自我设计原理应用到湿地恢复，并在这一过程中进行了完善。人为设计理论则认为，通过工程措施和重建植物能够直接恢复退化的生态系统（鞠美庭等 2009）。对于湿地生态系统的恢复来说，通过一些建设恢复工程和重建湿地植物的方式来对湿地物种的生活史进行干扰，从而实现退化湿地生态系统的恢复。自我设计理论重点强调生态系统内部组成要素之间的相互协调及系统整体功能的发挥，而人为设计理论则主要侧重于外界因素对湿地生态系统恢复过程的影响（刘强和叶思源 2009；崔丽娟等 2011a）。

1.3.3 生态限制因子理论

生态因子（ecological factor）即环境中对生物生长、发育、繁殖、行为和分布等具有直接或间接影响的环境要素（如二氧化碳、氧气、温度等）。由于受到很多因素的制约和限制，环境中的各种资源要素是有限的，导致生物的生产力一般都存在一个上限值。此外，环境中各种要素彼此之间都存在着一定的联系而非孤立存在，单个因子的变化会导致其他相关因子变化，而其中对生物生存和繁殖起关键性限制作用的因子就是限制因子。生态限制因子理论认为生态系统中的生态因子存在量超过或接近生物的耐受范围并超过因子间的补偿调节作用时，就会影响生态系统中生物的生长和分布，而这种因子也就成为该种生物的限制因子（鞠美庭等 2009；崔丽娟等 2011a）。对于退化的城市湿地生态系统恢复来说，在进行恢复时关键是找出限制城市湿地生态系统恢复的关键因子，明确城市湿地生态系统的限制因子，为后续恢复模式、方式和技术的确定提供理论支撑。对于城市湿地生态系统来说，水量和水质是其中两个关键的限制因子，前者主要是针对干旱缺水地区的城市湿地生态系统，而后者则主要是针对污染严重（如东部沿海城市）的城市湿地生态系统。

1.3.4 演替理论

演替是生态学中最重要的基本概念之一，它通常是指植被在受干扰后的恢复过程或从未生长过植物的地点上形成和发展的过程（陆健健等 2006）。按照演替方向，生态系统的演替可分为顺向演替和逆向演替，湿地生态系统受损并退化的过程就是一个逆向演替过程。在自然条件下，如果生物群落受到破坏或干扰，只要时间允许生物群落就能够完成恢复。这种恢复过程由一系列的变化组成（即演替），先锋植物侵入并定居和繁殖，在这个过程中使得破坏的生境得到改善并使更适宜的生物生存，依此逐渐推进直到生物群落恢复（鞠美庭等 2009；李洪远和孟伟庆 2012）。任何一个生态系统都不是亘古不变的，而是处在动态变化过程中。湿地生态系统的演替包括初级演替和次级演替等模式，前者主要指在无生命的区域发生的演替（如在从未生长过植物的裸露土地上发生的演替），而后者则是指一个区域已有的生物群落遭到破坏后发生的演替（如砍伐后的红树林湿地区域发生的演替）（崔丽娟等 2011a）。因此，在设计城市湿地生态系统恢复方案时，应该严格遵循湿地的演替方向、演替速度和演替阶段进行设计（赵永全等 2014）。

1.3.5 入侵理论

入侵理论主要用来描述不同种植物（目标和非目标种、外来种）在受损湿地中定居和扩散，它因恢复实施者的目的不同而分为两个层面的含义（赵永全等 2014）。第一，外来生物种的入侵会对本地物种及生态系统结构和功能造成负面的影响，这种入侵应予以控制。因此，引种恢复时应当尽量消除外来物种对本土湿地物种的威胁和影响，尽量选取本土植物。第二，由于退化和受损严重的湿地生态系统的恢复过程依赖于外来植物的生长和扩散能力，这种入侵应予以利用。其中一个非常重要的理论就是入侵窗口理论，该理论认为植物入侵的适宜生境由扩散障碍和选择性决定，当移开一个非选择性的障碍时，就产生了一个适宜生境。例如，在湿地中移除某一种植物，就为另一种植物的入侵提供了一个临时适宜生境，如果这个新入侵植物适合在此生存，随后它会入侵其他空间。由于入侵窗口理论能够解释各种入侵方式，在城市湿地生态系统恢复时可以加以利用（陆健健等 2006）。

1.3.6　中度干扰假说

干扰即通过对资源的有效性产生作用，从而对不同生活史物种的资源分配产生影响而导致群落的非平衡性（崔丽娟等 2011a）。干扰是导致景观异质性的一个主要来源和非常重要的生态过程，它能使景观格局发生改变，但又受景观格局的限制（赵永全等 2014）。中度干扰假说理论是由 Connell 于 1978 年提出的，该理论认为一个地方的物种丰富度在适度的干扰条件下最高，即在一定的时空尺度下，适度的干扰会形成具有不同演替阶段的群落且保留生产力高、生物多样性高的缀块性景观（陆健健等 2006）。对于城市湿地生态系统来说，中度干扰能够使该系统的生物多样性维持在较高的水平，干扰过于频繁则由于先锋种无法发展到演替中期而导致生物多样性维持在较低水平，干扰周期间隔过长则由于演替过程将会发展到演替顶极而导致生物多样性不高。因此，在城市湿地生态系统恢复过程中，采取一些措施将干扰控制在中等程度的水平，将有利于该系统的恢复。然而，在实际的操作中，如何确定干扰的强度、频率、持续时间使其维持在中度干扰程度是这一理论应用与实践的难点所在（崔丽娟等 2011a）。

第二节　恢复目标与原则

2.1　城市湿地生态系统恢复目标

湿地恢复目标是指将湿地恢复到怎样的预期状态（原来的状态、完全改变的状态或是一个既包括原有状态又同时具有新特性的状态），它反映了开展恢复项目的动机，是城市湿地生态系统恢复的核心所在（崔保山和杨志峰 2009；张明祥等 2009）。城市湿地生态系统恢复目标应根据其退化程度、退化原因及所应具有的功能进行制定，在此基础上确定恢复模式和具体实施方案（李永丽和殷昊源 2014）。

湿地的恢复目标一般主要包括生态系统结构与功能的恢复、生态环境的恢复、生物种群的恢复和景观的恢复 4 个方面，但不同的湿地生态系统由于所处经济、社会背景的差异而具有不同的恢复目标（鞠美庭等 2009；李洪远和孟伟庆 2012）。然而，虽然不同的湿地生态系统的恢复目标可能存在或多或少的差异，但在以下几个恢复方向具有共同之处：保护和保育水生生物资源、恢复生态完整性、恢复湿地的自然水系及恢复湿地的自然功能（国家林业局和易道环境规划设计有限公司 2006）。

对于自然湿地，在恢复计划制定和执行的过程中希望达到两个目标，湿地的先前特性和机遇目标。所谓湿地的先前特性，即指湿地生态系统受到干扰前的状态，亦即原始阶段的后序列状态。然而，上述这个状态的确定需要分析大量资料，具有非常大的不确定性，仅仅为恢复实施者的一种偏好或其中的一个选择（崔保山和杨志峰 2009；杨树平等 2009）。所谓湿地机遇目标，由于影响湿地恢复的诸多因素（如水文、气候和环境变化等）在不同的历史时期会呈现不同的自然表现，从而影响和制约着湿地恢复的过程和结果，使得湿地恢复具有不确定性的同时又为恢复者提供很多选择的机会。因此，要求湿地恢复者在实际恢复的过程中要善于捕捉和利用这种可能出现的机遇（崔保山和杨志峰 2009；杨树平等 2009）。

城市湿地生态系统比其他湿地更易受到人类活动的强烈干扰，若要将其恢复到受人为干扰前的原始状态是不现实也是不可行的。因此，城市生态系统恢复的目标无需为原始的生态系统，而是可以设定恢复为一个相对完整且健康的生态系统，即首先要保证生态系统结构的稳定性和功能的协调性，另外还需要具有开放性及景观美学性（李永丽和殷昊源 2014）。

2.2　城市湿地生态系统恢复原则

城市湿地生态系统恢复应结合所在城市的经济条件、地域环境条件及实际需求，遵循以下基本原则：可行性原则、地域性原则、生态学原则、优先性原则和美学原则（图 9-1）。

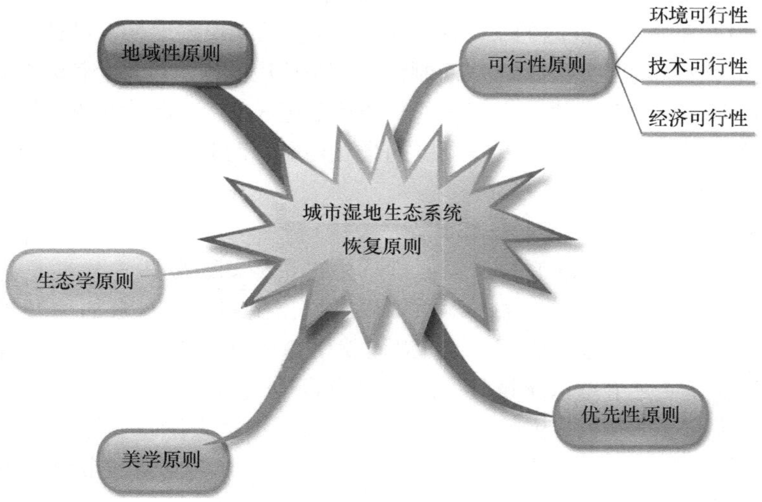

图 9-1　城市湿地生态系统恢复原则

1）可行性原则

无论是城市湿地还是非城市湿地，都应遵循可行性原则，即湿地生态系统的恢复必须考虑方案的可行性，包括环境可行性、技术可行性和经济可行性（崔保山和刘兴土 1999；陆健健等 2006；李洪远和孟伟庆 2012）。

（1）环境可行性。城市湿地生态系统恢复方案的确定和选择取决于其所在的地理位置和环境状况，在城市湿地恢复过程中应以现有的环境条件为基础，而非强制地创造一些与已有环境相悖的条件。如在寒冷干燥的北方城市，湿地生态系统自然恢复速度相对较为缓慢，而处在温暖潮湿环境条件下的南方城市湿地生态系统的自然恢复速度相对较快（鞠美庭等 2009）。

（2）技术可行性。很多湿地恢复的方案具有完美的目标和设计，但在实施过程中缺乏可操作性，这样的方案也是不可行的。因此，在城市湿地生态系统恢复的设计过程中，应结合湿地的退化情况、当地的气候特征和环境因素，因地制宜地选择合理可行的恢复技术（陆健健等 2006）。

（3）经济可行性。国内外大量的实践结果表明，湿地生态系统的恢复是一项技术复杂、时间漫长、耗资巨大的工程，城市湿地生态系统的恢复亦不例外。城市湿地生态系统的修复应充分考虑所在城市的经济基础和实力，设定合理的恢复目标，从而使城市湿地生态系统的修复更为经济可行。此外，与非城市湿地生态系统相比，城市湿地生态系统受人类活动的干扰强度更大，具有更为复杂和难以把握的生态过程和运行机制，往往很难准确把握和估计恢复的最终结果，使得城市湿地生态系统的恢复具有很高的风险性。因此，要求湿地恢复设计者对受损的城市湿地生态系统进行充分的论证和分析，尽可能降低湿地恢复的风险程度，力求以最小的投资和风险获得最大的效益（生态效益、社会效益和经济效益）（鞠美庭等 2009）。

2）地域性原则

我国幅员辽阔，城市湿地广泛分布于多种不同类型区域，囊括了寒温带至热带、沿海至内陆，以及平原至高原。由于不同区域具有截然不同的地理条件、气候特点和经济基础，而且城市湿地又因所在城市功能区的不同而不同，从而要求城市湿地恢复设计者在制定计划和方案时应广泛了解和考虑上述信息，从而制定与之相适应的恢复目标、策略及技术体系（于敬磊等 2007）。城市湿地生态系统是城市的一个重要组成部分，因此在恢复城市湿地生态系统时应考虑其所在区域的景观，使其与周围的景观相融合而非独立于周围景观之外（崔保山和杨志峰 2009）。

3）生态学原则

生态学原则主要包括生态系统结果原则、生态位原则、物种多样性及群落稳定性原则、生态群落演替规律原则等。生态学原则要求根据生态系统自身的演替规律分步骤、分阶段地恢复城市湿地生态系统，而非一蹴而就地完成整个恢复工作。“没有多样性就没有稳定性”，在城市湿地生态系统恢复的过程中应将提高生物多样性作为生态恢复的重要基础，使其达到多物种自然共生的状态。在此基础上，结合生态位原则设计和恢复一个物质循环和能量转化处于最优状态的城市湿地生态系统，从而使城市湿地生态系统中的各个要素（水、土壤、动植物、微生物）和谐演进（陆健健等 2006；鞠美庭等 2009；李洪远和孟伟庆 2012）。

4）优先性原则

城市湿地生态系统的恢复是一项系统工程，恢复的内容应具有一定的先后顺序和优先级，即明确各项恢复工作的轻重缓急（崔保山和刘兴土 1999；张明祥等 2009）。当城市湿地所在地区的经济资源有限时，应从最为紧迫、重要的内容和任务出发，进行城市湿地恢复工作。因此，要求恢复设计者在制定计划前尽可能全面了解所要恢复的城市湿地的相关信息，选择具有生态功能相对较好、对该城市湿地生态系统恢复影响最大区域进行恢复（李洪远和孟伟庆 2012）。

5）美学原则

城市湿地生态系统是城市的“肺”与“肾”，是城市生命系统必不可少的一部分，能够为城市居民提供休闲、娱乐和教育等社会服务功能，它与非城市湿地存在较大的区别（表 9-1）（于敬磊等 2007；杨树平等 2009）。因此，城市湿地生态系统的恢复除需考虑恢复生态服务功能外，还要重点恢复它的美学价值、旅游价值和科研价值。目前，国内外很多国家在城市湿地（大多为湿地公园）的恢复过程中都充分注重其清洁性、独特性、愉悦性、景观协调性和可观赏性，即所谓健康原则和最大绿色原则（崔保山和刘兴土 1999；崔保山和杨志峰 2009；鞠美庭等 2009；张明祥等 2009）。因此，在城市湿地生态系统恢复的过程中，应利用美学的设计理念对其恢复过程进行设计，从而尽可能展现城市湿地的美学境界（李洪远和孟伟庆 2012）。

表 9-1 城市湿地与非城市湿地的区别（引自于敬磊等 2007）

生态要素	城市湿地	非城市湿地
斑块特征	分布不均匀、面积较小、孤岛式的湿地斑块，斑块之间的连接度很低，内部生境破碎化严重	多样的湿地斑块，斑块之间的连接度较高，破碎化程度较低
气候特征	城市湿地具有与城市区域不同的气候特征，而且因城市功能区的不同而不同	湿地生境气候特征反映区域地理气候特征
功能特征	城市湿地除了生态服务功能之外，还为市民提供休闲、娱乐和生态教育功能等很难被预测的社会服务功能	主要以生态服务功能为主
干扰机制	自然干扰机制的作用不是很大，主要为人为干扰	主要受到自然干扰机制的控制
治理方式	主要以政府决策部门的指令为主，城市湿地的维护和治理主要靠市民的参与来进行	治理方式需要在流域尺度进行，并主要由专业人员来进行

第三节 恢复模式与措施

3.1 恢复模式

我国城市湿地类型较多，而且每个城市湿地生态系统的受损程度也存在一定的差异。因此，为了达到最小的投资和风险并获得最大的效益的目的，应针对城市生态系统的退化程度和特征（如水环境特征、污染类型和迁移转化特征，以及功能特征），选择与之相适应的恢复模式与措施。湿地的恢复模式较多，根据人为干预与否可以分为自然恢复模式和人工干预模式（李永丽和殷昊源 2014），根据恢复者参与恢复过程的程度又可分为主动恢复模式和被动恢复模式（张明祥等 2009），而根据恢复和利用的方式又可分为湿地公园和自然保护区两种模式（鞠美庭等 2009）。

1）自然恢复

米德莱顿首次提出将自我设计原理应用到湿地恢复过程中，他认为在时间允许的情况下，湿地生态系统内部的要素会通过相互协调而发挥系统整体功能，从而最终改变为部组成部分（崔丽娟等 2011a）。因此，自然恢复即在无任何人为影响的条件下，完全依靠城市湿地生态系统本身的作用而达到自我恢复的目标。自然恢复模式仅适用于外部胁迫较小或者消失的城市湿地生态系统的恢复，对那些外部胁迫很大或者无法自然消失的城市湿地生态系统则不适用，需要进行人工干预来进行恢复（李永丽和殷昊源 2014）。

2）人工干预恢复

人工干预恢复即通过人为采取恢复措施或其他有利于湿地恢复的活动，使退化的城市湿地生态系统达到预期恢复目标的模式。根据人工干预频率、强度和方式等方面的差异，人工干预恢复又可分为低人工干预、适度人工干预和高度人工干预 3 种恢复模式（李永丽和殷昊源 2014）。

（1）低人工干预。低人工干预即主要依靠城市湿地生态系统本身具有的演替能力，人工辅助引入关键物种并适当地促进城市湿地生态系统功能的恢复与形成，增强受损城市湿地生态系统自然恢复的能力。

（2）适度人工干预。适度人工干预即根据恢复者设定的预期恢复目标，通过采取一定频率、强度和方式的正向干预，使受损的城市湿地生态系统恢复其原有的演替能力，使其能够按照原有的演替规律恢复到一定的结构和功能（任学慧和田红霞 2006）。

（3）高度人工干预。高度人工干预即根据恢复者设定的预期恢复目标，通过采取一定频率、强度和方式的强烈干预，使其按照恢复者预期的恢复目标和方向进行演替，从而使受损的城市湿地生态系统达到恢复者所设计的预期结构和功能（李永丽和殷昊源 2014）。

3）主动恢复模式

所谓主动恢复模式，即恢复者直接控制湿地恢复的整个构成，恢复、改进甚至重建一个新的湿地生态系统。当城市湿地退化和受损情况严重，抑或恢复者设定的预期目标仅能通过建造湿地和进行最大程度的改进才能完成时，则需要采取主动恢复模式（张明祥等 2009）。

4）被动恢复模式

被动恢复模式就是人为消除导致湿地生态系统退化和受损的外部胁迫因素，利用城市湿地生态系统本身的作用而达到自我恢复的目标。当城市湿地退化和受损情况较轻，仍然保持原有的基本特征时，被动恢复模式是一个较为理想的恢复模式。

5）湿地公园

湿地公园是指利用自然湿地或人工湿地，运用湿地生态学原理和恢复技术，借鉴自然湿地生态系统的结构、特征、景观和生态过程进行规划设计、建设和管理的绿色空间（鞠美庭等 2009）。对于城市湿地来说，湿地公园是城市湿地生态系统恢复的一种有效途径和主要的模式，也是城市湿地保护体系的重要组成部分（顾火官等 2013）。国内外已建设了很多著名的湿地公园，截至 2013 年底我国已建设了 100 多个国家级湿地公园（其中有 37 处为国家城市湿地公园），如北京市海淀区翠湖国家城市湿地公园、浙江省杭州市西溪国家湿地公园、浙江省绍兴市镜湖国家城市湿地公园、江苏省南京市绿水湾国家城市湿地公园和福建省厦门市杏林湾湿地公园等。

6）自然保护区

建立各种类型的自然保护区是保护湿地生态系统和资源的有效措施之一（鞠美庭等 2009）。我国从 20 世纪 70 年代开始建立湿地自然保护区，截至 2007 年 12 月，我国已建设各级自然保护区（国家和地方保护区，地方保护区又可分为省、市、县三级）553 处，总面积达到 47.8 万 km^2。自然保护区的建设主要涉及对湿地保护范围的划定和移民，以及设置人员编制进行专门的管理，投资相对不高（王建华和吕宪国 2007）。

3.2　恢复措施

湿地的恢复措施主要有3种，即工程措施、生态措施和管理措施。工程措施是基础，生态措施是技术，管理措施是保障，3种措施既相互独立又互为补充。工程措施作为生态措施实施的前提和条件，可以为城市湿地生态系统地表基质、环境条件的改善和生物的生长提供基础和条件，管理措施可以为工程措施和生态措施的实施提供有力的保障。在城市湿地生态系统恢复的实际工程应用中，将3种恢复措施有机结合应用，既能缩短城市湿地生态系统恢复的周期，又能节约一定的成本。

1）工程措施

工程措施是在人为干预下，建造有利于生态修复和污染削减的各种工程，实现对污染水环境的治理。在城市湿地生态系统恢复的过程中，通过采用一些工程消除各种不利于湿地生态系统恢复的影响因素，为城市湿地生态系统地表基质、环境条件的改善和生物的生长提供基础和条件。因此，工程措施既属于人工干预模式的范畴，又属于被动恢复模式的范畴。常见的湿地恢复工程措施有退耕还湿工程、保护区水源补给工程、水质改善工程。

2）生态措施

生态措施是利用某些技术手段（如植物修复技术和生物膜技术），净化湿地生态系统受到污染的水环境，降低其中的污染物浓度，改善水环境质量。因此，生态措施属于生物修复技术应用的范畴。

3）管理措施

管理措施是通过政府部门的行政措施，通过建立湿地恢复示范区和建立相关法律法规保护湿地，并且进行立法，通过适当的宣传教育引导城市居民积极地参与到城市湿地生态系统恢复的过程中。管理措施的实施，不仅使政府、专业部门、专家学者等参与到城市湿地生态系统的恢复，也能够使城市居民切实认识到湿地的功能及其在区域生态环境平衡中所起的重要作用，从而大力推动城市湿地生态系统恢复工作的开展。

第四节　城市湿地恢复技术

根据城市湿地生态系统的特征和构成，可以将城市湿地生态系统的恢复分为城市湿地生境恢复、生物恢复和生态系统结构与功能恢复3类，在此基础上可以将城市湿地恢复技术分为城市湿地生境恢复技术、生物恢复技术、生态系统结构和功能恢复技术（张永泽和王烜 2001；孙毅等 2007）。

4.1　城市湿地生境恢复技术

城市湿地生境恢复的目标是通过采取各类技术措施，提高城市湿地生境的异质性和稳定性，主要包括城市湿地的基底恢复、水状况恢复和土壤恢复3种类型（张永泽和王烜 2001；孙毅等 2007）。

4.1.1 城市湿地的基底恢复

基底是指景观中分布最广、连续性最大的背景结构，较为常见的有森林基底、草原基底和湿地基底。根据湿地纹理的差异可以将城市湿地分为点、条、面、网 4 类，点状城市湿地是指基底与斑块相近（如沼泽湿地）；条状城市湿地是指基底或斑块整体呈条状；面状城市湿地是指基底与斑块尺度差距大（如湖泊湿地公园）；网状城市湿地是指斑块与水面呈相同比例，相互交错联结形成网一样的图案（如浙江省杭州市的西溪国家湿地公园）（施惠 2013）。城市湿地基底恢复是指通过采取工程和技术措施，维护城市湿地基底的稳定性，稳定城市湿地面积，并对城市湿地的地形、地貌进行改造。城市湿地基底恢复技术主要包括以下 3 种：城市湿地基底改造技术、城市湿地及上游水土流失控制技术和清淤技术（张永泽和王烜 2001；孙毅等 2007）。吴志华和王晓辉（2006）结合巢湖湖滨带基底破坏程度将基底分为基底保护区、基底修复区、基底重建区和沉水植物区，采取土工管袋吹填保护、屏蔽式桩坝和吹填修复等技术措施进行修复改造。城市湿地淤泥量过高也是影响城市湿地生态系统稳定的一个重要因素，太湖的淤泥平均厚度在 2002 年达到了 0.82 m，湖底淤积了大量有机淤泥。2014 年太湖实施了大规模的机械化清淤，大大改善了太湖的基底状况（朱金华等 2015）。

4.1.2 城市湿地水状况恢复

城市湿地水状况恢复包括城市湿地水文条件的恢复和水环境质量的改善，前者主要是通过筑坝（抬高水位）、修建引水渠等水利工程措施来实现，而后者则需要利用污水处理技术和水体富营养化控制技术等技术来实现。城市湿地水文条件恢复技术主要包括湿地水文连通技术、蓄水防渗技术和生态补水技术。湿地水文连通技术主要包括地形削平和地形抬高两种，可以通过扩挖或沟通小水面、局部深挖、区域滞水和铺设高渗透基质（如沙性土壤）等方式实现；湿地蓄水防渗技术主要包括蓄水和防渗两种技术，蓄水主要采用黏土、混凝土或生态袋等筑坝来实现，防渗技术根据水域面积大小又可分为钢筋混凝土、黏土夯实和铺设防渗膜 3 种方式防渗（崔丽娟等 2011d）。城市湿地水环境恢复是通过控制污染源，去除污染物，并结合换水、补水等措施改善湿地水体，以提高自净能力（崔丽娟等 2011b）。

城市湿地水环境生态恢复技术主要包括生态拦截技术、湿地植物净化技术、湿地微生物和动物净化技术及人工浮岛技术等（李胜男等 2011）。生态拦截技术主要是指通过采用工程措施建立生态隔离带和屏障（如设置生态沉降池、建立植物隔离带），降低甚至阻断外来污染源进入湿地生态系统（李胜男等 2011）；湿地植物净化技术是指利用具有较好耐受性和污染物吸收能力的挺水植物、沉水植物、藻类，通过吸附、过滤和沉淀等过程达到净化水环境的目的（崔丽娟等 2011b）；湿地微生物和动物净化技术是指利用微生物和鱼类等水生动物对引起水体富营养化的氮、磷及重金属的净化能力，通过构建微生物→藻类→浮游生物→鱼类的食物链，从而达到净化水环境的目的；人工浮岛技术是指将植物种在浮体上面，利用植物和微生物对污染物的吸附、降解和吸收作用，达到净化水质、提高水体透明度的目的（李胜男等 2011）。

4.1.3 城市湿地土壤恢复

城市湿地土壤主要存在酸化、污染和肥力降低等 3 个方面的问题。城市土壤酸化是指由于湿地土壤失水、硫化物的氧化及污染物的进入等引起的土壤表面 pH 降低的现象，较为常用的土壤恢复技术方法包括表层土壤的去除和碱石灰的释放等（鞠美庭等 2009）。城市湿地土壤污染主要是由于周围工业或居民区排放的污水造成的污染，除营养物（氮、磷）污染外，还包括重金属和持久性有机污染物（persistent organic pollutants，POPs）两种类型的污染。城市湿地土壤恢复技术中，较为简单易行的技术方法就是清除湿地植被及其表层土壤。城市湿地土壤污染恢复可分为原位和异位恢复两种类型，对于土壤重金属污染的原位恢复技术主要包括物理方法（施用腐殖酸和其他有机肥料）、化学方法（投加土壤改良剂调节酸碱度）和生物方法（超积累植物吸收污染）。魏树和等（2005）发现杂草龙葵（*Solanum nigrum*）对于重金属 Cd 污染土壤具有较好的修复效果，在 Cd 污染水平为 25 mg/kg 条件下，龙葵茎及叶的 Cd 含量分别超过了 100 mg/kg。

4.2　城市湿地生物恢复技术

湿地生物包括湿地植物和动物，湿地生物恢复的关键在于湿地植物的恢复，只有恢复了湿地植物才可能引来湿地动物，从而稳定动植物群落和生态系统（崔保山和杨志峰 2009；鞠美庭等 2009）。湿地生物恢复技术主要包括物种选育和培植技术、物种引入技术、物种保护技术、种群动态调控技术、种群行为控制技术、群落结构优化配置与组建技术、群落演替控制与恢复技术等（张永泽和王烜 2001；孙毅等 2007）。城市湿地植被恢复可以通过两种方式进行，一种方式是利用城市湿地原有种源进行天然植被恢复（主要包括湿地种子库和孢子库、种子传播和植物繁殖体等 3 种类型），另外一种方式是从城市湿地生态系统外部引入种源进行人工植被恢复（主要包括播种、移植和看护植物）。除此以外，由于大多数湿地植被处于偏途顶极状态，演替变化速度过快致使矮草丛生，同时草本植物又会被木本植物入侵，导致湿地消亡，因此抑制或阻止木本植物入侵和湿地演替也是城市湿地恢复性管理的一个非常重要的措施，主要包括收割和放牧、火烧和去除泥炭层等 3 种技术方法（鞠美庭等 2009）。

4.3　城市湿地生态系统结构与功能恢复技术

城市湿地生态系统结构与功能的恢复主要包括重建城市湿地生态系统结构和恢复其功能两个方面，重建城市湿地生态系统结构是恢复城市湿地生态系统功能的前提，恢复城市湿地生态系统功能是重建城市湿地生态系统结构的目标。城市湿地生态系统结构与功能恢复技术主要包括生态系统总体设计技术、生态系统构建与集成技术等（张永泽和王烜 2001）。由于湿地生态恢复技术的研究是湿地生态恢复研究中的重点和难点，城市湿地又较其他类型湿地更为复杂而且影响因素更多，因此，亟待研究开发适用于退化的城市湿地生态系统恢复、生态系统结构与功能恢复，以及生态系统生物多样性恢复与维持等方面的关键技术。

第五节　城市湿地恢复程序

湿地的恢复程序是湿地恢复成功与否的关键，它是制定湿地恢复方案的主要依据（图 9-2）。

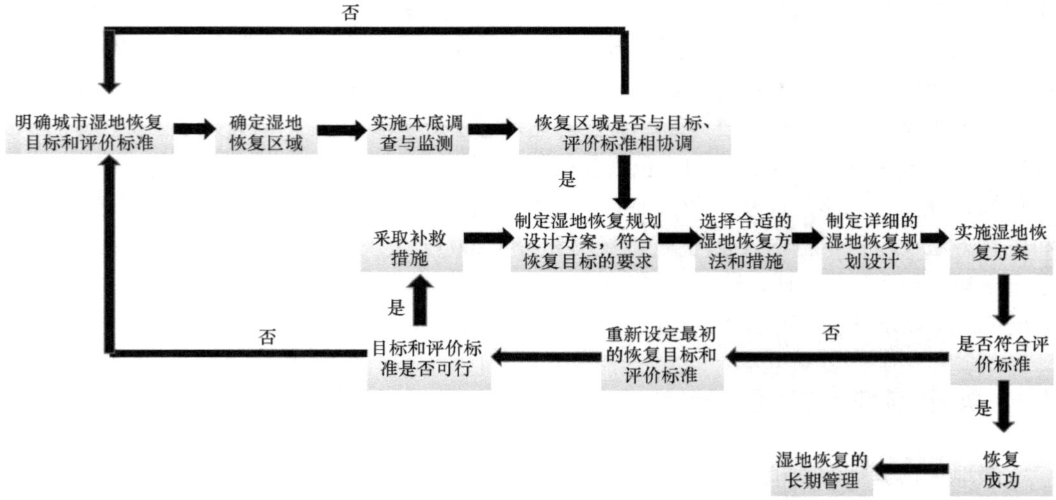

图 9-2　城市湿地恢复流程图（引自于敬磊等 2007）

5.1　确定城市湿地恢复目标

如前所述，湿地恢复目标就是将湿地恢复到怎样的预期状态，它反映了开展恢复项目的动机，是城市湿地生态系统恢复的核心所在（张明祥等 2009）。城市湿地生态系统恢复目标的制定会随着地理位置、经济和文化条件的差异而存在较为显著的差异，因此，应根据城市湿地生态系统退化程度、退化原因，以及所应具有的功能制定湿地恢复目标。在此基础上，还需制定一套能够判断恢复目标是否达到的评价标准体系。

5.2　确定城市湿地恢复区域

由于受人类干扰影响较大，城市湿地生态系统恢复区的面积通常小于先前的湿地面积，导致恢复后的湿地无法发挥先前湿地的功能。因此在确定城市湿地生态系统恢复区域时，要确定一个较为适宜的恢复区域，使其能够满足预期恢复目标需要的同时，又能够避免与城市周围其他土地利用产生冲突。

5.3　实施本底调查与监测

为了更好地实现预期恢复目标，应该充分了解所恢复城市湿地生态系统的历史和现状，因此，应对所确定的恢复区域进行本底调查与评估。在本底调查过程中，通过野外现场调查、访谈当地居民和查阅相关文献资料的方法，明确恢复区域的历史和现状，如湿地的类型、湿地退化或丧失的主要原因、水文和植被等方面的信息。在恢复计划实施前一年进行恢复前监测，从而获悉受损城市湿地生态系统水文、水质和生物等基本状况，为恢复效果评价和湿地恢复方案的设计提供重要的参考和基础数据（崔保山和杨志峰 2009）。

5.4　构建评价指标体系

城市湿地生态系统的状况随系统内部物理、化学及生物因素的变化而改变，同时又受到周围环境及人类活动的影响，因此，在确定恢复区域和完成本底调查之后，还应建立一套适用于该城市湿地生态系统恢复的评价指标体系。构建的评价指标体系不仅能够准确描述拟恢复的城市湿地生态系统的初始状态和最适状态，而且能够指示城市湿地生态系统的变化程度，对生态特征的变化具有敏感性。评价指标体系中的指标要求选取可定量和半定量化指标。李永丽和殷昊源（2014）通过综合考虑城市湿地生态系统内部及周围环境、人类活动对城市湿地的影响，从外部环境要素、生物生态要素和社会经济要素 3 个方面进行筛选，构建了 3 个层次的城市湿地生态恢复评价指标体系（图 9-3）。

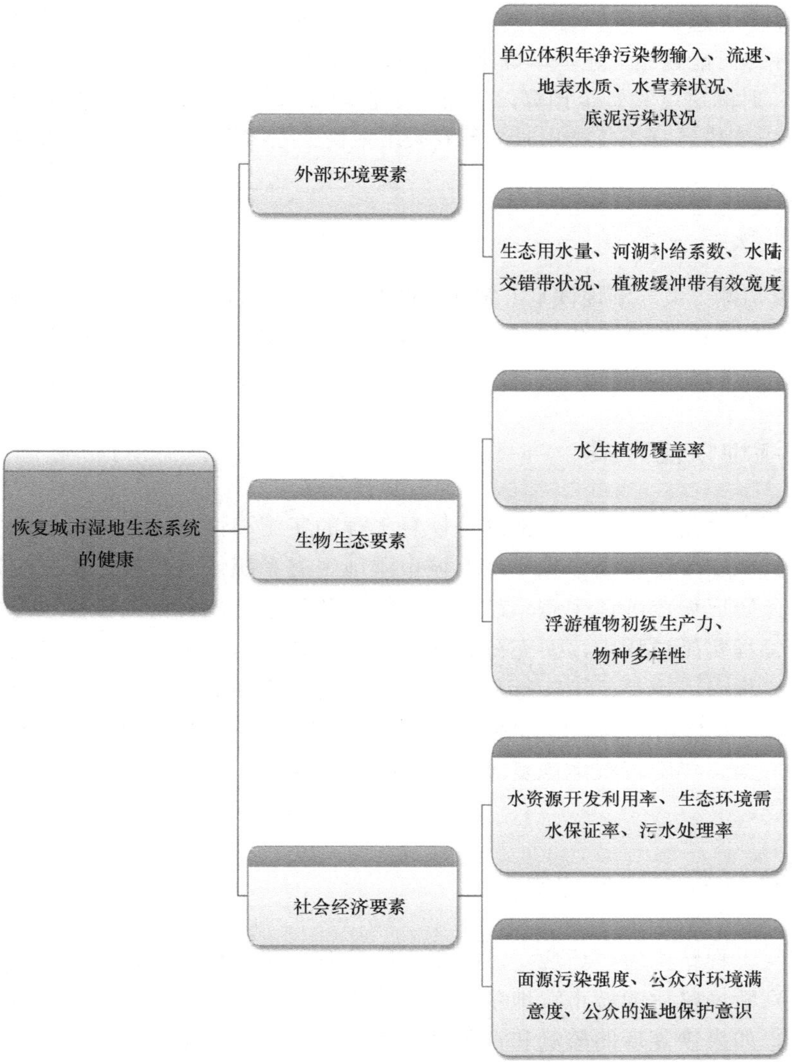

图 9-3　城市湿地生态恢复评价指标体系（引自李永丽和殷昊源 2014）

5.5 制定湿地恢复设计和监测方案

5.5.1 选择适宜的湿地恢复模式

当城市湿地生态系统受损程度相对较轻时，可以采取低人工干预甚至自然恢复的模式进行恢复，当城市湿地生态系统受损严重而无法通过自然恢复的模式进行恢复时就需要采取主动恢复的模式。因此，在选择恢复模式时，在满足设定的恢复目标的同时应尽可能选择最为简单、破坏性小而且最为生态的恢复模式（张明祥等 2009）。

5.5.2 设计湿地恢复方案

退化湿地生态系统恢复的基本过程大致为：基本结构组分单元的恢复—组分之间相互关系的恢复—整个生态系统的恢复—景观恢复（鞠美庭等 2009）。在设计城市湿地生态系统恢复方案时，在尽可能遵循上述基本规律的同时，还需结合设定的恢复目标、评价标准体系、恢复区特征、时间进度和资金预算，以及长期管理要求等因素进行方案的设计（张明祥等 2009）。恢复方案中选择恢复技术时，最好采用生物工程和生态工程等恢复措施，从而降低恢复方案的成本、风险和破坏性。

5.5.3 制定恢复监测方案

湿地恢复监测方案与湿地恢复方案应遵循“三同时”原则，即湿地恢复监测方案应与湿地恢复方案同时设计、同时完成和同时实施。湿地恢复监测方案主要应包括监测方法和指标、实施路线、采样频率和强度等。

5.6 实施湿地恢复方案

湿地恢复方案的实施主要包括湿地恢复工程的实施和恢复过程中监测的实施。湿地恢复工程的实施主要是根据预先设定的城市湿地生态系统恢复目标，遵循湿地恢复的基本原则，充分研究城市湿地生态系统退化、恢复和生态功能设计的指标体系。在城市生态系统恢复工程实施过程中，要充分开发利用新材料与新技术。此外，在城市湿地生态系统恢复的过程中，恢复范围实行从局部到整体的恢复模式，从而实现整个城市湿地生态系统的恢复（崔保山和杨志峰 2009；张明祥等 2009）。湿地恢复中的监测应按照预先制定的监测方案，伴随着湿地恢复工程中的实施而实施，从而能够观察和掌握湿地恢复的状态及过程。

5.7 湿地恢复后监测与评价

湿地恢复工程结束后，还应实施恢复后的监测，并且根据预设的评价指标体系进行评价，从而判断恢复后的城市湿地生态系统状态是否与预先设定状态相吻合或能否发挥有效的功能。如果恢复后的监测和评价结果表明恢复的城市湿地生态系统与预先设定的目标不符合，则需重新设定预期恢复的目标和评价标准体系并判断其可行性。如果重新设定预期恢复的目标和评价标准体系可行，则需要重新制定和实施恢复方案（张明祥等 2009）。

5.8　湿地恢复后的长期监测与管理

很多湿地恢复项目在一个较短时期内已经被判断为是恢复成功的，但恢复后的几年中是否会失去原有的效果仍难以确定。因此，城市湿地生态系统恢复工程完成后，仍需要对恢复的湿地生态系统进行长期的监测与管理，从而判断恢复的城市湿地生态系统是否能够长时期地实现自我持续的状态（崔保山和刘兴土 2009）。在判定城市湿地生态系统恢复成功后的2~3 年内仍需进行精确和高强度的监测，之后的 5 年、10 年甚至更长的时间再改为低频率监测，直至判定城市湿地生态系统进入稳定的自然循环状态（王亮 2008；崔保山和杨志峰 2009）。湿地恢复后的长期管理主要包括对工程设施、设备的维护，植物群落的管理和解决一些突发问题和事件（李洪远和孟伟庆 2012）。

第六节　城市湿地生态系统恢复的限制性因素

6.1　政策与制度限制

6.1.1　规划与管理制度缺乏

国家和地方已出台了较多关于自然湿地的规划与管理制度，如《全国湿地保护工程实施规划（2011—2015 年）》和《浙江省湿地保护条例》等，而专门针对城市湿地的相关规定和管理制度条例则相对较少。2005 年 2 月由中华人民共和国建设部颁发的《国家城市湿地公园管理办法（试行）》中明确指出，国家城市湿地公园规划必须纳入城市总体规划、城市绿地系统规划和城市控制性详细规划，并纳入强制性内容进行严格管理，从而使国家城市湿地公园保护有了法律保障。然而，这项管理办法仅仅是针对国家城市湿地公园而言，大多数城市湿地仍缺乏有效的规划与管理（王建华和吕宪国 2007）。

6.1.2　科学研究工作薄弱

科学研究是城市湿地恢复工作的重要组成部分。城市湿地是湿地研究中的薄弱环节，尚无成熟的研究理论和方法体系（王建华和吕宪国 2007）。长期以来，对城市湿地的相关科学研究基础十分薄弱，已开展的一些研究工作也缺乏持续性（王建华和吕宪国 2007）。已有的关于城市湿地的研究主要侧重于城市湿地对城市污水处理等方面的研究，基础理论研究和多学科交叉融合较少（王建华和吕宪国 2007）。

6.1.3　公众意识有待提高

城市居民不仅是城市湿地生态系统保护的执行者，也是受益者，城市湿地生态系统的保护需要城市居民的参与和支持。目前，城市湿地生态系统保护的参与者仅有政府、相关专业部门和一些专家学者，城市居民缺乏参与意识和机会。因此，应通过大力宣传教育并努力为城市居民提供参与城市湿地生态系统保护与恢复的机会和渠道，提高城市居民参与的积极性，从而推动城市湿地生态系统保护与恢复工作的开展（李永丽和殷昊源 2014）。

6.2 干扰程度限制

6.2.1 城市化进程加快

城市化进程不断加快是城市湿地生态系统退化甚至丧失的一个非常重要的原因，在城市大规模开发商住区的热潮中，出现了一幕幕令人痛心的毁塘造房景象：大片水网沼泽、芦荡田园被视作荒地而被一车车泥土填埋（张五钢 2009）。人口的剧增、城市的快速发展，致使湿地面积急剧下降，以位于浙江省杭州市西部的著名的杭州西溪国家湿地公园为例，它从历史上最多占地 60 km^2 以上逐渐缩小到现在规划保护的 10.08 km^2（董鸣等 2013）。

6.2.2 污水排放

城市湿地生态系统具有净化污水的能力，一直被认为是污水排放的便利场所。然而，城市湿地生态系统净化污染物的能力不是无限的，当进入其中的污染物浓度和数量超过其负荷时，便会对城市湿地生态系统造成严重的损害，使其发生严重的退化。在一些城市湿地区域内，居民将生活污水直接排入城市湿地中，使得城市湿地生态系统的环境承载力越来越大，这一问题不容小觑。相关调查研究结果表明，城市湿地生态系统水环境氮、磷两种元素污染最为严重（董鸣等 2013）。

6.2.3 城市道路建设

城市道路建设使得城市湿地景观破碎化，随后这些破碎的城市湿地被逐渐蚕食而最终消失。此外，在城市道路建设的过程中也会给城市湿地生态系统带来一些不良影响，如大量泥沙沉积将会使湿地面积减少，道路分隔了湿地动物的活动领地而不利于生物多样性的保护（李洪远和孟伟庆 2012）。此外，城市道路的建设不仅使得城市湿地景观破碎化和面积减少，而且严重阻碍了城市湿地生态系统的恢复进程，加大了恢复难度。

6.3 生态环境限制

6.3.1 水资源问题

水资源问题主要包括水量型和水质型资源限制两个方面。我国幅员辽阔，城市湿地广泛分布于多种不同类型区域，囊括了寒温带至热带、沿海至内陆，以及平原至高原。在降雨量充沛的南方地区湿地水量充足，而西部和北方一些地区由于气候干旱等导致水量不足，部分城市湿地水位较浅，严重限制了城市湿地生态系统的恢复。此外，南方一些城市（尤其是东部沿海地区）还存在水质型资源限制，即进入城市湿地的水质存在部分污染物严重超标的问题，这也在一定程度上限制了城市湿地生态系统的恢复。

6.3.2　生境的复杂性

如前所述，我国城市湿地类型较多，生境类型多样，即使是同一个城市湿地也包含不同的类型。例如，南方的一些城市湿地既有池塘又有河溪，北方的一些滨海湿地既有浅滩池塘又有深水芦苇。此外，由于城市湿地受人为活动干扰比较严重，生境中的植被类型已发生了演替。例如，天津市滨海新区湿地大面积分布着碱蓬等重度盐碱地指示种，这是该区域生态系统原始植被受破坏后发生生态演替的结果。因此，人工辅助恢复的程度和湿地生态系统演替是限制城市湿地生态系统恢复的两个主要因素（李洪远和孟伟庆 2012）。

参 考 文 献

曹新向，翟秋敏，郭志永. 2005. 城市湿地生态系统服务功能及其保护. 水土保持研究, 12: 145-148.
潮洛蒙，李小凌，俞孔坚. 2003. 城市湿地的生态功能. 城市问题, (3): 9-12.
崔保山，刘兴土. 1999. 湿地恢复研究综述. 地球科学进展, 14: 358-364.
崔保山，杨志峰. 2009. 湿地学. 北京: 北京师范大学出版社.
崔丽娟，李伟，赵欣胜，等. 2011f. 湿地岸坡恢复技术研究. 世界林业研究, 24: 16-21.
崔丽娟，张曼胤，李伟，等. 2011c. 湿地基质恢复研究. 世界林业研究, 24: 11-15.
崔丽娟，张曼胤，张岩，等. 2011b. 湿地恢复研究现状及前瞻. 世界林业研究, 24: 5-9.
崔丽娟，张岩，张曼胤，等. 2011d. 湿地水文过程效应及其调控技术. 世界林业研究, 24: 10-14.
崔丽娟，赵欣胜，李伟，等. 2011e. 湿地地形恢复研究概述. 世界林业研究, 24: 15-19.
崔丽娟，赵欣胜，张岩，等. 2011a. 退化湿地生态系统恢复的相关理论问题. 世界林业研究, 24: 1-4.
董鸣，王慧中，匡廷云，等. 2013. 杭州城西湿地保护与利用战略概要. 杭州师范大学学报(自然科学版), 12: 385-390.
顾火官，朱玉琳，蔡平. 2013. 我国城市湿地公园建设之思考. 宁夏农林科技, 54: 91-93.
郭长文. 2006. 谈城市湿地的功能及保护. 林业勘查设计, 2: 89-92.
国家林业局，易道环境规划设计有限公司. 2006. 湿地恢复手册: 原则、技术与案例分析. 北京: 中国建筑工业出版社.
鞠美庭，王艳霞，孟伟庆，等. 2009. 湿地生态系统的保护与评估. 北京: 化学工业出版社.
李洪远，孟伟庆. 2012. 滨海湿地环境演变与生态恢复. 北京: 化学工业出版社.
李胜男，崔丽娟，赵欣胜，等. 2011. 湿地水环境生态恢复及研究展望. 水生态学杂志, 32: 1-5.
李永丽，殷昊源. 2014. 城市湿地生态系统的恢复与评价. 中国水土保持, (7): 57-59.
刘强，叶思源. 2009. 湿地创建和恢复设计的理论与实践. 海洋地质动态, 25: 10-14.
陆健健，何文珊，童春富，等. 2006. 湿地生态学. 北京: 高等教育出版社.
欧维新，龚佳莹，叶丽芳，等. 2010. 基于生态位理论的湿地生态经济功能评价——以苏北盐城滨海湿地为例. 资源科学, 32: 2107-2114.
任学慧，田红霞. 2006. 缺水城市水资源补偿恢复能力研究——以大连市为例. 国土与自然资源研究, (3): 69-70.
施惠. 2013. 城市湿地公园游憩空间结构研究. 成都: 西南交通大学硕士研究生学位论文.
孙毅，郭建斌，党普兴，等. 2007. 湿地生态系统修复理论及技术. 内蒙古林业科技, 33: 33-35.
王建华，吕宪国. 2007. 城市湿地概念和功能及中国城市湿地保护. 生态学杂志, 26: 555-560.
王亮. 2008. 湿地生态系统恢复研究综述. 环境科学与管理, 33: 152-156.
魏树和，周启星，王新. 2005. 超积累植物龙葵及其对镉的富集特征. 环境科学, 26: 167-171.
吴志华，王晓辉. 2006. 巢湖东端湖滨带物理基底及生态修复. 合肥工业大学学报(自然科学版), 29: 1068-1071.

杨树平, 王怀宇, 齐永峰. 2009. 城市湿地恢复与重建. 中国新技术新产品, (23): 181.
于敬磊, 鞠美庭, 邵超峰. 2007. 城市湿地管理与恢复. 湿地科学与管理, 3: 36-39.
张明祥. 2008. 湿地水文功能研究进展. 林业资源管理, (5): 64-68.
张明祥, 刘国强, 唐小平. 2009. 湿地恢复的技术与方法研究. 湿地科学与管理, 5: 12-15.
张五钢. 2009. 杭州湿地公园的生态文明保护与社区参与. 重庆科技学院学报(社会科学版), (9): 118-119.
张耀武, 刘伟刚, 郭建荣, 等. 2012. 城市湿地生态系统保护的现状与思考. 环境科学与管理, 37: 162-164.
张永泽, 王烜. 2001. 自然湿地生态恢复研究综述. 生态学报, 21: 309-314.
赵永全, 何彤慧, 夏贵菊, 等. 2014. 湿地植被恢复与重建的理论及方法概述. 亚热带水土保持, 26(1): 61-66.
周晓光. 2012. 恢复生态学中的保护. 科技创新导报, 15: 134.
朱金华, 张耀华, 朱喜. 2015. 太湖清淤与资源化利用. 水利发展研究, 15(4): 26-31.
Middleton B M. 1999. Wetland Restoration, Flood Pulsing, and Disturbance Dynamics. Hoboken: John Wiley & Sons.

第十章　城市湿地生态系统修复

第一节　引　　言

1.1　城市湿地生态系统存在的问题

1.1.1　城市湿地退化问题

城市湿地是指毗邻或组成城市，并与城市或城市其他组成部分有着密切的持续相互作用的湿地。这些相互作用明显地体现在城市湿地生态系统的组成、结构、功能和服务等诸多方面，是生态型城市建设中城市绿地系统和城市水系统的重要组成部分。随着现代工业化的高速发展、城市化进程不断加快、人类对城市湿地资源过度利用，这些现象严重影响着城市湿地的水文特征、物理结构和生态环境，对城市的可持续发展造成了严重威胁。李永丽和殷昊源（2014）认为城市湿地目前面临许多严峻的问题：有明显的人工化特点，以及较大的人为干扰；内部生境遭到破坏，面积也急剧缩减，造成了生态系统完整性的损害；水量短缺，水质污染严重；降低了物种多样性，优势物种也处于濒危状态；湿地功能严重退化。

城市湿地退化的类型可以归纳为物理退化、化学退化和生态退化（张庆辉等 2013）。湿地物理退化和化学退化会引起湿地生态的进一步退化，使生物群落组成结构发生重大改变，湿地植被由湿生植物群落向旱生植物群落逆向演替，甚至湿地严重污染时会出现群落结构逆向变迁（赵维俊等 2011）。长期以来，我国城市湿地存在大量排水、围湖造田、把湿地变为农耕地或者旱地等问题，致使城市湿地基本属性丧失（刘兴土 2004）。此外，环境污染造成的城市湿地水体富营养化同样改变了生物原有的进化和适应模式。同时，受外来种的入侵影响，水生生态系统各个层次的结构、功能和动态也发生了变化，水生生物群落结构趋于单一化，城市湿地物种多样性丧失问题突出（田自强等 2007）。作为城市湿地的重要组成类型之一的滨岸带，具有减少污染物进入水体、提供野生动植物生境、改善水体生态环境等诸多功能，可在多种娱乐场所和优良的环境下提供较高的水体景观价值，同样也在流域生态系统中发挥着重要的作用（谷东起等 2012）。

近年来，由于遭受严重的农业污染和工业排污，河流自净能力急剧下降，水环境质量严重恶化，流域自然生态退化，城市湿地退化现象极为明显。1978～2010 年，杭州市城市湿地区域在面积上总体锐减 260.06 km^2，主要集中在沼泽湿地和城市湿地，在空间上人工湿地和沼泽湿地正以平均每年 95 m 的速度向城市周边萎缩（李静等 2013）。随着社会经济的发展，我国城市湿地生态环境的破坏越来越严重，许多地区的城市湿地生态环境不容乐观。因此，必须加强城市湿地恢复与建设，恢复其原有的生态风貌。

1.1.2　城市湿地生态系统环境污染问题

城市湿地在城市生态系统中发挥着非常重要的作用，尤其在调节城市的微气候、城市中污染物的迁移及转化、城市地下水的补给、城市水源的涵养及提供休闲娱乐场所等方面发挥重要作用（Ehrenfeld 2004；孙广友等 2004）。但是，近年来随着城市化进程的加快，工农业生产规模不断壮大，营养物质富集、土地盐渍化、农药化肥污染、重金属污染等一系列问题随之产生，城市湿地受到人类的侵占及破坏（Holland et al. 1995；Zhang et al. 2011），城市湿地水质的恶化及土壤污染直接或间接地导致或加重了城市湿地各功能的退化（曹璐和陈宙颖 2014）。

1）城市湿地水体富营养化

水体富营养化是指在人类活动影响下，短时间内向水体中输入大量的氮、磷等营养物质，超过其生态系统的自我调节能力和自净能力，进而使产生的营养物质对生态系统的结构和功能造成破坏，导致水生植被衰退、蓝藻水华暴发、水质恶化和水生生态系统崩溃的现象（金璨等 2011；刘浩等 2011；胡旭 2013）。许多研究者应用评分法、营养指数法等不同方法监测评价了不同城市湿地的水体富营养化程度和诱因。韩冰雪（2009）研究松北湿地发现由于接受大量农田排水和工业生活污水，湿地水质污染严重。郑小军等（2014）研究图们江湿地发现其主要污染源为当地农业污水的排放导致的农药残留，以及大量排放的未经处理的生活污水，主要有 COD_{Mn}、氨氮、悬浮物、总磷、油类等。郝敬锋等（2012）选择具有代表性的 28 个城市湿地进行水质监测发现，城市化水平的高低对湿地水质有着明显的影响，随着城市化水平的提高，城市湿地水体总磷和总氮浓度呈显著升高趋势。

2）城市湿地土壤污染

城市湿地土壤污染物主要包括重金属类无机污染物和农药等有机污染物。城市湿地由于施用农药时间久、施用技术及湿地农作物结构等因素影响，农药污染往往较为严重。邵学新等（2008）研究了杭州西溪国家湿地公园（西溪湿地），发现该湿地作为公园被开发后仍然存在有机氯农药残留问题。湿地土壤重金属污染带来的种种问题也日益得到重视。通常利用铅（Pb）、镉（Cd）、铜（Cu）、锌（Zn）、砷（As）、铬（Cr）和汞（Hg）7 种重金属的含量评价土壤重金属污染程度（砷为类金属，此处将其归于重金属）。杭州西溪湿地等城市湿地土壤环境重金属污染风险较低（邵学新等 2008），但在公路附近的湿地公园，其土壤重金属含量与交通流量有显著的相关性（Tam et al. 1986；Peterson et al. 1999；王学松和秦勇 2006）。杨艳芳等（2014）的研究得出，城市湿地土壤重金属含量还与土壤利用方式有关，不同利用方式下湿地土壤养分和重金属含量差异显著，网围养殖湿地、塘式养殖湿地、垃圾倾倒处下游湿地和沟渠湿地的土壤养分和重金属含量显著高于湖泊中心湿地和耕作湿地。该项研究也显示水产养殖和垃圾倾倒是龙窝湖湿地土壤氮、磷等养分和重金属污染的主要来源，土壤养分与重金属污染存在耦合关系（杨艳芳等 2014）。

1.2　城市湿地水生态修复的原则

城市湿地的生态系统修复是在人为干预下，建造有利于污染削减和生态修复的各类工程，对遭受污染的城市湿地的土壤和水环境进行治理。李春晖和郑小康（2009）结合国内外关于城市湿地水生态修复的相关研究成果，将城市湿地的水环境修复技术分为物理措施、化学措施和生物措施三大类。物理措施主要有堤坝和水土工程、底泥疏浚、水体稀释、隔离和覆盖（掩蔽法）4 种；化学措施主要有投加化学药品、投加微生物、人工湿地 3 种；生物措施主要有生态护岸、生物操纵、水生植被恢复、人工曝气 4 种。以上城市湿地修复措施得到了国内外广泛的推广应用。根据湿地类型、污染原因及修复目标的不同，湿地水生态修复实施过程中应当遵循以下基本原则（李永丽和殷昊源 2014）。

（1）湿地河道生态修复与河道基本功能紧密结合的原则。应在保证湿地河道防洪、航运、灌溉等基本功能的前提下，充分考虑湿地生态环境、水质净化、亲水景观等的需要，让城市湿地河道资源可持续利用与生态环境健康更加紧密结合。

（2）经济可行性和实用性为生态修复工程重要目标的原则。需要根据城市湿地所在地域的地貌、地形、水文、周边区域发展等特点，注重与城市湿地水系沿线的整体风貌相协调，实施以自然修复为主、人工修复为辅的策略。

（3）科学性和适应性作为生态修复工程重要条件的原则。全面考虑城市湿地河道水深、流速、水文、断面和平面形态、河道底质、工程材料等诸多因素的综合影响，保障工程方案的科学合理性，并能适应河道的不同特征，创建健康的河道生境条件。

（4）材料和工艺创新的原则。在生态修复工程设计中，应当尽可能采用新型的生态岸坡建筑材料，减少混凝土、浆砌块石等“硬质”材料的使用，促进材料和工艺的创新。

（5）兼顾河道水质改善、突出河道自然属性的原则。应当兼顾对河道水质的改善、减少入河污染物，体现河道的自然属性，提高河道自然生态的修复能力，促进河道生态系统的健康良性发展。

第二节　城市湿地水体修复技术

2.1　物理修复技术

2.1.1　砂滤技术

砂滤是以天然石英砂为主要滤料的水过滤处理工艺过程。传统砂滤包含快滤池、双层滤池、多层滤池、压力过滤池等各种不同的型式，过滤介质会被悬浮物质堵塞而降低过滤速度，一定要反冲洗来实现滤床的再生。砂滤技术经常用作污水二级处理后进行的深度处理和沉淀处理后的给水处理，具有的主要功能是对水中大分子固体胶体和颗粒进行截留。砂粒粒径一般为 0.5～1.2 mm，不均匀系数为 2。根据原水及出水的水质要求选择不同的过滤速度和滤层厚度。

连续砂滤技术作为一种新型的水过滤技术，过滤的同时能够对滤料进行清洗，并且不需要停机反洗。自动连续砂滤工艺是连续砂滤技术的一种，是一种较为成熟、可靠的工艺技术。连续自动砂滤装置主要包括连续供气系统、自动砂滤器和自动化控制系统。污水通过进水管及辐射式进水装置在均匀分布状态下进入滤床，污水穿过石英砂层后进行向上运动，过滤完成后滤出水通过溢流口自然流出。

在湿地水体生态修复过程中，砂滤技术可以快速有效地提高水体透明度，因此，往往被用作湿地水生态修复的主要物理技术措施，目前得到较为广泛的应用。例如，杭州师范大学在杭州西溪湿地建有处理能力分别为 30 t/h 和 10 t/h 的砂滤系统两座，可以快速提高湿地鱼塘等小型水体透明度。

2.1.2　砾石层过滤技术

砾石过滤器中可以体现砾石层过滤技术。砾石过滤器是最常使用的过滤器型式之一，具有出水效率高、不易游堵及使用寿命长等优点。它的主要功能在于挡砂，其原理在于砾石形成的孔隙能允许含水层中较小的砂粒排出，而含水层中较大颗粒物则被隔滤于滤层之外。含水层颗粒组成决定了通过的粒径。由于湿地河道水体容易因为降雨、通航、地表径流等水动力扰动造成泥沙较多，因此砾石层过滤技术非常适用于湿地河道水体的泥沙处理工艺。

砾石填充物的选择，应满足以下条件：①在选取砾料时，应选择滚圆、干净、光滑的砂砾，不要用机械破碎所得的岩石颗粒作为砾料；②砾石层的孔隙要有合适的尺寸大小，并且阻止含水层中骨架颗粒通过；③砾石层与含水层接触区中，骨架颗粒中的细颗粒不随渗透速度发生移动；④含水层的渗透系数要小于砾石层的渗透系数，渗流经过砾石层时不要产生过大的水头损失；⑤滤水管的进水孔内不能进入砾石。

研究发现，砂砾过滤系统的地面以下最大深度值大概为 1.5 m（含 0.3 m 厚的回填土覆盖层），常见的深度为 0.3～0.5 m。根据这个结果，深度为 0.5 m 的砂砾过滤系统完全可以去除泥砂沉积物和重金属元素。在砂砾过滤系统运行的整个时间内，重金属和泥砂沉积物的去除率将会维持在较高的水平。即使系统的深度达到 0.9 m，较高的营养物质去除率也不可能出现，尤其是关于含氮营养物质。因此，如果需要着重考虑去除重金属和泥砂沉积物，沙砾过滤系统是一种很有效的处理措施，但该方法对于含氮和磷的物质的去除效果并不明显。在过滤过程中，随着砾石层的堵塞，水体酸碱度与含氧量发生改变，会导致砂砾系统对某些易吸附的污染物发生解吸附作用（万邦炎 1985；刘德邻和温季 1989；哈特和张向荣 2011）。

2.1.3　太阳能曝气技术

太阳能凭借其低能耗、安全环保、简单易得等特点，解决了工程中耗能大及电费昂贵等问题，太阳能曝气技术已成为一种高效节能的净水方式。太阳能曝气技术已经被广泛应用于生活中，如对城市重度污染河道的治理、对农村生活污水的治理等。太阳能曝气技术在短时间内能明显改善水质，使水体中的 COD 浓度降低并且改善河道底泥的性能，同时使得底层水体的溶解氧浓度进一步提高，水体中的致黑臭物质逐渐被消除，由此减轻河道的黑臭现象。太阳能曝气技术的实际应用是通过太阳能曝气机实现的，其工作原理是在水体表层维持一个近层状流的条件，同时产生纵向的高速流来搅动水体。这种设计可大大提高水体的含氧量，显著改善水体表层富氧而深层严重缺氧的情况，加速生物净化过程，提高水体的自净能力，增加水体透明度（王文林等 2008；何刚等 2011；王烨等 2013）。

城市湿地水体往往处于富营养化状态，需要充氧加速水体自净作用，而太阳能曝气使用方便、不受电力供应等条件制约。同时，太阳能曝气装置可以根据湿地景观需要变换成不同形状，并利于保持湿地景观一致性。因此，太阳能曝气技术是湿地生态修复中最具应用前景的工程措施。目前，成熟的太阳能曝气技术往往与互联网结合在一起，多台太阳能曝气机组成的系统可由无线 GPRS 系统远程控制，在后台即可实现对太阳能曝气机的监控、运行管理及时间程序设置，极具实用性。

2.2　植物修复技术

运用植物修复技术净化水体的机制如下：水中微生物、藻类等生物共同作用的水生植物在生长条件适宜的情况下，依据自身特点，将水中的富营养化物质、重金属污染物、N、P 等吸附在根、茎、叶等不同的部位，进而使自身的营养条件得到满足，同时还有净化水质的功能。以上理论基础是仿生学的理论对自然界恢复能力的人工强化（罗凌江等 2007）。

2.2.1　表面流人工湿地技术

人工湿地技术是基于生态学原理，模拟自然湿地的生态系统，通过优化和恢复水生生物群落的多样性进行水质改善的生态修复技术（叶郁 2013）。植物修复的人工湿地主要是表面流人工湿地（李静等，2013）。表面流人工湿地非常符合自然湿地，污水从进水口进入湿地后便在其表面缓慢流动。表面流湿地水深都较浅，深度为 0.1～0.6 m。湿地中种植高大的浮水植物或挺水植物，通过植物的茎秆吸收及表面的生物膜的吸附降解去除水中的污染物。表面流湿地建设投资低、运行管理简单，水力停留时间为 10 d，水力负荷一般不超过 20 cm/d，夏季布水深度≤10 cm，冬季布水深度＜30 cm。由于可以较好地结合地形地貌，因此在实际生态修复工程中应用广泛（田卫 2003；廖颉 2010）。表面流人工湿地水从湿地表面以很慢的速度流过，操作简单、投资很少、运行费用低等。湿地中的氧气来自于根系运输和水面扩散，整个系统都受到较大的气候影响。

2.2.2　人工浮岛技术

人工浮岛是指建造一种类似于筏子的人工浮体，然后将植物种植于浮体，最终组成一个非生命体和生命体交合的浮岛结构。该技术始于 20 世纪 70 年代末，由德国的 Bestman 公司提出，随后日本、美国等发达国家纷纷效仿。该技术得到越来越多的研究推广后，产生了非常好的效果。自 20 世纪 90 年代开始，我国科学家引进了人工浮岛技术，从最初的农作物水上生产逐步推广到水环境治理领域。该技术在我国应用的形式和名称多样，如生物浮岛、生物浮床、生态浮床、水域无土栽培、人工基质无土栽培、人工浮床等概念都属于人工浮岛这一范畴（李翠芬等 2007）。

人工浮岛能够很好地净化富营养化水体。它通过植物在水中生长的根系，大量吸收氮、磷等生长必需的营养元素，进而使水体中的富营养物被输出。通过植物根系人工浮岛可形成一个生物膜，通过里面微生物的合成代谢和分解作用，能有效地去除污水中的有机污染物及其他营养物质。许多报道介绍了浮岛植物对水体中营养物质的去除效果明显，其中对总氮、总磷的去除率大概都能达到 70%以上。建立人工浮岛种植水稻并且在人工池中引入富营养化河水，当水面的浮床覆盖率达到 20%、40%和 60%时，根据 84 d 观察浮岛对水体中凯氏氮（Kjeldahl N）的去除率分别达 29.0%、49.8%和 58.7%，对总磷的去除率分别是 32.1%、42.0%和 49.1%，浮岛覆盖率的增大使得去除率更高。例如，在杭州市南应加河实施的一个示范工程，治理了大概 5 个月后，河水中水质明显改善，水体能够保持很长时间的透明度，且透明度从原来的 1.9 cm 提升到 1 m（李翠芬等 2007）。

除此之外，人工浮岛还能增加生态系统多样性，同时能够为动物提供栖息地；在作物生长时，节省了土地资源及肥料；美化水域景观；具有防浪护岸作用。人工浮岛成为一种新兴的绿色生态工艺（李翠芬等 2007）。

2.2.3　沉水植物修复技术

沉水植物是指全部植物体、大型水生植物且生活于水层面以下，它们抑制生物性和非生物性悬浮物，改善水下光照和溶解氧条件（宋福和陈艳卿 1997；苏胜齐和姚维志 2002），其根、茎、叶对重金属具有吸收能力，对氮、磷等的吸收作用最为优良（戴全裕 1983；吴振斌等 2001；黄亮等 2002；Peng et al. 2008）。近年来，沉水植物作为一种净化功能良好、经济易得的水生植物被广泛用于水体生态修复技术研究领域（Ciurli et al. 2009）。吴振斌等（2003）对重建武汉东湖沉水植物的研究结果表明，沉水植物在恢复以后可以有效降低 N、P 营养物质循环的速度，维持水体营养水平在 0.1 mg/L，控制浮游植物过度增长，对于富营养湖泊生态系统修复具有重要影响。Stefanakis 和 Tsihrintzis（2012）研究表明，水生植物可为湿地系统中的微生物提供大量新陈代谢的碳源、附着空间和氧气，以提高湿地生态系统对有机物、氮、磷的去除效率。对与水体的净化效果相关的不同种类沉水植物，田琦等（2009）研究发现伊乐藻（*Elodea nuttalli*）、金鱼藻（*Ceratophyllum demersum*）、苦草（*Vallisneria natans*）、菹草（*Potamogeton crispus*）和马来眼子菜（*Potamogeton wrightii*）等沉水植物都具有去除水体中总磷及总溶解态磷的能力；金鱼藻、菹草和苦草对溶解氧具有很好的贡献；金鱼藻与马来眼子菜对总氮的去除能力很强；金鱼藻和菹草对总磷、总溶解态磷的去除能力明显优于其他植物。刘佳等（2007）研究几种沉水植物对总磷的去除效果发现：金鱼藻＞菹草＞空心菜（*Ipomoea aquatica*）＞浮萍（*Lemna minor*）＞苦草。因此，在利用沉水植物生态修复技术处理湿地水体时，沉水植物合适的相互搭配将更有益于污染物的净化，各水生植物的配置模式可参考表 10-1。

表 10-1　水生植物的配置模式（引自徐新洲等 2013）

模式	湿生植物	浮水植物	沉水植物
1	随手香（*Acorus gramineus* var. *pusillus*） 花叶美人蕉（*Canna generalis* cv. ‘Striatus’） 水生美人蕉（*Canna glauca*） 古佬芋（*Colocasia esculenta* var. *antinguorum*） 水葱（*Scirpus validus*） 水烛（*Typha angustifolia*）	芡实（*Euryale ferox*） 大王莲（*Victoria regia*）	白茎眼子菜（*Potamogeton praelongus*） 苦草
2	紫芋（*Colocasia tonoimo*） 伞草（*Cyperus alternifolius*） 鱼腥草（*Houttuynia cordata*） 玉蝉花（*Iris ensata*） 黄菖蒲（*I. pseudacorus*） 睡莲（*Nymphaea tetragona*） 慈姑（*Sagittaria sagittifolia*）	水鳖（*Hydrocharis dubia*） 菱（*Trapa bispinosa*）	黑藻（*Hydrilla verticillata*） 石龙尾（*Limnophila sessiliflora*） 穿叶眼子菜（*P. perfoliatus*）

续表

模式	湿生植物	浮水植物	沉水植物
3	香菇草（*Hydrocotyle vulgaris*） 溪荪（*Iris sanguinea*） 莲（*Nelumbo nucifera*） 红蓼（*Polygonum orientale*） 梭鱼草（*Pontederia cordata*） 白花梭鱼草（*Pontederia cordata* var. *alba*） 再力花（*Thalia dealbata*）	荇菜（*Nymphoides peltata*） 萍逢草（*Nuphar pumilum*）	狐尾藻（*Myriophyllum verticillatum*） 光叶眼子菜（*Potamogeton lucens*）
4	菖蒲（*Acorus calamus*） 窄叶泽泻（*Alisma canaliculatum*） 东方泽泻（*A. orientale*） 泽苔草（*Caldesia parnassifolia*） 花叶水葱（*Scirpus validus*） 小香蒲（*Typha minima*） 茭白（*Zizania latifolia*）	红莲子草（*Alternanthera paronychioides*） 黄花水龙（*Ludwigia peploides* subsp. *stipulacea*）	金鱼藻 眼子菜（*Potamogeton distinctus*）
5	香根草（*Vetiveria zizanioides*） 莎草（*Cyperus rotundus*） 灯芯草（*Juncus effusus*） 芦苇（*Phragmites australis*） 毛茛（*Ranunculus japonicus*） 三白草（*Saururus chinensis*） 黑三棱（*Sparganium stoloniferum*） 香蒲（*Typha orientalis*）	凤眼蓝（*Eichhornia crassipes*）	狐尾藻 菹草

目前，关于国内外沉水植物在生态修复技术中的应用发展，其良好的生长受环境条件影响。有研究发现，沉水植物的生长主要受透明度条件限制，低水体透明度易造成沉水植物死亡，沉水植物群落（种群）平均光补偿深度和透明度符合回归模型：$y_{群落} = 2.9247x_{群落} - 29.126$ 和 $y_{群落} = 3.4802x_{群落} - 33.283$，两者呈明显的正相关（曹昀等 2012）。其他的研究还发现，当水体深度≤最低透明度时，恢复了沉水植物；当水体深度＞最低透明度时，不能恢复沉水植物。不同生长时期的不同种沉水植物对光照的要求不同，如黑藻在低于 580 lx、苦草在低于 280 lx、菹草在低于 602 lx、伊乐藻在低于 484 lx、狐尾藻在低于 793 lx 的光照条件下很难进行生存（程南宁 2005；曹昀 2007）。因此，沉水植物生态修复成功的关键是提高透明度（Protielje & van der Molen 1999）。

2.3　微生物修复技术

利用微生物进行湿地生物的修复是一种经济有效的方法，特别是在需要减少单一或混合的可生物降解物质的浓度上，能取得理想效果（Korda et al. 1997）。微生物修复技术是指让污染物进行无害化的处理过程，或者运用微生物进行土壤和水体的污染物清除。这个过程包含了人为的和自然条件下的污染物降解和无害化处理。对生态破坏作用小是生物修复与传统方法相比的优势，对于如此脆弱的城市湿地生态系统的污染修复来说非常重要（Lin & Mendelssohn 2008）。

2.3.1　土著微生物技术

土著微生物具有个体小、种类多、代谢途径多样、适应性非常强、生长繁殖快、易变异及具有共代谢作用等特点。土著微生物修复污染土壤则是采用一定的微生物工程技术，筛选能高效降解转化污染物的优良土著微生物菌种，研究其生理特性，经过扩大培养后应用于污染土壤，降解转化污染物，使污染土壤得以修复或人为创造有利于降解转化污染物的土著微生物生长的环境条件，采用一些措施强化或激活土著微生物对污染物的降解转化活性，实现土著微生物对污染物的降解与转化，使污染物无机化或无毒化，土壤得以恢复（Mishra et al. 2001）。由于土著微生物能够适应当地土壤的理化性状、养分条件及气候条件（Korda et al. 1997），被广泛应用的土著微生物修复污染湿地能够降低修复过程对地下水的威胁，提高降解效率（李晓楼 2014）。土著微生物在农药污染、石油污染、重金属污染土壤中发挥了较为重要的作用。

2.3.2　功能性微生物技术

微生物在湿地生态系统的营养元素循环、缓解全球气候变暖、有机质分解和污染修复过程中发挥着重要作用。郑春雨和王光华（2012）对湿地生态系统中功能微生物的研究主要集中在氨氧化微生物、产甲烷古菌、甲烷氧化细菌、硫氧化细菌与硫酸盐还原菌等微生物上。范改娜等（2010）通过对典型河流湿地生态系统中新型氮循环微生物的鉴定和多样性研究，证实存在厌氧氨氧化菌和氨氧化古菌的情况下，可以减少淡水河流湿地生态系统中 N_2O 的排放量，以及氮循环失衡造成的其他氮素污染，如地下水的污染、水体富营养化、水体缺氧等。

2.3.3　固定化微生物技术

微生物固定化技术主要指在某一特定空间范围内用化学的或者物理的手段方法对游离微生物进行限制或定位，保留其固有的催化活性，并且被重复和连续使用的现代生物工程技术（叶笃正等 2000；周自江等 2002）。微生物的固定化方法有载体结合法、交联法、包埋法和自身固定化法等 4 种（中国气象局 1979；路爽等 2004）。

固定化微生物技术可以去除水体中的氨氮，具有稳定性强、生物浓度高、去除效率高、能保持高效菌种的优点（卢徐节等 2011）。固定化微生物技术在废水处理方面的应用已取得了很大的进展，特别是关于废水单级生物脱氮中的应用，其具有良好的应用前景和巨大的市场潜力（杨麒和李小明 2002）。

2.3.4　潜流人工湿地技术

潜流人工湿地系统也称为渗滤湿地系统，水进入湿地后流动于床体内部，以便更好地利用附着在填料表面的微生物膜和填料去除污染物，受到低温的影响较小，而且水在填料的内部流动，具有很好的湿地去除效果。湿地中一般使用具有良好空隙、可以维持水流在床体中的流动、易于通过的填料，如炉渣、沸石、砾石或沙等，并且为了保证潜流污水在床内的均匀流速，一般需要布置合理的床内布水与集水系统。潜流式人工湿地一般是包括垂直潜流人工湿地和水平潜流人工湿地。

水平潜流人工湿地在床体内填充具有良好孔隙度的填料，水体在水平方向流动，在填料床底部铺设防渗层或防渗膜。挺水植物种植于湿地表层，当其成熟后，根系深入 0.6～0.7 m 的填料层中，与填料交织形成根系层，微生物可大量生长，形成生物膜，起到去除污染物的作用。垂直潜流人工湿地中水流在填料层中垂直向下流动，其主要作用是提高了氧气向基质层中的转移效率，可以有效增强微生物的好氧降解效果。

填料表面和植物根系在潜流人工湿地成熟后生长了大量的微生物形成生物膜，水流经生物膜时，通过吸附、同化及异化作用得以去除有机质。湿地床层中因植物根系对氧的传递释放，在周围的微环境中依次呈现好氧、缺氧和厌氧状态，使其直接吸收水中的氮、磷作为营养成分，还可以通过微生物对磷的积累作用及硝化、反硝化作用从废水中去除，最后通过植物进行收割或定期更换的湿地基质使污染物质从系统中去除（袁云松 2005）。

2.4 综合性水质恢复技术

2.4.1 生物接触氧化技术

生物接触氧化技术是在生物反应池内填充填料，让已充氧的污水浸没并以一定流速流经已布满生物膜的填料，通过污水与生物膜上微生物的新陈代谢作用而使有机污染物得到去除，达到污水净化的技术。该技术兼有活性污泥法及生物膜法的特点，是一种能耗低、效率高、投资省、易操作的生物预处理工艺，是一种比较实用且经济的处理技术。国内外正在研究的生物接触氧化技术多用于工业污水处理，厌氧水解酸化-生物接触氧化技术是生物接触氧化技术的改良型（彭继伟等 2002），该工艺总体思路是采用预曝气、污泥回流和分级沉淀的工序。Zhang 等（2015）研究的综合厌氧/缺氧/好氧生物接触氧化剂（A^2/O-BCO）是通过铵态氮（NH_4^+-N）的氧化代替 BCO 反应器中以硝态氮（NO_3^--N）回收提供电子受体的反硝化除磷过程。对于湿地生态水体修复技术的报道，潘继征等（2010）结合生物接触氧化预处理+微曝气垂直流湿地+水平潜流湿地技术，开发出人工增氧型复合湿地工艺，该工艺通过对滇池北岸城郊混合地区污水处理的模型试验，体现了人工增氧型复合湿地具有较强的缓冲调节能力和较高的净化效果，对污染物悬浮物（SS）、COD、氨氮的总去除率分别为 94.5%、71.3%、72.3%，实现了 41.9%的总氮去除率。

填料作为生物接触氧化法的重要影响因子，直接影响污染物的净化效果。填料的选取与工程造价、运行费用及处理效果密切相关。吴春笃等（2008）的研究表明，相比较组合式填料、多面空心球填料，弹性立体填料在生物接触氧化技术中具有更好的生物膜活性和对底物的去除能力，其良好的布水作用、特殊的材质可使生物膜保持空隙可变性和良好的活性，获得越来越大的比表面积，此外，其优良的反冲洗性能可延长填料的使用寿命，降低处理成本。周勇等（2007）在苏州市重污染南园河用 ZH901 弹性立体填料进行处理，结果表明水质净化效果在挂膜 40 d 时达到最佳，对 TN、TP、COD 和浊度的去除率分别为 53%、35%、50%和 44%。肖羽堂等（2005）在修复上海市受污染的川杨河水时采用弹性立体填料和微孔曝气富氧生物接触氧化法，观察到膜上的生物相丰富，污染物氨氮有了很高的生物降解速率，生物膜很薄，污染的去除主要是填料上的好氧生物膜在起作用。张宝娣等（1999）采用了多级接触氧化渠道，运用了经活化处理的多孔异形填料（聚丙烯/维尼龙/不定型聚氯乙烯）为生物载体，通过适当添加经就地驯化的优势微生物，很好地净化了城镇污染严重的中小河道。黄廷林等（2006）通过扬水曝气进行了原位强化生物接触氧化技术改善了滦河水源水质试验研究，结果显示，用于水源水质改善的扬水曝气加原位生物接触氧化组合是可行的。近年来，生物接触氧化法作为解决水域污染的重点技术在国内外被广泛研究开发，具有较高的水处理效率，已成为一种日渐强化的生物净化技术，今后有望成为国内外用于污染湿地水体治理研究的热点。

2.4.2　立体生物操纵技术

经典生物操纵（biomanipulation）理论由 Shapiro 等（1975）最先提出，主要是通过调控浮游动物的群落结构，降低浮游生物食性鱼类的数量，最终减少浮游植物生物量的方法。目前，国内外针对生物操纵技术的研究应用主要分为五大类：控制浮游生物食性鱼类或者肉食性鱼类、放养滤食性鱼类、引种大型沉水植物、直接投入浮游动物和投加细菌（刘晶等 2005）。Bergman 等（1999）对 Ringsjön 湖（灵湖）的污染治理研究表明，最好的效果是控制肉食性鱼类与浮游生物食性鱼类比率在 12%～40%时出现。El-Shabrawy 和 Dumont（2003）对 Nasser 湖沿岸带季节性变化和浮游动物空间做了研究后，发现缺乏浮游生物食性鱼类导致轮虫、桡足类浮游动物占有优势。Beklioglu 等（2003）也发现，在 Eymir 湖（埃米尔湖）的实验中控制放养浮游生物食性鱼类丁鲷（*Tinca tinca*）和底栖食性鱼类鲤（*Cyprinus carpio*）一年后，水体透明度增加了 2.5 倍，无机悬浮固体颗粒浓度减少了 22.2%，叶绿素 a 浓度也有所下降。研究表明，在缺少浮游植物时细菌能为水蚤提供食物补充，防止浮游动物生物量因食物不足而下降的情况（Arvola & Salonen 2001）。前人的研究表明，有效微生物群对水体透明度、叶绿素 a 含量的改善有明显效果，提前防止水华的发生，另外还可以抑制藻类的生长（李雪梅等 2000）。刘耘彤等（2013）用“食藻虫—沉水植物—鱼类”立体复合生态修复技术对长兴岛青草沙水源地实证基地样板池进行了生态修复，结果发现浮游植物生物多样性增加，蓝藻和微囊藻得到有效控制，群落结构和水质明显改善，水体生态修复效果显著。大量研究结果显示，立体生物操控技术对湿地水体生物种群的组成和丰度的调节作用明显，且能在一定程度上提高溶解氧含量和水体透明度，提供了一些物种的营养来源。因此，在生态修复过程中，根据研究对象采取不同的组合技术和措施是立体生物操纵技术成功的关键。

2.4.3　食藻虫技术

食藻虫作为一种经过长期驯化改良的大型枝角类低等浮游动物大型溞（*Daphnia magna*）（何文辉等 2009），能够大量摄食蓝绿藻、腐屑、悬浮物与有害菌类等，多在水体生态修复技术领域进行引导运用。基于食藻虫对有机颗粒物和蓝藻等浮游藻类的高效滤食作用，它可使水体透明度迅速提高 1.0～1.5 m，为沉水植物群落的生长提供竞争优势。因此，它对于水体修复治理中将食藻虫引入沉水植被生态修复技术的研究具有重要意义。夏哲韬等（2011）在 2010～2011 年对杭州西溪湿地进行食藻虫生态修复富营养化水体试验研究，结果表明修复区水体的叶绿素 a、TN、TP、NO_3^--N、NH_4^+-N 等浓度相比于对照区分别降低 45.6%、68.8%、65.7%、97.6%、71.5%，DO 增加到了 88.3%，水体透明度提高到了 2.0 m 以上，水质达到国家地表水Ⅱ-Ⅲ类水质标准。除此之外，关于维持水体高透明度的方法，还可通过降低水位法、提高水体透明度法或渐沉式沉床新型移栽技术等方式处理水体。

第三节 城市湿地土壤修复技术

3.1 塘基底质修复技术

3.1.1 物理修复技术

塘基底质是湿地生态系统生长与演替过程中的载体，是营养物质循环的中心环节，湿地生态平衡的发展基础（杨红军等 2006；孙毅等 2007）。塘基底质中存在着大量藻体、动植物体残骸等营养沉积物。以东太湖为例，在较高的底质总有机碳（TOC）条件下，水生植物的生长明显受到抑制作用，存活率较低（Ni 2001）。大量研究表明，可以通过疏浚工程来起到修复底质的效果（杨红军等 2006）。国内滇池和太湖东湖区域已投入实践，有效地降低了底质中内源性污染物质含量，并取得良好效应（Ni 2001；濮培民等 2003）。对于疏浚的底泥，有人采用绞吸式挖泥船将其吹填到基地修复工程区域内，形成缓坡浅滩，为湿地生态系统营造了良好的生境（陈静等 2007）。但底泥疏浚工程对密闭和抽吸的技术要求较高，且底质环境多种多样，故在工程实施之前需确保方案的社会合理性、生态合理性、经济合理性等。

引水工程是目前较为有效的一种缓解湖泊、河流等水体污染负荷的技术方法。向高营养污染底质中引水冲洗，可以打破藻类磷释放循环，有利于塘底生态系统的恢复（李文朝 1996；唐孟成等 1997）。钱塘江—西湖引水工程初步实施后，显著改善了浮游生物的种类结构和生态属性（唐孟成等 1997），有效消除了内源污染负荷，在湖泊底质恢复中发挥了较好作用。

目前开发了一种湖滨带退塘还湖区挖塘堆岛基底修复工程技术方法（陈静 2014）。该技术在湖滨带鱼塘群采用挖掘机械工程的方法，将密集的小鱼塘连通形成湖滨湿地生态系统，丰富了生境类型，有助于提高湿地的生物多样性。异龙湖在随后一年中，修复区基底的底质中营养指标全磷、有效磷、氨氮和硝氮含量较基底修复前分别下降 66.7%、85.8%、73.6% 和 37.6%，有效地改善了湿地修复区的生境。

3.1.2 微生物修复技术

微生物在塘基底质修复中可以发挥关键作用。有研究使用 ^{13}C 同位素标记方法从湿地底泥中鉴别出了一系列细菌，该系列细菌具有降解氯苯功能，具有将其转化为自身所需小分子化合物的能力（Braeckevelt et al. 2007）。由于此系列细菌具有类似的脱卤代谢和脂肪酸合成代谢的途径，因此可以应用到自然湿地的修复工程中。底质中的酶可以作为一种微生物修复的生物催化剂，而酶与底质中的微生物、植物、动物生命活动有一个共同协调作用（Meagher 2000）。一些湿地基质酶的相关研究表明，磷酸酶对有机磷化合物水解有促进作用，脲酶（一种酰胺酶）对肽键水解有促进作用，以及蛋白酶对一些蛋白质等大分子氮化物有降解作用（岳春雷等 2004）。由此可以得出，基质酶在营养化合物降解过程中起到了重要作用。

冯琳（2009）的研究表明，环境条件的改变会引起湿地基质中溶解性有机质（dissolved organic matter，DOM）性质发生改变，影响有机污染物与 DOM 的耦合作用，进而阻止了有机污染物的迁移转化，长期富集对湿地基质造成极大影响（Lu et al. 2003；李睿和屈明

2004）。在好氧基质中，有机污染物质中的有机氮通过氨化作用被转化成可以被植物和微生物直接利用的氨氮，或扩散到表面好氧区，或被基质中带负电的颗粒吸附（如黏土）（阮晓红等 2004）。在厌氧基质中，挥发性脂肪酸（volatile fatty acid，VFA）可参与氧化还原反应，湿地中大量的微生物可通过一系列生命活动促进 VFA 的降解和转化（Whitmire & Hamilton 2005）。由此可知，对于难降解的有机物，经过湿地中各类微生物降解及水生植物的吸收代谢，可以达到一个较为有效的去除效果。除上述以外，生物修复底质技术还包括生物操纵、生物控制和先锋物种引入技术等（崔保山和刘兴土 1999）。在生物修复具体方案落实之前，往往需要进行比较优化，通常采用生态学系统能值分析法进行综合的评判与决策。

3.2 湿地土壤修复技术

一些欧美国家在 20 世纪六七十年代就开始进行湿地土壤生态修复的实践，但主要用物理化学修复方法。此阶段的研究发现，该类措施对环境多产生不良影响，由此研究者开始探索生态修复措施的修复效果。国内的相关研究虽然起步较晚，但也陆续开展，并且发展较快，多集中于人工湿地土壤修复。经过几十年的研究发展，利用高等植物与降解性功能微生物对已被污染的湿地修复效果较好，并广泛投入实际应用中（Oudot et al. 1998；Meagher 2000；Nicholls 2004）。

3.2.1 植物修复技术

植物修复技术主要是筛选耐受性强，可吸收、富集、降解污染物的目标植物，通过组织吸收拦截或降解污染物对已被污染的土壤进行处理。目前，植物修复在湿地生态修复中取得了较好成果。植物修复同样也具有美化周围生态环境景观的效果，成本低廉，操作简单，此种技术目前已被广泛运用到实际工作中。刘亚云等（2009）通过红树林湿地研究发现，植物秋茄（*Kandelia candel*）对两种氯代有机污染物 PCB47 和 PCB155 均有相当显著的富集效果，其中植物根部对这两种多氯联苯同系物的富集系数为 0.6～1.2，同时其生长未受到抑制作用（刘亚云等 2009）。对于湿地土壤中的重金属及营养盐成分，有研究者在长达 1 年的研究中发现，大米草（*Spartina maritima*）对 Mondego 和 Tagus 两大河口沼泽湿地的氮营养平衡有着显著作用，在氮营养同化作用过程中产生较大地上（下）生物量，并通过沉积作用可有效减轻水体富营养化程度（Sousa et al. 2008）。该研究结果为国内外研究者后续对植物修复湿地生态进行研究提供了理论依据。高云芳等（2010）对比了黄河入海口滨海湿地的 4 种植物[盐地碱蓬（*Suaeda salsa*）、芦苇（*Phragmites australis*）、互米花草（*Spartina alterniflora*）和香蒲（*Typha orientalis*）]的富集效果，发现均可起到转移富集重金属或吸收营养盐（TP、TN）的作用，其中盐地碱蓬对 N、P 的转移最快，并且对 Cu、Zn、Pb、As 的富集能力和转移系数最大。最后可通过植物收割的方法将湿地土壤中的污染物去除，以减轻污染程度。另外，米草属植物（*Spartina* spp.）特别是互米花草对周围环境适应性较强，在我国滨海湿地引入利用，几十年间将淤泥质岸滩变为海滩（钦佩和张昂途 1998），由此可见植物生态修复湿地环境存在较大潜力。

研究表明，在富 Cu 的铜矿区，Cu 超积累植物蓖麻（*Ricinus communis*）各器官对 Cu 的吸收含量依次为根＞叶＞茎，且蓖麻地上部分对 Cu 的富集系数为 0.27～0.97，平均值为 0.49，地下部 Cu 的富集系数为 0.80～1.48，平均值为 1.22，表明蓖麻对土壤中过量 Cu 具有较强的富集能力（康薇和郑进 2011）。王华等（2007）通过野外调查与营养液模拟试验相结合的方法，初次发现并证实水蓼（*Polygonum hydropiper*）具有超富集 Mn 的能力，其富集系数和转移系数均大于 1。魏树和等（2005）对 Cd 超积累植物龙葵（*Solanum nigrum*）富集 Cd 的相关特征进行了研究，在 Cd 污染水平为 25 mg/kg 条件下，龙葵茎及叶的 Cd 含量都超过了 100 mg/kg 这一公认的 Cd 超积累植物应达到的临界含量标准。进一步分析得到，龙葵地上部 Cd 含量大于其根部 Cd 含量，且地上部 Cd 的富集系数为 2.86，证实了龙葵具有强大富集 Cd 的能力。与此同时，结合杂草龙葵具有抗逆境能力强、生长迅速快、繁殖能力强及在环境条件适宜情况下生物量能够急剧提高等特点，可以弥补现有超积累植物的某些缺点和不足，龙葵是较理想的湿地土壤植物修复资源。对于 Zn 超积累植物遏蓝菜（*Thlaspi caerulescens*）的富集特性，研究发现当遏蓝菜地上部的 Zn 浓度达到 25 000～30 000 mg/kg 时，依然能够正常生长而不表现出中毒症状。深入研究证实植物对重金属的累积与耐受作用与其体内的金属螯合剂——有机酸、氨基酸、植物络合素（PC）、金属硫蛋白（MT）和尼克烟酰胺（NA）等，区室化及长距离运输相关的转运蛋白——ZIP（ZRT/IRT like protein）、CDF（cation diffusion facilitator）、Nramp（natural resistance and macrophage protein）和 HMA（heavy metal ATPase）等家族基因或蛋白质密切相关。这为超积累植物的筛选和培育提供了理论依据，也为超积累植物的高效富集和推广应用提供了技术保障（刘戈宇等 2010）。

随着研究的深入，刘家女等（2006）发现超积累植物不但在单一重金属污染土壤中具有吸收、富集重金属的能力，在复合重金属污染土壤、金属离子之间复杂的作用条件下，对土壤重金属的去除也发挥了功效。在 Cd-Pb 复合污染的土壤中，超富集植物蜀葵（*Althaea rosea*）对 Cd、Pb 的吸收为根部大于地上部，其中蜀葵对重金属 Cd 具有更强的耐性和富集性（刘家女等 2006）。这将成为从实验阶段走向商业化进而发挥超富集植物实际作用的重要基础。

3.2.2　微生物修复技术

近年来研究显示，微生物活动是污染物降解和净化环境的主要力量（冯琳 2009）。除外源引入的以外，湿地土壤中也会大量累积非腐殖质，被污染的湿地土壤中往往污染物成分复杂、含量高，周围环境条件多种多样，使得生态修复工作变得异常困难。近年来，筛选降解功能优势微生物，并用于土壤中复杂污染物的降解成为湿地生态修复的研究热点（表 10-2）。微生物修复主要是指利用具各类功能的微生物通过自身的代谢途径与生命活动，将土壤中的污染物质转化成无毒无害小分子或者自身可以利用的成分，以起到净化周围环境的作用（窦勇等 2012）。目前已发现大量的可降解持久性有机污染物（persistent organic pollutants，POPs）的微生物。另外，通过人为调节手段，如改善土壤溶解性有机质含量、调节氧化还原环境、溶解氧等因素可以在一定程度上促进修复效果（窦勇等 2012）。1989 年，在阿拉斯加溢油事故中，Prince（1997）的研究结果显示，美国国家环境保护局（US EPA）通过添加分散剂及外加营养物质的方式有效地提高了石油降解微生物的修复效果。该研究报道了微生物修复石油污染海岸区域的成功案例，为后续的微生物修复湿地土壤研究提供了理论依据。

表 10-2　湿地土壤生态修复的常用微生物

湿地土壤污染类型	污染源	功能性微生物	资料来源
石油烃类污染	石油烃类有机物	Terra-Zy-me™ 石油烃降解菌	Tsutsumi et al. 2000 Prince 1997
	柴油	红树林土著微生物	庄铁诚和林鹏 1995
	石油	侧耳（*Pleurotus ostreatus*）和土壤微生物群落、小克银汉霉（*Cunninghamella* sp.）、毛霉（*Mucor* sp.）、镰刀菌（*Fusarium* sp.）	阚兴艳等 2012
农药污染	甲基对硫磷	PF32（*Stenotrophomonas* sp.）	许育新等 2009
	氯氰菊酯、联苯菊酯	*Rhodopseudomonas* sp.	李乐等 2006；张松柏等 2009
	硝基酚	*Achromobacter xylosoxidans*	Wan et al. 2007
重金属	Cd	真菌 *Penicillium janthinellum*	黄晓婷等 2009
金属冶炼废水	Cd、Cu、Pb、Zn、SO_4^{2+}	土著菌	Edenborn 2004
	Zn、Cd、Hg	细菌群	Sprocati et al. 2006
富营养化湿地	有机氮、有机磷	微生物	付融冰等 2008
苯并[a]芘污染土壤	苯并[a]芘	真菌	刘世亮等 2004
盐污染	萘、菲和联苯	耐盐菌种	Plotnikova et al. 2001
	高度富集嗜盐	海杆菌属（*Marinobacter*）	Nicholson & Fathepure 2004

Boopathy 和 Melancon（2004）对微生物 *Klebsiella pnuemoniae* 降解硝基芳烃机制进行了研究。该类微生物是从 Barataria 湾湿地的土壤中通过分离筛选后得到的。研究表明，该类菌株可通过硝基芳烃诱导产生亚硝酸还原酶、加氧酶和硝基还原酶等，能快速降解硝基苯和硝基甲苯等多类污染物，其降解产物氨基酚和苯酚又能被其他微生物进一步利用和清除（Boopathy & Melancon 2004；姜和等 2009）。由此可见，微生物修复污染土壤可在分子生物学上进一步探究。通过基因工程、遗传工程、分子生物技术对微生物菌株进行改良，可增强微生物的修复性能。而国内外目前已有基因改良菌株投入湿地土壤生态修复的应用中，该类基因工程菌在自然湿地的生态修复中发挥了巨大的效用，但出于生态安全性方面考虑，此类研究需要更加全面地论证及大量可靠依据，方可得以更好地落实到湿地土壤修复中（Ang et al. 2005）。阚兴艳等（2012）综述了国内外湿地土壤石油污染的微生物修复技术，并提到了未来 5～10 年湿地土壤生物修复机制研究可能主要集中在植物和污染物降解菌协同作用机制的研究方向上。功能性微生物大多附着于植物根系。向污染的湿地土壤中添加外源降解微生物初步降解污染物，使得植物更易将其吸收转化，从而达到更好、更有效率的净化效果。

第四节　城市湿地滨岸带修复技术

滨岸缓冲带（riparian buffer）主要分为近岸水域、水滨区域和近岸陆域三部分，水滨区域属于湿地（夏继红和严忠民 2006）。它利用河湖、溪流和沟谷沿岸的各类植被带，包括林带、菜地或其他土地利用类型来保持水土和控制面源污染（董凤丽等 2004；叶志敏和尹璇 2006；诸葛亦斯等 2006），对净化水质、去除非点源污染（主要指 N、P）、改善生物栖息地和保护生物多样性等具有重要作用（戴尔·米勒 2000；潘响亮和邓伟 2003；

叶建锋和操家顺 2004；杨士建 2006），在国内外均得到大量研究和实践。目前有研究表明，前端的草本植物缓冲带在滨岸缓冲带面源污染防治中起到了关键作用，不同的植被和坡度与缓冲带污染物的净化效果显著相关，19 m 长、2%坡度的缓冲带悬浮物截留率比 14%坡度高出 5%，19 m 长的滨岸缓冲带悬浮物截留率比高羊茅高出 11%（黄沈发等 2008）。因此，过高或过低的坡度都是不合适的，应根据湿地的实际情况因地制宜，充分发挥有限资源的利用价值。

滨岸缓冲带对 N、P 的转化截留主要通过植物吸收和土壤吸附作用，总氮去除率为 41%～95%，对氮的消减效果显著。滨岸缓冲带对氮的截留率为 89%，而农田对氮的截留率仅为 8%（Peterjohn & Correll 1984）。Lim 等（1998）研究发现，含粪肥的径流流经 6 m 长的植物过滤带后，有 75%的氮、磷、悬浮物被吸附，而且其中的大肠杆菌被完全过滤，pH 也基本恢复中性。流经 416 m 和 911 m 过滤带的较浅均匀流，分别平均截留了 74%和 84%的输入泥沙、54%和 73%的输入氮、61%和 79%的输入磷（Dillaha et al. 1989）。天然降雨产生的地表径流经过缓冲带末端，有 92%以上的泥沙被 711 m 宽的草带拦截，有 97%以上的泥沙被 1613 m 宽的复合带拦截（Lee et al. 2003）。另有研究表明，缓冲带宽度与陆域面源污染物的截留效果呈正相关关系（Vought et al. 1995；Correll 2005）。有效控制影响缓冲区的功能因子，如降雨量、植被类型、坡度、土壤性质、水功能区划要求等，同时确定缓冲区的最佳宽度，能有效截留面源污染物，发挥良好的净化效果。吴健等（2008）研究发现，浓密坚硬的草拦截地表径流的能力强于其他种植被，复合植被拦截地表径流的能力强于单一植被，滨水区域的缓冲带应以灌木和乔木为主，以耐阴草皮为辅，该配置能有效阻止岸坡被冲刷，并对面源污染物质的截留能力更强。因此在建设滨岸缓冲带时，根据湿地污染类型和污染状况合理安排缓冲带的宽度、长度、坡度及植被类型，对污染物的净化效果有重要影响。

第五节　城市湿地生态修复工程的管理

5.1　湿地生态修复效果监测与工程管理

5.1.1　湿地水体修复效果监测

湿地地表水水质监测与评价执行《地表水环境质量标准》（GB 3838—2002），国际重要湿地地表水水质监测指标必须包括：pH、溶解氧、五日生化需氧量、高锰酸盐指数、氨氮、总硬度、挥发酚、砷、总磷、总氮、盐度、叶绿素 a 和透明度。湿地地下水水质监测执行《地下水质量标准》（GB/T 14848—93），根据实际需要，各重要湿地可选择氟化物（以 F 表示）、氯化物、氰化物、碘化物、砷、硝酸盐、亚硝酸盐、铬（六价）、汞、铅、锰、铁、镉、化学需氧量，以及其他有毒物质、有机物或重金属等其中的一项或多项作为地下水水质监测项目。

湿地土壤修复效果监测主要采用的评价指标有：重金属、土壤 pH、土壤机械组成、土壤容重、有机质、土壤水溶性盐总量、土壤含水量、全氮、全磷、全钾（GB/T 27648—2011，《重要湿地监测指标体系》）。根据已有的土壤评价成果，并结合湿地土壤自身特点，利用层次分析法建立了湿地土壤环境功能评价体系，具体指标如表 10-3 所示（姜明等 2006）。

表 10-3　湿地土壤环境功能评价指标

指标	分析性指标	与土壤环境功能的联系	利用途径
土壤物理指标	土壤质地	土壤水分的保持与传输	调节洪水功能参数
	土层厚度与根系深度	土壤肥力水平标志	湿地潜在养分价值评估
	土壤容重	淋溶、侵蚀与水分调节	侵蚀及水分调节功能参数
	土壤含水量	水分保持、传输及侵蚀	水分调节功能参数
土壤化学指标	土壤 pH	土壤肥力、缓冲性能	土壤肥力评价重要参数
	土壤 Eh 值	生物活性和养分有效性适应区	土壤过程模型的参数
	有效氮、磷、钾	物质转化及养分循环	生产力与环境评价参数
	铁、锰	植物有效态养分	肥力及缓冲性能参数
	土壤重金属	湿地环境变化指示	湿地记忆功能参数
土壤生物指标	有机碳	对生物及环境危害状况	土壤环境质量参数
	土壤呼吸	温室气体排放	物质源汇功能参数
	微生物多样性及活性	物质转化及养分循环	生物多样性参数
	土壤动物组成及多样性	生物多样性和土壤结构形成	生物多样性参数
	土壤酶活性	养分有效性、缓冲净化功能	土壤环境质量参数
	孢粉及植物硅酸体	湿地环境变化指示功能	湿地记忆功能参数

5.1.2　湿地修复工程的维护管理

湿地修复工程是对湿地的人为干预，对区域生态环境有着深远的影响。对湿地修复工程进行科学的管理和维护，同时加强研究突发问题的应对方法，以充分发挥其功效。

湿地生态修复工程维护的关键在于水位控制。湿地接受泄洪的能力取决于低水位与高水位之间的水体容量，因此，湿地工程设计中计算湿地最高水位的容积时，应充分考虑其接受泄洪的能力。从生物多样性角度，水位变化为动植物提供更多的水旱过渡生境类型，这是湿地得天独厚的优势。因此，工程设计要有效、方便地控制水位变化（李玉宝等 2008）。在冬季进行适当的水位调整可以阻止湿地冰冻；在深秋气候寒冷时，可以将水面提升 50 cm 左右，直到形成一层冰面；当水面完全冰冻后，调低水位可在冰冻层下形成一个空气隔离层，由于上面冰雪的覆盖，可以保持湿地系统中具有较高的水温（EPA 2000）。

湿地生态修复工程维护的另一关键是护堤的维护。为防止水面以下护堤的外部斜坡面出现渗水现象，如过多的或颜色异常暗绿的植被生长，要经常对护堤进行检查。要对护堤种植的植物强化管理，清除死的植物，能够使来年春天新的植物的生长更旺盛。在冬季，燃烧植物可以用来控制害虫，而留一些落叶可使砂砾表面的绝热性增加，使湿地系统内维持较高的温度（Thullen et al. 2005）。

此外，湿地生态修复工程管理中还必须完善管理机构和机制。由于湿地功能区多样，湿地恢复和保护与开发利用的管理牵涉面广、参与部门多，涉及多方面的权益，因此需要加强部门之间的协调和合作，建立湿地保护委员会（有关部门的联合），承担起有关湿地保护和利用的协调等具体事宜的责任，并管理保护区的土地使用，建立联络工作相关制度，明确分工，协同合作，使各部门间有序科学地做好湿地保护和管理工作（黄子璐 2011）。

参 考 文 献

曹璐, 陈宙颖. 2014. 谈银川城市湿地退化特征及原因. 山西建筑, 40(2): 207-209.

曹昀. 2007. 江滩湿地植物恢复的影响因子与技术研究. 南京: 南京师范大学博士研究生学位论文.

曹昀, 胡红, 时强. 2012. 沉水植物恢复的透明度条件研究. 安徽农业科学, 40(3): 1710-1711.

陈静, 刘梅, 王开有, 等. 2014. 一种湖滨带挖塘堆岛基底修复方法: 中国, 201410014043.5.

陈静, 赵祥华, 和丽萍. 2007. 湖泊陡岸带生态建设基底修复工程技术. 环境科学与技术, 30(5): 21-23.

程南宁. 2005. 渐沉式沉床恢复沉水植物的生长条件研究. 南京: 河海大学硕士研究生学位论文.

崔保山, 刘兴土. 1999. 湿地恢复研究综述. 地球科学进展, 14(4): 359-363.

戴尔 · 米勒. 2000. 美国的生物护岸工程. 水利水电快报, 21(24): 8-10.

戴全裕. 1983. 水生高等植物对太湖重金属的监测及评价. 环境科学学报, 3(3): 213-221.

董凤丽, 袁峻峰, 马翠新. 2004. 滨岸缓冲带对农业面源污染 NH_4^+-N, TP 的吸收效果. 上海师范大学学报, 33(2): 93-97.

窦勇, 唐学玺, 王悠. 2012. 滨海湿地生态修复研究进展. 海洋环境科学, 31(4): 617-620.

范改娜, 祝贵兵, 王雨, 等. 2010. 河流湿地氮循环修复过程中的新型功能微生物. 环境科学学报, 30(8): 1558-1563.

冯琳. 2009. 潜流人工湿地中有机污染物降解机理研究综述. 生态环境学报, 18(5): 2006-2010.

付融冰, 朱宜平, 杨海真, 等. 2008. 修复富营养化水体的潜流湿地中微生物生物量特征. 环境科学, 299(10): 2755-2758.

高云芳, 李秀启, 董贯仓, 等. 2010. 黄河口几种盐沼植物对滨海湿地净化作用的研究. 安徽农业科学, 8(34): 19499-19501.

谷东起, 付军, 闫文文, 等. 2012. 盐城滨海湿地退化评估及分区诊断. 湿地科学, 10(1): 1-7.

哈特 B E, 张向荣. 2011. 砂砾过滤介质的处理效果对雨水渗透系统设计与运用的意义. 水利水电快报, 32(11): 22-27.

韩冰雪. 2009. 松北湿地水体富营养化状态评价. 哈尔滨师范大学自然科学学报, 25(5): 102-106.

郝敬锋, 刘红玉, 胡和兵, 等. 2012. 南京市湿地水质对城市化影响强度的响应研究. 环境科学, 33(7): 2259-2264.

何刚, 廖日红, 王培京, 等. 2011. 厌氧滤池——太阳能曝气生物滤池处理农村生活污水技术研究. 北京水务, 6: 20-22.

何文辉, 彭自然, 何培民, 等. 2009. 食藻虫控藻引导景观水体生态修复系统的构建与应用. 上海: 建设世博会美好水环境研讨会会议论文集: 54-59.

胡旭. 2013. 富营养化湖泊水生植被恢复及其生态效应研究. 武汉: 华中农业大学硕士研究生学位论文.

黄亮, 李伟, 吴莹, 等. 2002. 长江中游若干湖泊中水生植物体内重金属分布. 环境科学研究, 15(6): 1-4.

黄沈发, 吴建强, 唐浩, 等. 2008. 滨岸缓冲带对面源污染物的净化效果研究. 水科学进展, 5(19): 722-728.

黄廷林, 从海兵, 周真明, 等. 2006. 强化原位生物接触氧化技术改善水源水质的试验研究. 环境科学学报, 26(5): 786-790.

黄晓婷, 马义丽, 李有志. 2009. 微紫青霉菌 *Penicillium janthinellum* 菌株 GXCR 吸附废水中 Cd^{2+} 的研究. 菌物学报, 28(6): 850-856.

黄子璐. 2011. 湖滨湿地生态系统管理与恢复工程成效评价. 南京: 南京林业大学硕士研究生学位论文.

姜和, 曾虹燕, 夏葵, 等. 2009. 高效复合菌群 JHD 降解苯酚的特性及其动力学研究. 环境科学学报, 29(6): 1184-1189.

姜明, 吕宪国, 杨青. 2006. 湿地土壤及其环境功能评价体系. 湿地科学, 4(3): 168-173.

金璨，张文涛，孙卓. 2011. 湖库富营养化评价方法和分级标准的讨论. 贵州水力发电, 25(5): 4-9.
阚兴艳，于君宝，王雪宏，等. 2012. 石油污染湿地土壤生物修复研究进展. 湿地科学, 10(2): 251-255.
康薇，郑进. 2011. 蓖麻——一种新的铜超积累植物. 安徽农业科学, 239(3): 1449-1451.
李春晖，郑小康. 2009. 城市湿地保护与修复研究进展. 地理科学进展, 28(2): 271-279.
李翠芬，熊燕梅，夏汉平. 2007. 介绍一种新型的园林生态工艺——人工浮岛. 广东园林, (4): 29-32.
李静，王秀珍，黄敬峰. 2013. 1978—2010 年杭州城市湿地动态变化定量研究. 科技通报，29(3): 201-207.
李乐，李兰生，孙涛，等. 2006. 固定化光合细菌降解氧化乐果. 农业环境科学学报, 25: 721-725.
李睿，屈明. 2004. 土壤溶解性有机质的生态环境效应. 生态环境, 13(2): 271-275.
李文朝. 1996. 浅型富营养湖泊的生态恢复——五里湖水生植被重建实验. 湖泊科学, 8(增刊): 1-10.
李晓楼. 2014. 土著微生物在污染土壤修复中的应用研究进展. 九江学院学报(自然科学版), (1): 67-69.
李雪梅，杨中艺，简曙光，等. 2000. 有效微生物群控制富营养化湖泊蓝藻的效应. 中山大学学报(自然科学版), 39(1): 81-85.
李永丽，殷昊源. 2014. 城市湿地生态系统的恢复与评价. 中国水土保持, (7): 57-66.
李玉宝，陈园园，楼侃侃，等. 2008. 城市湿地修复工程三维设计与评价——温州三垟湿地案例研究. 温州: 2008 年测绘科学前沿技术论坛.《测绘通报》测绘科学前沿技术论坛论文集. 北京：中国地图出版社.
廖颉. 2010. 垂直流人工湿地处理生活污水的试验研究. 衡阳：南华大学硕士研究生学位论文.
刘春兰. 2004. 白洋淀湿地退化与生态恢复研究. 石家庄：河北师范大学硕士研究生学位论文.
刘德邻，温季. 1989. 对砾石过滤器设计中若干问题的探讨. 勘察科学技术, 6: 13-16.
刘戈宇，柴团耀，孙涛. 2010. 超富集植物遏蓝菜对重金属吸收、运输和累积的机制. 生物工程学报, 26(5): 561-568.
刘浩，徐志侠，陈超，等. 2011. 官厅水库库区富营养化评价. 水电能源科学, 29(1): 14-16.
刘佳，刘永立，叶庆富，等. 2007. 水生植物对水体中氮、磷的吸收与抑藻效应的研究. 核农学报, 21(4): 393-396.
刘家女，周启星，孙挺. 2006. Cd-Pb 复合污染条件下 3 种花卉植物的生长反应及超积累特性研究. 环境科学学报, 26(12): 2039-2044.
刘晶，秦玉洁，丘焱伦，等. 2005. 生物操纵理论与技术在富营养化湖泊治理中的应用. 生态科学, 24(2): 188-192.
刘世亮，骆永明，丁克强，等. 2004. 苯并[a]芘污染土壤的丛枝菌根真菌强化植物修复作用研究. 土壤学报, 41(3): 336-342.
刘兴土. 2004. 东北山区湿地的保育与合理利用. 湿地科学, 4(4): 241-247.
刘亚云，孙红斌，陈桂珠，等. 2009. 红树植物秋茄对 PCBs 污染沉积物的修复. 生态学报，29(11): 6002-6009.
刘耘彤，何文辉，张慧，等. 2013. 立体复合生态操纵水体浮游植物群落结构特征及水质评价. 上海海洋大学学报, 2(22): 253-259.
卢徐节，周世力，刘琼玉，等. 2012. 固定化微生物技术对养殖水体脱氮的研究进展. 能源环境保护, 26(4): 8-11.
路爽，张菁，孙凤华. 2004. 沈阳地区沙尘天气分析. 气象科学, 24(1): 112-119.
罗凌江，于德浩，张平. 2007. 植物修复技术在地表水污染控制中的应用. 污染防治技术, 20(4): 74-77.
潘继征，李文朝，李海英，等. 2010. 人工增氧型复合湿地污染物净化效果. 生态与农村环境学报, 26(5): 482-486.
潘响亮，邓伟. 2003. 农业流域河岸缓冲区研究综述. 农业环境科学学报, 22(2): 244-247.
彭继伟，邵云海，王军波. 2002. 改良厌氧-生物接触氧化处理纺织印染废水. 工业水处理, 7(22): 46-48.

濮培民，王国祥，李正魁，等. 2003. 健康水生态系统的退化及其修复理论、技术及应用. 湖泊科学，13(3): 193-201.
钦佩，张昴途. 1998. 生态工程及其研究进展. 自然杂志, 20(1): 24-29.
阮晓红，张瑛，黄林楠，等. 2004. 微生物在湿地氮循环系统的效应分析. 水资源保护, 20(6): 62-69.
邵学新，吴明，蒋科毅. 2008. 西溪湿地土壤有机氯农药残留特征及风险分析. 生态与农村环境学报，24(1): 55-58, 62.
宋福，陈艳卿. 1997. 常见沉水植物对草海水体(含底泥)总氮去除速率的研究. 环境科学研究，10(4): 299-303.
苏胜齐，姚维志. 2002. 沉水植物与环境关系评述. 农业环境保护, 21(6): 570-573.
孙广友，王海霞，于少鹏. 2004. 城市湿地研究进展. 地理科学进展, 23(5): 95-100.
孙毅，郭建斌，党普兴，等. 2007. 湿地生态系统修复理论及技术. 内蒙古林业科技, 33(3): 34-38.
唐孟成，贾之慎，朱荫湄. 1997. 西湖沉积物磷释放影响因子的研究. 浙江农业大学学报，23(3): 289-292.
田琦，王沛芳，欧阳萍，等. 2009. 5 种沉水植物对富营养化水体的净化能力研究. 水资源保护，2(1): 14-17.
田卫. 2003. 表面流人工湿地净化污水的应用研究. 长春：吉林大学硕士研究生学位论文.
田自强，韩梅，张雷. 2007. 西太湖河网区恢复与退化河岸带湿地生态及水环境功能比较. 生态学报，27(7): 2812-2822.
万邦炎. 1985. 管井过滤器与砾石填充物. 铁道标准设计, (7): 27-30.
王华，唐树梅，廖香俊，等. 2007. 锰超积累植物——水蓼. 生态环境, (3): 830-834.
王建华，吕宪国. 2007. 城市湿地概念和功能及中国城市湿地保护. 生态学杂志, 26(4): 555-560.
王文林，殷小海，卫臻，等. 2008. 太阳能曝气技术治理城市重污染河道试验研究. 中国给水排水，24(17): 44-48.
王学松，秦勇. 2006. 徐州城市表层土壤中重金属环境风险测度与源解析. 地球化学, 35(1): 88-94.
王烨，蒋白懿，张志磊. 2013. 太阳能技术在水处理中的应用. 辽宁化工, 42(12): 1412-1414.
魏树和，周启星，王新. 2005. 超积累植物龙葵及其对镉的富集特征. 环境科学, 26(3): 167-172.
吴春笃，张波，李海燕. 2008. 生物接触氧化工艺用填料的生物膜特性. 江苏大学学报(自然科学版)，1(29): 74-77.
吴健，王敏，吴建强，等. 2008. 滨岸缓冲带植物群落优化配置试验研究. 生态与农村环境学报，24(4): 42-45.
吴振斌，邱东茹，贺锋，等. 2001. 水生植物对富营养水体水质净化作用研究. 武汉植物学研究，19(4): 299-303.
吴振斌，邱东茹，贺锋，等. 2003. 沉水植物重建对富营养化氮磷营养水平的影响. 应用生态学报，14(8): 1351-1353.
夏继红，严忠民. 2006. 生态河岸带的概念及功能. 水利水电技术, 37(5): 14-17.
夏哲韬，史惠祥，李遥. 2011. 食藻虫引导的沉水植被修复景观水体的应用研究. 中国给水排水，17(27): 26-30.
肖羽堂，赵美姿，高立杰. 2005. 富氧生物膜法修复微污染水源的机理研究. 长江流域资源与环境，14(6): 796-800.
谢湉. 2012. 水平潜流人工湿地与垂直流人工湿地对受污染河水的处理研究. 青岛：中国海洋大学硕士研究生学位论文.
徐新洲，薛建辉，吕志刚，等. 2013. 太湖贡湖湾湖滨湿地生态功能区与植被修复研究. 南京林业大学学报(自然科学版)，3(37): 34-40.
许育新，冯昭中，陆鹏. 2009. 甲基对硫磷降解菌 PF32 的分离鉴定及其降解特性研究. 农药学学报，11(3): 329-334.

杨红军, 祝松鹤, 申哲民, 等. 2006. 湖滨带生态恢复与重建的理论与技术研究. 农业环境科学学报, 25: 819-824.
杨麒, 李小明. 2002. 固定化微生物技术及其在生物脱氮中的应用. 江苏环境科技, 15(1): 19-21.
杨士建. 2006. 南水北调东线工程骆马湖生态建设. 环境科学与技术, 29(1): 92-93.
杨艳芳, 邵婷, 吕梦宇, 等. 2014. 龙窝湖湿地不同土地利用方式土壤养分和重金属污染特征. 生态学杂志, 33(5): 1312-1318.
叶笃正, 丑纪范, 刘纪远, 等. 2000. 关于我国华北沙尘天气的成因与治理对策. 地理学报, 55(5): 513-520.
叶建锋, 操家顺. 2004. 生态修复技术在保护水库水源地中的应用. 环境科学与技术, 27(2): 61-63.
叶郁. 2013. 盐水湿地"生物-生态"景观修复设计与生态工法研究. 天津: 天津大学博士研究生学位论文.
叶志敏, 尹璇. 2006. 滨岸缓冲带削减非点源污染试验研究. 科技资讯, 28: 250-251.
袁云松. 2005. 三种人工湿地处理城市生活污水性能研究. 重庆: 重庆大学博士研究生学位论文.
岳春雷, 常杰, 葛莹, 等. 2004. 人工湿地基质中土壤酶空间分布及其与水质净化效果之间的相关性. 科技通报, 20(2): 112-115.
张宝娣, 祝建, 邢凤琴. 1999. 就地净化技术在河流净化中的应用研究. 上海铁道大学学报, 20(12): 56-58.
张明祥, 刘国强. 2009. 湿地恢复的技术与方法研究. 湿地科学与管理, 5(3): 12-15.
张庆辉, 赵捷, 朱晋, 等. 2013. 中国城市湿地公园研究现状. 湿地科学, 11(1): 129-135.
张松柏, 张德咏, 罗湘文, 等. 2009. 降解甲氰菊酯光合细菌的分离鉴定及其降解特性研究. 农业环境科学学报, 28(1): 140-144.
赵倩. 2013. 基于生态恢复的河流湿地建设与评价研究. 大连: 大连理工大学硕士研究生学位论文.
赵维俊, 孟好军, 刘贤德. 2011. 张掖市湿地植被资源调查与研究. 湿地科学与管理, 7(3): 53-55.
赵学敏. 2005. 湿地: 人与自然和谐共存的家园——中国湿地保护. 北京: 中国林业出版社.
郑春雨, 王光华. 2012. 湿地生态系统中主要功能微生物研究进展. 湿地科学, 10(2): 243-249.
郑小军, 李莹, 薛嵩, 等. 2014. 图们江下游不同类型湿地水体富营养化评价及对比研究. 延边大学农学学报, 26(2): 99-104.
中国气象局. 1979. 地面气象观测规范. 北京: 气象出版社.
周勇, 操家顺, 杨婷婷. 2007. 生物填料在重污染河道治理中的应用研究. 环境污染与防治, 29(4): 289-292.
周自江, 王昔稳, 牛若芸. 2002. 近 47 年中国沙尘暴气候特征研究. 应用气象学报, 13(2): 193-199.
朱建国, 李应中. 1996. 中国湿地研究现状综述. 中国农业资源与区划, 2: 21-24.
诸葛亦斯, 刘德富, 黄钰铃. 2006. 生态河流缓冲带构建技术初探. 水资源与水工程学报, 17(2): 63-67.
庄铁诚, 林鹏. 1995. 红树林下土壤微生物对柴油的降解. 厦门大学学报(自然科学版), 34(3): 443-446.
Ang E L, Zhao H M, Obbard J P. 2005. Recent advances in the bioremediation of persistent organic pollutants via biomolecular engineering. Enzyme Microb Tech, 37: 487-496.
Arvola L, Salonen K. 2001. Plankton community of a polyhumic lake with and without *Daphnia longispina* (Cladocera). Hydrobiologia, 445: 141-150.
Beklioglu M, Ince O, Tuzun I. 2003. Restoration of the eutrophic Lake Eymir, Turkey, by biomanipulation after a major external nutrient control. Hydrobiologia, 490: 93-105.
Bergman E, Hamrin S F, Romare P. 1999. The effects of cyprinid reduction on the fish community. Hydrobiologia, 404: 65-75.
Boopathy R, Melancon E. 2004. Metabolism of compounds with nitro-functions by *Klebsiella pnuemoniae* isolated from a regional wetland. Int Biodeterior Biodegr, 54: 269-275.
Braeckevelt M, Rokadia H, Imfeld G, et al. 2007. Assessment of in situ biodegradation of

monochlorobenzene in contaminated groundwater treated in a constructed wetland. Environ Poll, 148: 428-437.

Ciurli A, Zuecarini P, Alpi A. 2009. Growth and nutrient absorption of two submerged aquatic macrophytes in mesocosms for reinsertion in a eutrophicated shallow lake. Wetlands Ecol Manage, 17(2): 107-115.

Correll D L. 2005. Principles of planning and establishment of buffer zones. Ecol Eng, 24: 433-439.

Dillaha T A, Reneau R B, Mostaghimi S, et al. 1989. Vegetative filter strips for agricultural nonpoint source pollution control. Transact ASAE, 32(2): 513-519.

Edenborn H M. 2004. Use of poly (lactic acid) amendments to promote the bacterial fixation of metals in zinc smelter tailings. Biores Technol, 92: 111-119.

Ehrenfeld J G. 2004. The expression of multiple functions in urban forested wetlands. Wetlands, 24(4): 719-733.

El-Shabrawy G M, Dumont H J. 2003. Spatial and seasonal variation of the zooplankton in the coastal zone and main khors of Lake Nasser (Egypt). Hydrobiologia, 491: 119-132.

EPA. 2000. Manual: constructed wetlands treatment of municipal wastewaters. Cincinnati, Ohio: EPA: 111-119.

Holland C C, Honea J, Gwin S E, et al. 1995. Wetland degradation and loss in the rapidly urbanizing area of Portland, Oregon. Wetlands, 15(4): 336-345.

Korda A, Santas P, Tenente A, et al. 1997. Petroleum hydrocarbon bioremediation: sampling and analytical techniques, *in situ* treatments and commercial microorganisms currently used. Appl Microbiol Biotechnol, 48: 677-686.

Lee K H, Isenhart T M, Schultz R C. 2003. Sediment and nutrient removal in an established multi-species riparian buffer. J Soil Water Conserv, 58(1): 1-8.

Lim T T, Edwards D R, Workman S R, et al. 1998. Vegetated filter strip removal of cattle manure constituents in runoff. Transact ASAE, 41(5): 1375-1381.

Lin Q, Mendelssohn A I. 2008. Determining tolerance limits for restoration and phytoremediation with *Spartina patens* in crude oil-contaminated sediment in greenhouse. Arch Agron Soil Sci, 54: 681-690.

Lu X Q, Maie N, Hanna J V, et al. 2003. Molecular characterization of dissolved organic matter in freshwater wetlands of the Florida Ever-glades. Water Res, 37: 2599-2606.

Meagher R B. 2000. Phytoremediation of toxic elemental and organic pollutants. Curr Opin Plant Biol, 3: 153-162.

Mishra S, Jyot J, Kuhad C R, et al. 2001. Evaluation of inoculum addition to stimulate *in situ* bioremediation of oily-sludge-contaminated soil. Appl Environ Microbiol, 67: 1675-1681.

Mitsch W J, Gosselink J G. 2000. Wetlands. New York: Van Nostrand Reinhold Company Inc.: 2-25.

Ni L Y. 2001. Stress of fertile sediment on the growth of submerged macrophytes in eutrophic waters. Acta Hydrobiol Sin, 25(4): 399-405.

Nicholls R J. 2004. Coastal flooding and wetland loss in the 21st century: changes under the SRES climate and socio-economic scenarios. Global Environ Change, 14: 69-86.

Nicholson A C, Fathepure Z B. 2004. Biodegradation of benzene by halophilic and halotolerant bacteria under aerobic conditions. Appl Environ Microbiol, 70(2): 1222-1225.

Oudot J, Merlin F X, Pinvidic P. 1998. Weathering rates of components in a bioremediation experiment in estuarine sediments. Mar Environ Res, 45(2): 113-125.

Peng K, Luo C, Lou L. 2008. Bioaccumulation of heavy metals by the aquatic plants *Potamogeton pectinatus* L. and *Potamogeton malaianus* Miq. and their potential use for contamination indicators and in wastewater treatment. Sci Total Environ, 392: 22-29.

Peterjohn W T, Correll D L. 1984. Nutrient dynamics in an agricultural watershed: observations on the role of a riparian forest. Ecology, 65(5): 1466-14751.

Peterson E, Sanka M, Clark L. 1999. Urban soils as pollutant sinks—A case study from Aberdeen, Scotland. Appl Geochem, 11(1/2): 129-131.

Plotnikova E G, Altyntseva O V, Kosheleva I A, et al. 2001. Bacterial degraders of polycyclic aromatic hydrocarbons isolated from salt-contaminated soils and bottom sediments in salt mining areas. Microbiology, 70(1): 51-58.

Prince R C. 1997. Bioremediation of marine oil spills. Trends Biotech, 15(5): 158-160.

Protielje R, van der Molen D T. 1999. Relationships between eutrophication variables: from nutrient loading to transparency. Hydrobiologia, 408-409: 375-387.

Shapiro J, Lamarra V, Lynch M. 1975. Biomanipulation: an ecosystem approach to lake restoration. *In*: Brezonik P L, Fox J L. Proceedings of a symposium on water quality management through biological control. University of Florida: Gainesville: 85-96.

Shapiro J, Wright D I. 1984. Lake restoration by biomanipulation: Round Lake, Minnesota, the first two years. Freshwater Biol, 14: 371-383.

Sousa I A, Lillebø I A, Caçador I, et al. 2008. Contribution of *Spartina maritima* to the reduction of eutrophication in estuarine systems. Environ Poll, 156: 628-635.

Sprocati A R, Alisi C, Segre L, et al. 2006. Investigating heavy metal resistance, bioaccumulation and metabolic profile of a metallophile microbial consortium native to an abandoned mine. Sci Total Environ, 366: 649-658.

Stefanakis A I, Tsihrintzis V A. 2012. Effects of loading, resting period, temperature, porous media, vegetation and aeration on performance of pilot-scale vertical flow constructed wetlands. Chem Eng J, 181-182(2): 416-430.

Tam N F Y, Liu W K, Wong M H, et al. 1986. Heavy metal pollution in roadside urban parks and gardens in Hong Kong. Sci Total Environ, 59: 325-328.

Thullen J S, Sartoris J J, Nelson S M. 2005. Managing vegetation in surface-flow wastewater treatment wetlands for optimal treatment performance. Ecol Eng, 25(7): 583-593.

Tsutsumi H, Kono M, Takai K. 2000. Bioremediation on the shore after an oil spill from the Nakhodka in the Sea of Japan. III. Field test of a bioremediation agent with microbiological cultures for the treatment of an oil spill. Marine Poll Bull, 40: 320-324.

Vought L B-M, Pinay G, Fuglsang A, et al. 1995. Structure and function of buffer strips from a water quality perspective in agriculture landscapes. Landscape Urban Plan, 31: 323-331.

Wan N S, Gu J D, Yan Y. 2007. Degradation of *p*-nitrophenol by *Achromobacter xylosoxidans* Ns isolated from wetland sediment. Int Biodeterior Biodeg, 59: 90-96.

Whitmire S L, Hamilton S K. 2005. Rapid removal of nitrate and sulfate in freshwater wetland sediments. J Environ Qual, 34: 2062-2071.

Zhang M, Wang C, Peng Y Z, et al. 2015. Organic substrate transformation and sludge characteristics in the integrated anaerobic anoxic oxic-biological contact oxidation (A^2/O-BCO) system treating wastewater with low carbon/nitrogen ratio. Chem Eng J, 18: 1-29.

Zhang Y R, Gong Z N, Gong H L, et al. 2011. Investigating the dynamics of wetland landscape pattern in Beijing from 1984 to 2008. J Geogr Sci, 21(5): 845-858.

第十一章　城市湿地生态系统管理

第一节　引　　言

城市是人类社会经济和文化发展的必然产物。从生态学的角度来看，城市是一种特殊的生态系统，人是城市生态系统中的核心和决定因素（宋永昌 2001）。城市生态学的研究除了可探讨生态学的一般性问题，更重要的是把生态学的理论应用在城市这一特殊的生态系统中，提高资源利用率，改善人与城市生态系统其他组分的关系，增强城市生态系统活力（沈清基 2011）。城市生态系统实质上是典型的社会-经济-自然复合生态系统。因此，相比于自然生态系统的管理，城市生态系统管理的主要目的不是保护生物多样性，而是以人为中心，在优化城市生态系统的同时要更加有利于人类居住和人类健康，还能促进社会经济发展（邬建国 2012）。

1.1　城市湿地生态系统

城市湿地是指毗邻或邻近城市的湿地生态系统，它与城市或城市的其他组分有着密切持续的相互作用，并明显地体现在生态系统结构、功能和服务等诸多方面。城市湿地包括城市化过程中残存的天然湿地和为了某些特定目标而构建的人工湿地。城市湿地是城市生态系统的重要组成部分，是城市复合生态系统中重要的生态系统和景观类型，同其他城市生态功能单元（如城市森林、城市绿地等）一样，都担负着多种重要的生态和社会功能，如环境调节、资源供应、灾害防控、生命支持和社会文化等（王建华和吕宪国 2007；详见第王章“城市湿地生态系统功能”），也是城市生态安全的重要生态保障（宁中华等 2015）。城市湿地景观能缓冲城市硬质景观的压力，满足人们对亲近和回归自然的需求。城市湿地植物能够提供生产原料，对生态系统维持良好结构和功能具有重要作用（Bayley & Mewhort 2004）。城市湿地同样也是一个以人类活动为主导、自然生态系统为依托、生态过程复杂，兼具自然生态功能、经济生产功能和社会服务功能的复合生态系统。然而，一方面由于城市湿地承受着强烈且快速的城市化进程和人为干扰，其景观斑块特征、气候特征、功能特征和干扰机制等方面均不同于非城市湿地（于敬磊等 2007），同时也是城市复合生态系统中营养物质的“汇”，因而城市湿地生态系统氮、磷负荷高，从而面临着如城市湿地生物多样性降低、生态系统服务降低、生态功能退化等多种问题（潮洛蒙等 2003；张颖和刘方 2009）；另一方面由于城市湿地在城市生态系统中具有不可替代的作用，如涵养水源、为重要物种提供栖息地等方面的功能是与其他城市生态功能单元所不同的。因此，城市湿地生态系统被认为是城市生态基础设施或绿色基础设施之一，是城市生态系统安全的重要保障和城市生态文明的标志（潮洛蒙和俞孔坚 2003；曹新向等 2005）。由于城市湿地生态系统与其他城市生态功能单元（如城市森林、城市绿地等），以及其他非城市湿地的生态功能和结构不同，城市湿地生态系统管理也有别于其他生态系统。因此，城市湿地生态系统也应以人为中心，构建人与湿地和谐相处，这与自然湿地生态系统的功能不一样，后者更强调生态系统的完整性，特别是生物多样性的保护。

1.2　城市湿地生态系统面临的威胁

（1）城市湿地面积逐渐萎缩、湿地景观破坏。人口的剧增、城市的快速发展、房地产等行业的迅猛发展，致使城市湿地面积急剧下降，城市湿地被城市硬化地面和建筑物所蚕食。这一速率远高于非城市湿地。据统计，由于城市化进程，自 20 世纪 80 年代以来，上海城市湿地面积减少将近 1/4（李春晖等 2009）。以杭州西溪国家湿地公园为例，从历史上占地 60 km^2 以上，逐渐缩小到现在规划保护的 10.08 km^2（董鸣等 2013）。城市湿地面积的缩小，降低了城市湿地蓄洪减灾的功能，地表水蓄积和下渗能力削弱，城市防洪压力增加（牛少凤 2008）。

（2）城市湿地环境污染日趋严重。环境污染是城市湿地面临的最严重威胁之一。这些污染主要包括水体污染、大气污染、噪声污染和固体废弃物污染等。城市湿地水污染问题主要是水体富营养化问题，这是由于人类活动引起的氮、磷的过量输入和氮与磷比例失调所导致的一系列生态问题。水体氮、磷浓度的增加，引起藻类大量繁殖，导致水体透明度和溶解氧含量降低，进而使高等水生植物、鱼类和底栖动物大量死亡，水生生态系统初级生产力和生物多样性降低，从而导致水生生态系统严重紊乱甚至崩溃（王建华和吕宪国 2007；田琳琳等 2012）。其他的水污染问题还包括重金属污染、持久性有机污染物（POPs）、疏水性有机污染物（HOCs）等有机污染。快速城市化进程导致的“雨岛效应”或“干/湿岛效应”，造成城区高强度降水频率增加（刘家宏等 2014）。这一方面加剧了城市湿地的水文波动，另一方面地表污染物在短期快速进入城市湿地水体，增加了城市湿地生态系统自净能力的负荷。此外，城市化所带来的“热岛效应”、$PM_{2.5}$ 等环境问题也对城市湿地生态系统造成严重的威胁。目前，这方面的研究主要集中在对人类本身，以及城市湿地生态系统对这些环境问题的反馈作用上，而很少从生态系统管理的角度来研究这些威胁对城市湿地的影响。

（3）外来物种入侵。全球化及城市化的发展，不可避免地会给城市湿地生态系统带来入侵生物，这在一定程度上加剧了城市湿地的生境破碎化，并对当地的物种多样性构成威胁。相比于其他类型的生态系统，城市湿地更容易遭受更为严重的生物入侵。究其原因在于城市湿地是整个景观物质流的汇聚地，积累了很多的沉积物和废弃物，常出现水体富营养化。同时，城市湿地也承受着更多的来自人类干扰的压力，这都给外来入侵生物创造了良好的空间生态位（Zedler & Kercher 2004；Ehrenfeld 2008）。例如，外来植物常作为城市湿地景观改造及环境修复植物而被引入，虽然在一定程度上起到了美化城市湿地景观的作用，但盲目引种不可避免地引发外来植物种群暴发，并可能直接威胁到城市湿地生态系统中本地植物的生存和发展（张琼等 2014）。同时，越来越多的证据表明，外来动物也在大多数城市（化）湿地生境中成为优势物种（Mackintosh & Davis 2013；Yam et al. 2015）。

（4）湿地水文结构和过程的改变。城市发展过程中必然会修建水利和交通设施，有效利用和管理水资源，这在一定程度上可改善局部的生态环境和水资源危机。然而，这一方面可能加剧水系的分割，如城市河道新增许多控制水闸，有的甚至形成封闭的水系，不仅影响河道生态功能的发挥，同时对河道内外自然环境产生负面影响，尤其是各类控制工程对河道的隔断作用直接改变水生生态效应，不利于鱼类等生物的生存繁殖。虽然渔业不是城市湿地生态系统服务的主要内容，但鱼类本身是城市湿地生态系统的重要组成部分，对维持生态系统健康、保障生态系统功能的正常发挥有着重要的作用。另一方面，盲目引水可能导致生态危机，过量引水尤其是在枯水期可能不利于湿地按照其内在规律和运行机制调蓄水源、净化水质。此外，自然植被河岸被硬化为水泥河岸后，除了降低了城市湿地生物多样性外，更重要的是会改变局部的水文过程，阻断了河岸与河道的连接性，特别是降水到来时，改变了地表径流和地下径流，降低了城市湿地削减洪峰的能力和对降水的涵养能力（彭涛和柳新伟 2010）。

（5）城市湿地管理效果不理想。城市湿地的特殊性和复杂性使得多学科协调发展的应用难度很大，这也是城市湿地生态系统管理者面临的重要挑战。另外，城市湿地生态系统及其资源的管理通常涉及多个行政部门、多个行政区域，人为进行分割式管理使得城市湿地处于分散的、以行政辖区为基础的管理模式，造成了管理的职能脱节，管理过程并未遵循城市湿地生态系统固有的属性，忽略了生态系统的完整性和紧密联系（刘永和郭怀成 2008）。

总体来讲，这些威胁导致了城市湿地生态系统结构破坏、功能退化、生物多样性降低等，使得城市湿地的健康状况正面临严峻挑战。

第二节 城市湿地生态系统管理方法

2.1 生态系统管理的概念

生态系统管理的概念于 20 世纪 90 年代后期引入中国（刘永和郭怀成 2008）。由于人类社会的发展、人口的增长、对自然资源的掠夺式开发和破坏，生态系统承受着严重的压力，威胁着生态系统的结构完整和功能的健康。为保证生态系统的可持续性，协调人类社会发展与生态系统健康之间的矛盾，人们逐渐意识到生态系统管理是合理利用和保护资源、实现可持续发展的有效途径(赵士洞和汪业勖 1997)。生态系统管理是在充分认识生态系统的结构、组成及其功能和过程的前提下，制定适应性的管理策略，包括各种管理措施及其有关的法律、规章、政策、教育和公众行为，其目的在于恢复或维持生态系统的完整性和可持续性（李文华 2013）。其含义与生态系统可持续管理、生态系统综合管理和综合生态系统管理基本一致（傅伯杰和于秀波 2010）。Boyce 和 Haney（1997）提出生态系统保护、恢复和重建是生态系统管理的核心。生态系统管理是操作生态系统的物理、化学和生物过程，把有机体与其非生物环境，以及人类活动的调节联系起来，营造一个理想的生态系统环境（陆健健等 2006），人是其中综合因子的一个组成部分，对人类活动的管理是生态系统管理的重要内容（吕宪国 2004）。

生态系统管理从早期的资源利用或物种保护的单一目标发展到现在的以维护生态系统健康的多目标的生态系统途径（吕宪国 2004），确保采取的管理决策最优，这也是国际上生态系统管理采用的方法。生态系统途径是对土地、水和生物资源进行综合管理的策略，目的是公平地促进保护和可持续利用（傅伯杰和于秀波 2010）。生态系统管理不同于传统的自然资源管理，其最主要的区别之一在于前者把人类作为系统的一个组分，在一定的阈值范围内，允许和鼓励人类活动，而后者是严格限制人类活动（赵云龙等 2004）。这对于城市生态系统，特别是城市湿地生态系统来说尤为重要。

城市湿地生态系统复杂多变，适应性管理成为科学和生态服务及可持续资源综合管理中采用的主要途径。一方面要保护湿地生态系统，另一方面要协调其与社会发展的关系，不可能一味地只保护不发展。目前我国对城市湿地管理的主要方式是建设城市湿地公园和湿地自然保护区，使之兼有物种及其栖息地保护、生态旅游和生态环境教育功能（于敬磊等 2007）。

2.2　城市湿地生态系统管理的目标

生态系统管理首先应明确一定的管理目标，通过生态系统管理实现或维持一定的目的，这也是设计和实施管理过程的基础。这些目标必须是可测度和可操作的，并且可以说明达到生态系统可持续性所要求的过程和结果（于贵瑞 2001）。Christensen 等（1996）认为可持续性是生态系统管理的首要目标，即维持生态系统产品和服务功能的可持续性，其具体实施方式是运用生态系统的方法和原理，进行生态系统的保护、恢复与重建。

前文中已说明了城市湿地生态系统与非城市湿地生态系统和城市其他生态系统的区别，因此，在制定城市湿地生态系统管理目标时应将这些区别考虑进去。非城市湿地生态系统更多地需要维持生物及其生存空间的多样性，维持自然生态过程的整体性和美学价值，维持地球圈、生物圈和大气圈生态学过程的完整性，维持区域、国家和人类社会的可持续发展，因此需要维持生态系统功能（维护生态系统健康），保证生态系统服务。城市其他生态系统（如城市绿地、城市森林）更多的是维持生活娱乐、美学价值、空气净化等生态系统服务，这需要投入大量的能源、物质和劳动力（于贵瑞 2001）。而城市湿地生态系统则需要在遵循城市湿地生态系统固有的自然规律及其服务利用的社会性规律的前提下，考虑未来决策者和民众在生态、社会、经济方面的需求，投入适量的能源、物质和劳动力，以维持自然资源生产力与生态学过程的整体性与半自然性。城市湿地生态系统管理的根本目标是实现城市湿地乃至整个城市生态系统的可持续发展，总体目标是确保维持城市湿地生态系统健康，持久地维持高效的生态系统服务。综合分析比较了其他生态系统的管理目标后，本研究认为城市湿地生态系统管理的基本目标应包括：①维持城市湿地生态系统的完整性和可持续性；②维持城市湿地生态系统服务的完整性；③维持城市社会经济系统的可持续性；④外部影响的最小化。这一目标具有多元化和社会综合决策，需要适度权衡和保障城市湿地生态系统自身和人类社会经济系统的需求（刘永和郭怀成 2008）。

2.3　城市湿地生态系统管理的原则

2.3.1　多学科

城市湿地生态系统是社会-经济-自然复合生态系统，因此在城市湿地生态系统管理过程中，必然要求多学科参与和交叉，包括生态系统生态学、景观生态学、生态水文学、资源科学、管理科学、法学、政治学、经济学、人口学等学科的技术和理论。其实施的体制由科学家、政策制定者、经营管理者和公众所组成（于贵瑞 2001）。

2.3.2　生态系统监测

建立城市湿地生态系统监测体系，通过对城市湿地生态系统持续监测、评价与调整，建立与之相关的部门及利益相关者参与、协商和交流的平台，以发挥城市湿地生态系统最大的综合效益。同时，城市湿地生态系统监测也可检验其管理措施执行的有效性，是生态系统健康评价与诊断，以及生态系统的适应性管理的重要基础。目前，城市湿地生态系统的监测将传统的生物、理化分析方法与“3S”技术相结合，使城市湿地生态系统的动态监测向快速、精确、实用、经济的方向发展。

2.3.3　生态系统评价与诊断

城市湿地生态系统评价与诊断是生态系统适应性管理的一个重要环节，其结果对下一步的适应性管理措施的制定与调整具有重要的指导意义（相关具体内容详见第七章“城市湿地生态系统健康”）。因此，在制定长期的城市湿地生态系统管理目标和措施时，应把生态系统健康评估与诊断作为与生态系统监测同等重要的任务之一持续下去。

2.3.4　适应性调整

城市湿地生态系统相比自然湿地生态系统具有更大的复杂性、不确定性和突发性，因此城市湿地生态系统管理者应根据实时的监测，并开展管理评估和反馈，保持对不确定性过程管理的灵活性和适应性。适应性管理是被广泛倡导的生态系统管理方式，包括空间和时间上的适应性（周杨明等 2007），前者需要考虑管理措施对相邻生态系统可能造成的影响，后者则需要制定长期的管理目标。也可简单地理解为“从政策执行的实验中获取新知”（徐广才等 2013）。不断地通过“监测－调整－再监测”的管理思路，适时调整，维持城市湿地生态系统健康，以达到城市湿地生态系统保护与社会经济发展之间的协调。

2.3.5　公众参与

公众参与原则早在20世纪60年代的环境运动中就发挥了重要作用，并在1992年的《关于环境与发展的里约热内卢宣言》中被人们所公认，现已在环境管理、可持续发展、生态系统管理等多个领域中得到充分的体现。城市湿地生态系统管理的公众参与要求公众以各种形式广泛参与到城市湿地生态系统的管理中，让其知晓湿地生态系统的健康状况和管理措施，以及其与自身利益的关系，理解与支持并参与到城市湿地生态系统管理计划中，兼顾不同人群对城市湿地生态系统保护与利用的需求。

2.4　城市湿地生态系统管理的理论基础

城市湿地生态系统管理的理论框架应包括城市湿地生态系统功能、人类利用及两者的相互作用。城市湿地生态系统管理的研究将涉及自然地理学、气候与气象学、水文与水利学、植物与动物学、农学等众多自然科学，同时也涉及政治学、经济学、社会学、人口学、教育学和法学等社会科学。城市湿地生态系统可持续管理更强调生态系统保护与开发的协调，不仅维护城市湿地生态系统的发展，还要充分保护自然生态系统的服务功能。因此，在管理中遵循特有的生态学和经济学等原理。

2.4.1 生态学原理

（1）生态系统管理的尺度和边界。生态学过程通常跨越多个空间和时间尺度，把自然界划分为许多明确的生态系统虽然是生态学研究的有效方法，但生态系统并没有固定或明确的边界，而是与其他生态系统以互相镶嵌的方式分布在复合生态系统中。同样，城市湿地生态系统作为城市生态系统的一部分，很难与城市中的其他生态系统划分出明确的边界。然而，在对城市湿地生态系统进行科学有效的管理时，必须明确城市湿地生态系统在法律上的界限，既满足城市湿地生态系统的保护利用，达到便于研究使管理决策能够有效地调控城市湿地生态系统过程的目的，又不限制城市其他景观区域的综合利用。这也区别于自然湿地生态系统，后者主要以与保护生态系统多样性和维持生物多样性有关的生态学格局和生态学过程为依据（于贵瑞 2001）。

（2）生态系统的复杂性。城市湿地同其他生态系统一样，是一个复杂性体系。城市湿地生态系统面临着社会-经济-环境-生态过程间复杂的相互作用，以及其导致的城市湿地生态系统复杂性的挑战。社会经济与生态过程相互作用的机制非常复杂，在多个尺度上都分别表现出非线性特征，这也造成了城市湿地生态系统结构和功能的异质性和复杂性，从而增加了人们对城市湿地生态系统认识的有限性和不确定性（于贵瑞 2001）。城市湿地生态系统的复杂性包括它在不同层次上的结构与功能的多样性、自组织性及有序性（沈韫芬和蔡庆华 2003）。因此，进行城市湿地生态系统管理时必须充分考虑到生态系统的复杂性，应用系统动力学等学科的方法，结合实验和监测来检验并适当调整城市湿地生态系统的管理，在整个管理中体现适应性管理的理念。

（3）生态系统结构、功能与生态整体性。生态系统的结构决定着生态系统功能的发挥，结构越复杂，生态系统的功能越强。要实现城市湿地生态系统功能的正常发挥，首先需要保证其生态系统结构的完整。生态系统的每个组分，无论是生态因子还是非生物因子受到破坏，城市湿地生态系统的功能都会受到影响，只是不同的组分对系统稳定性和功能正常发挥的影响程度不同。城市湿地生态系统的完整性是物理、化学和生物完整性的综合（刘永和郭怀成 2008）。科学地理解其整体性和层次性有助于有效地管理城市湿地生态系统，特别需要将生态系统和社会经济系统作为一个系统，完整地对其内部的关系进行分析，以实现社会-经济-生态复合生态系统健康和完整的管理目标。

（4）生态系统演替。同其他生态系统一样，城市湿地生态系统也持续地发生着生态演替，即城市湿地生态系统的结构、功能及其状态和过程都是动态变化的，这是生态系统所固有的属性之一。然而，不同的是，城市湿地生态系统演替的驱动力可能更多地来自于强烈的人类活动。因此，在进行城市湿地生态系统管理时，需要深入了解其内部的关键生态过程，以及驱动演替的关键因子，特别是人类活动导致的干扰作用，阐明城市湿地生态系统对这些干扰做出的响应机制。

（5）生态系统稳定性。城市湿地生态系统的稳定性是指在一定程度的干扰作用下，生态系统具有保持原来状态的倾向。稳定性与复杂性具有很强的相关性，一般来讲，复杂性越高的生态系统抵抗力就越强、稳定性越高。然而，当系统受到强烈的干扰作用时，系统越复杂，可恢复力就越弱；干扰移除后，系统恢复到原来状态所需的时间就越长。同样，对于人类辅助的恢复措施下（详见第十章“城市湿地生态系统修复”），复杂性越高的生态系统对技术和资金的要求就更高。因此，在制定详细的管理措施前，需要充分了解目标城市湿地生态系统维持稳定状态的程度和能力。

（6）生态系统多样性。城市湿地生态系统虽然具有很多共性，但是由于城市所处的地理位置、气候带、地形、水文因子，以及城市发展水平等多种因子的影响，城市湿地生态系统具有很高的多样性（详见第一章“城市湿地的类型与分布”）。不同的城市湿地生态系统的管理目标和措施不尽相同，应根据各自的具体特点做出相应的分析。此外，生态系统多样性也包括城市湿地生态系统的生物多样性。保护和维持城市湿地生态系统的多样性有助于提高其稳定性与抵抗外界干扰的能力，如当前城市湿地生态系统遭受着强烈的生物入侵。

（7）生态系统的等级与层次。城市湿地复合生态系统的生态系统和社会经济系统均具有典型的等级和层次性。城市湿地生态系统的层次性包括个体、种群和群落等，或者生产者、消费者和分解者等。社会经济系统则包括人口和城市化、产业结构、土地和资源、文化等方面。在进行城市湿地生态系统管理时，需要根据等级和层次细化系统内部结构和过程，对每个组分进行单独分析，并兼顾其相互关系。

2.4.2　经济学原理

（1）可持续性。经济学中可持续性主要指人类生产和自然资源之间取得相对平衡。为使得城市的社会经济系统稳步健康、可持续地发展，保持城市湿地生态系统的可持续性就显得尤为重要，其关键在于对城市湿地生态系统加以保护和管理。特别是当前城市化快速发展，健康、可持续的城市湿地生态系统资源的稀缺性已越来越明显，城市湿地生态系统对社会经济系统可持续性的影响也越来越大。

（2）资源资本化。生态系统服务间接影响人类的经济生活，其经济价值不能通过商业市场反映出来，因此常常被人们所忽视，从而导致人类在对城市湿地资源的开发利用过程中存在着短期行为，对城市湿地生态系统造成了严重破坏，最终对其服务功能造成损害。生态系统服务作为自然资源价值来评估，并将其资本化/货币化，已成为当前生态系统管理的有效方法（详见第六章“城市湿地生态系统服务”），该方法在发展初期就已被应用在湿地生态系统中（Costanza et al. 1989），同时这也代表着一种新的资源观。

（3）内部化理论。人类正常经济行为所导致的人类干扰和环境破坏对社会经济造成负面影响，且没有承担相应的义务或获得回报，即湿地资源开发/利用者将干扰和环境破坏造成的成本转嫁给整个社会，这就是资源经济学的外部性理论。目前，生态补偿已作为一种有效地使外部成本内部化的环境经济手段。

2.5　城市湿地生态系统的管理程序

Stanford 和 Poole（1996）及 Brussard 等（1998）将生态系统管理的过程归纳成 7 个步骤：①描述目标生态系统，确定边界和尺度，筛选重点管理对象；②提出可持续管理目标；③了解生态系统的结构、组成和过程；④收集社会经济资料；⑤利用生态与社会经济数据制定管理方案；⑥执行方案；⑦通过监测与评价适时调整管理方案（图 11-1）（田慧颖等 2006）。

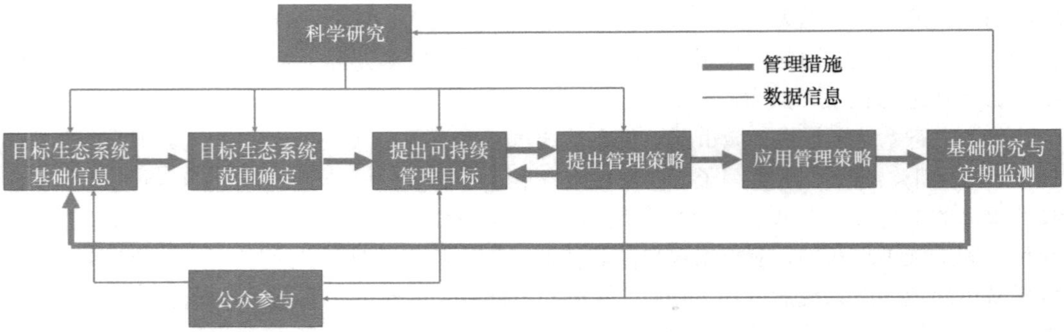

图 11-1　生态系统管理的基本流程图（改自 Stanford & Poole 1996）

2.5.1　管理范围的确定

首先应明确城市湿地生态系统的管理范围，确定管理边界和尺度，以及管理对象和人群，识别主要的利益相关者及其与城市湿地生态系统的关系。

2.5.2　背景资料收集与分析

收集确定范围的城市湿地生态系统内所有的生态系统、社会经济系统的基础数据，包括城市湿地的气候与地质状况、土壤理化性质、水体理化性质、水文状况、陆地与水生生物群落多样性与结构、空气质量状况、人类活动范围和强度、社会经济发展规模与速度等。明确社会-经济-生态复合生态系统的各个组分间的相互关系，以水资源和水生生态系统为核心（刘永等 2007），识别对城市湿地生态系统健康有重要影响的因素，包括维持和威胁其健康的关键因子及其状况，并用数学模型量化这些因子对城市湿地系统健康和社会经济发展的关系。

2.5.3　管理目标的确定

基本遵循以下目标：①维持城市湿地生态系统的完整性和可持续性；②维持城市湿地生态系统服务的完整性；③维持城市社会经济系统的可持续性；④外部影响的最小化。

2.5.4　生态系统分析与评价

利用系统动力学方法和生态经济模型，预测社会经济系统变化对城市湿地生态系统的影响，在此基础上，结合城市湿地生态系统管理的范围和目标，综合开展生态系统健康评价、生态系统完整性评价、生态系统服务评估及生态承载力评估。通过生态系统结构分析、过程分析、生态系统服务与价值评估，得出生态系统的现状、演化趋势及其价值，从而决定是对其进行保育、修复还是重建（王伟和陆健健 2005）。

2.5.5　适应性管理

适应性管理包括两方面：一是适应性管理措施应针对当地生态系统的特征制定适应于该生态系统的具体管理措施；二是基于学习决策的一种生态系统管理框架（Williams 2011；徐广才等 2013）。通过实施可操作性的生态系统管理计划，并实时监测、评估所实施的管理计划，检验适应性管理的成效，进而不断改进管理政策，推进管理实践的系统化过程，减少管理过程中的不确定性并及时纠正管理中的错误。

适应性管理的过程为：生态系统和可持续资源综合管理问题的确定、概念模型的建立、生物和环境指标的监测和反馈，依据科学和生态监测及反馈的信息对目标和措施作适应性的改变（汪思龙和赵士洞 2004；刘秦勤 2012）。适应性管理主要内容包括：①威胁城市湿地生态系统健康的关键因子控制，如环境污染、人类活动（干扰）强度、外来生物入侵及全球气候变化等；②利用生态工程的技术和方法修复并恢复受损城市湿地生态系统；③复合生态系统结构优化配置，根据管理目标和承载力的范围，优化调整社会经济发展、水资源、土地资源及其他公共资源的配置；④制定相应的政策与法规，在目标管理范围内从行政和司法的角度管理人类的环境行为；⑤建立城市湿地生态系统健康管理预警体系，以防止突发环境事件（如城市湿地水系上游或周边环境污染物泄漏、城市污水管道破裂等）及极端自然灾害（如台风、强暴雨等）对城市湿地生态系统的影响；⑥根据采样系统模拟、线性规划和非线性规划、投入产出模型等方法，通过确定目标城市湿地生态系统的目标函数（如提供的生态系统服务最大化）、约束函数（如目标城市湿地生态系统的特征值），引入风险函数、风险水平，构建出城市湿地生态系统管理的优化模型，综合评价筛选最优的管理策略（刘永等 2007）。

适应性管理只能依赖于我们对于生态系统临时的和不完整的理解来进行，允许管理者对不确定性过程的管理保持灵活性和适应性（Christensen et al. 1996）。这些不确定性包括生态系统会对各种管理措施不断表现出正向或负向的响应，利用连续监测数据评估前一管理措施的实施效果，进而调整下一步管理措施以实现预期的管理目标。适应性管理计划的提出必须经过广泛的民主讨论和科学分析，以增加政策制定者、经营管理者和公众对因不确定性而可能引起的诸多问题的了解，还要通过对公众的宣传教育，使他们理解和参与适应性管理行动（于贵瑞 2001）。

2.5.6 城市湿地生态系统管理的不确定性分析

城市湿地生态系统管理的不确定性来自多方面，主要包括生态系统管理目标的不确定性、生态系统的复杂性及其组分间的非线性关系导致的生态系统状态的不确定性、管理决策的不确定性、生态系统对管理措施响应的不确定性、生态系统对环境变化响应的不确定性、生态系统监测与评价的不确定性、管理部门政策和立法的不确定性及生态系统管理执行中的不确定性等（赵士洞和汪业勖 1997；杨荣金等 2004）。

第三节 生态红线——城市湿地生态系统管理的有效保障

3.1 生态红线及其重要性

红线最初指规划部门批给建设单位的占地面积，一般用红笔圈在图纸上，具有法律效力。后来红线被广泛用于住房和城乡建设部（住建部）的建筑红线、道路红线，国土资源部的 18 亿亩耕地红线，水利部的水资源控制红线，以及国家林业局的林地红线等。红线通常具有约束性含义，表示各种用地的边界线、控制线或具有低限含义的数字。生态红线就是基于生态环境保护的生态用地范围，是指对维护国家和区域生态安全与社会经济可持续发展具有重要战略意义、必须实行严格保护的国土空间，是一种“底线”思维。

2011 年，《国务院关于加强环境保护重点工作的意见》（国发〔2011〕35 号）和《国家环境保护“十二五”规划的通知》（国发〔2011〕42 号）提出“国家编制环境功能区划，在重要生态功能区、陆地和海洋生态环境敏感区、脆弱区等区域划定生态红线，对各类主体功能区分别制定相应的环境标准和环境政策”。“划定生态保护红线”就是要在法律和政策的层面上给必须要实施保护的生态系统划定不得逾越的界线，从而确实有效地保护此界线内的生态功能，包括生态系统服务（ecosystem services）及其所依赖的生态系统过程或功能（ecosystem process or function）和生态系统格局或结构（ecosystem pattern or structure），维护国家和区域生态安全及经济社会可持续发展，在提升生态功能、保障生态产品与服务持续供给时必须严格保护的最小空间范围（郑华和欧阳志云 2014）。生态保护红线也就是“生态功能基线”，若非如此划定，生态系统的生态功能就不能得到切实有效的保护。从政治层面看，划定生态保护红线十分重要。“生态文明建设”已被写入党的十八大报告，载入党章。“划定生态保护红线”是加快生态文明制度建设的重要任务，已被列入党的十八届三中全会决定。从科学层面讲，划定生态保护红线十分重要，其重要性体现在实施生态保护中的基础性作用。不划定生态保护红线，生态保护就没有确切的对象，就会流于空想，纸上谈兵，不能落地。同时，不划定生态保护红线，合理利用与经济和社会发展也就没有界线。其结果是既不能有效地保护好必须保护的，也不能合理地利用好可以利用的；既不能改善好生态环境，也不能发展好经济社会。

可见，划定生态保护红线既是生态文明建设所必需的，也是“将生态文明建设融入经济建设、政治建设、文化建设和社会建设各方面和全过程”所必需的。科学划定生态保护红线区域，构建与优化城市生态安全格局，对于有效加强生态环境保护与监管、保障生态安全、维护城市生态安全、保障人民生产生活条件、促进经济社会的全面协调与可持续发展、增强城市可持续发展能力具有重大现实意义和深远历史影响。

3.2　划定生态保护红线应遵循的原则

3.2.1　确保底线原则

生态保护红线划定要确保时间上和空间上的生态功能基线。从生态学原理来看，生态保护红线在时间上是无期限的、永久的，除非人类不可抗拒的原因，不得终止或中断。在空间上要根据生态学原理，运用先进的生态科技，设计严格的法规程序，确定需要保护的生态功能及其所依赖的生态系统，确定对其实施有效保护所需要的最小空间范围，以此最小空间范围作为划定生态保护红线的空间底（基）线，加以立法确保。

3.2.2　因地制宜原则

现实中，生态系统类型常常是多样的，如在杭州市有森林、湖泊、河流、湿地、农田等不同类型的生态系统。同时，比对国家层面的重要生态功能类型（涵养水源、保持水土、防风固沙、调蓄洪水、保护生物多样性等），这些不同类型的生态系统常常具有不同和/或多样的重要生态功能。从生态学原理上讲，有效地保护这些不同的生态功能及其所依赖的不同类型生态系统所需要的最小范围（即生态功能基线）是不一样的。因此，在划定生态保护红线时要确保底线，就必须因地制宜：首先确定需要保护的具体的生态功能及其所依赖的具体的生态系统，然后有针对性地选择划定生态保护红线。

3.2.3　统筹兼顾原则

划定生态保护红线的首要目标是保护生态功能及其所依赖的生态系统。同时，这对于把红线之外的其他范围合理地用于经济和社会发展也是必不可少的。再者，一级行政区划内常有下辖行政区划，也有政府及其不同管辖部门的各类区（规）划。生态保护红线具有比其他已有区（规）划更高的法律地位。因此，作为生态保护红线划定主体的一级地方政府要统筹兼顾，这样就能够在确保生态保护红线科学性的前提下，从一开始就与各类已有区（规）划及其已实现边界进行必要的协调，科学合理地确定生态保护红线内的面积规模和格局。

3.2.4　可操作性原则

在国家、省、市级层面进行顶层设计，自上而下地进行生态保护红线的理论划分。在此基础上，自下而上地结合地方层面实际确定红线标准，进而确定边界，确保生态保护红线的理论划分接地气，确保生态保护红线的划定落实处。

3.3　城市湿地生态红线的划定和管理

在我国已有的生态环境规划研究中，初步体现了生态保护红线区的思想，如我国的珠江三角洲保护规划纲要编制，规划提出了红线调控、绿线提升、蓝线建设三大战略任务（刘茜等2004）。杨春侠和卢济威（2008）提出优化组织滨水地区蓝线、绿线、红线。2005年深圳市在生态环境保护规划中，率先在全国划定基本生态控制线，对控制线范围内的土地进行强制性保护（深圳市规划局 2007）。然而国内对生态红线区的研究较少，龙熊（2009）对深圳龙岗区基本生态控制线进行了动态监测及优化利用研究；符娜和李晓兵（2007）、符娜（2008）就土地利用规划的生态红线区划分方法进行了研究，提出生态红线区是指生态系统比较脆弱或具有重要的生态功能，必须实施全面保护的区域；冯文利（2007）将区域生态红线区引入土地利用规划研究中，将生态红线区分为3个子类区；范学忠等（2008）对昆明市生态红线区非生态用地转变前后的生态效益进行了分析。

自从“生态红线”这一概念提出以来，各级政府部门和研究机构也开展了对各种生态红线的划定。例如，在国家层面上，由南京环境科学研究所、中国环境科学院、中国科学院相关科研院所和北京大学等组成的全国生态红线划定技术组完成了《生态红线划定技术指南》，明确提出了生态红线的划定范围、技术流程、落地原则及成果要求。国家海洋局印发《关于建立渤海海洋生态红线制度的若干意见》，在环渤海的辽宁、河北、天津、山东等四省（市）建立渤海海洋生态红线制度。2013 年 7 月，国家林业局启动了生态红线保护行动，划定林地和森林、湿地、荒漠植被、物种 4 条红线。《江苏省生态红线区域保护规划》于 2013 年 9 月 23 日正式印发，共划定 15 类生态红线区域，总面积为 24 103.49 km^2，成为第一个发布省级层面生态红线的地区。环境保护部南京环境科学研究所在 2014 年 9

月完成的《嘉兴市生态文明建设规划》中划定了嘉兴市域生态红线，提出构建健康稳定的生态安全体系。浙江省海洋水产养殖研究所于 2014 年 9 月完成的《温州市海洋生态红线制度试点研究》项目中提出温州市各类海洋生态红线区的划定方案、管控措施和要求。杭州也正在制定生态红线管理法律法规，从立法的角度把生态带保护起来。浙江省海洋与渔业局也成立了海洋生态红线制度编写小组，并赴山东省、河北省调研。然而这些已完成的生态红线划定，多是从环境保护和渔业生产的角度出发，很少从生态系统功能维持和保护方面来划定生态红线。此外，衢州、永嘉等地虽然提出严守生态红线，但并没有详细划定生态红线的范围和界线。

城市湿地生态红线是城市生态安全的底线，主要包括 3 个部分：生物多样性保护红线、重要生态功能区保护红线、保障人居环境生态安全红线。生物多样性保护红线是城市生物多样性保护的红线，是为保护特定物种提供的最小生存面积。红线就是底线，如果再开发就会危及种群安全，非常紧迫。重要生态功能区的保护红线指的是城市湿地的水源涵养区，用于保持水土、防风固沙、调蓄洪水等，城市发展需要安全健康的水源。这是一条经济社会的生态保护安全线，也是国家生态安全的底线，能够从根本上解决经济发展过程中资源开发与生态保护之间的矛盾。保障人居环境生态安全红线是指保护生态屏障，为人居环境提供生态安全的保障。城市湿地生态脆弱区或敏感区保护红线，即重大生态屏障红线，可以为城市、城市群提供生态屏障。建立这条红线，可以减轻外界对城市生态的影响和风险，如广东韶关便是珠江三角洲城市群的重要生态屏障。城市湿地生态红线划定范围不宜过大，否则会对地方经济发展产生较大影响；但同时，红线区域也不能太小，太小就无法实现切实保护生态环境的意义。

城市湿地生态红线确定后，需要结合城市湿地生态系统管理和适应性理论，规范红线区的人类活动，确定活动的类型和强度，进行城市湿地生态红线管理（林勇等 2016）。城市湿地生态红线的管理要求是与城市生态系统管理相接轨的必然需求。生态红线区域可实行分级管理：一级管控区是生态红线保护的核心，实行最严格的管理措施和制度，禁止任何形式的开发活动；二级管控区主要以生态保护为重点，实行差别化的管控措施，严禁有损主导生态功能的开发建设活动（李建龙等 2015）。这是由生态红线划定过程本身所决定的（吕红迪等 2014）。

同其他区域或生态系统的生态红线划定一样，城市湿地的生态红线也存在着一些问题。

（1）目前城市湿地生态红线的概念界定还比较模糊。作为新生事物，生态红线划分技术方法还不成熟，未进一步细分生态红线的划分体系（郑华和欧阳志云 2014）。未来急需进一步讨论、明确生态红线的概念和内涵，完善和规范生态红线划分技术支撑体系，在生态红线划分关键问题上摸索出一套程序和方法，形成一套相对完善、具有可操作性的技术规范，制定统一的导则，继而在全国范围内推广。

（2）范围的界定。要充分考虑城市湿地的自然地理要素，如村、镇、县等行政界线等，所以实施起来难度较大。生态红线的划定涉及多个层次和多个方面，受多因素的制约。因此，科学划定生态红线首先在策略上应考虑顶层设计与分级对接。

（3）红线管理立法。城市湿地生态红线划定后，应根据生态红线的内涵和定位，以现有的生态环境保护法律法规体系为基础，深入研究现有法律法规的缺失，逐步建立完善红线管理法律法规体系，切实有效地保护生态红线管理，明确生态红线管理的主体、作用对象及违反生态红线管理规定的相应惩罚机制，生态红线管理要与政府考核制度、环境影响评价制度结合起来。

第四节　案 例 分 析

西溪国家湿地公园是目前国内唯一一个集城市湿地、文化湿地、农耕湿地为一体的湿地景观，位于杭州西部，面积约为 10.08 km^2（30°3′35″～30°21′28″N，120°0′26″～120°9′27″E）。该区属于亚热带季风气候，季节交替规律明显，夏季多偏南风，冬季多偏北风。年平均气温为 16.2℃，年平均降水量为 1400 mm。杭州西溪湿地有着 1000 多年的历史，受千年人类鱼耕经济作用影响，西溪湿地逐渐演变成次生湿地。由于区域降水丰富，加上地势低平、地表径流不畅，因此形成特殊的湿地景观——网状河流和“鱼鳞状”水塘镶嵌而生（李玉凤等 2010）。西溪湿地在改善杭州生态环境质量及提升杭州宜居城市内涵方面具有重要作用，自 2003 年 8 月开始，坚持“全面保护、生态优先、突出重点、合理利用、持续发展”的方针，杭州市政府实施西溪湿地综合保护工程（谢长永等 2012），西溪湿地于 2005 年被国家林业局批准建设成第一个国家湿地公园，2009 年西溪国家湿地公园被《湿地公约》列入国际重要湿地名录，成为我国第一个以湿地公园名义入选国际重要湿地名录的湿地。目前西溪湿地已成为国内城市湿地保护与合理利用的典范。

和其他城市湿地一样，西溪湿地在未建立国家湿地公园前，也遭受着水质的污染、农业用地的非法侵占、生物多样性的大幅度下降等严峻威胁，湿地内在的能量流及物质流交换已趋微弱（陈久和 2003；高乙梁 2006）。

2001 年 11 月，杭州市政府论证并通过了《杭州城市西部地区保护与发展规划纲要》，制定了《杭州西溪湿地保护区总体规划》《杭州西溪国家湿地公园总体规划》《西溪湿地综合保护工程一期工程详细规划》《西溪湿地综合保护工程环境影响评价》等 7 项规划，以及《西溪国家湿地公园生态修复保护规划》《西溪国家湿地公园生态科研教育基地实施方案》等共 20 余项规划设计方案（高乙梁 2006）。自此西溪湿地开始建立“西溪湿地文化生态旅游区”，并经历了西溪湿地综合保护一期、二期、三期工程，在湿地内部分为湿地生态保护保育区、湿地自然景观封育区、湿地文化游览区、民俗文化游览区等功能分区，在保护湿地功能的同时，也充分实现了湿地的美学和旅游价值。

在西溪湿地生态系统管理方面，除了前文提及的功能分区规划外，首先利用市政工程措施，解除湿地生态系统受到的威胁，开展了如改变传统生产生活方式、开展生态移民、减少面源污染、排污截流、雨污分流等工作；利用生态工程等措施，如采用传统的原生态驳坎方式，进行淤泥护坡、插柳固堤、捻泥清淤，对塘堤及大树根基进行加固保护；整理圩塌塘堤，尝试营造大水面、浅滩、沼泽和水草地等多种生态景观格局；优化植被配置，利用西溪湿地本地植物，修复湿地生态景观，恢复湿地生态功能；保护湿地生态文化，挖掘传统文化遗存（高乙梁 2006）。此外，西溪湿地在管理过程中，坚守生态保护红线，坚持不在湿地红线内开展工业、农业和房地产项目的开发。

在湿地的管理体制上，由于当时国内尚没有专门针对国家湿地公园保护管理的法律法规，杭州市人民代表大会常务委员会从西溪湿地保护管理工作实际需要出发，建立西溪湿地综合保护工程领导小组和市区两级指挥部，实现对西溪湿地的保护和管理，组建由市各有关职能部门和西湖区组成的西溪湿地公园管委会，制定《杭州西溪国家湿地公园管委会工作方案》，组建湿地公园经营公司，建立由湿地生态、动植物、水文地理、历史文化、生态设计、环境保护、园林规划、风景旅游等方面专家组成的西溪湿地专家组（高乙梁 2006）。2011年制定了《杭州西溪国家湿地公园保护管理条例》，从而达到永续保护湿地生态系统、合理利用湿地生态资源和人文历史风貌的目的。这是全国首部有关国家湿地公园保护和管理工作的地方性法规（刘想 2013）。2015年，杭州市委市政府制定了《“美丽杭州”建设三年行动计划（2013—2015 年）》，在生态保育修复行动中提出继续开展湿地保护区建设，恢复湿地系统生物多样性，增强湿地固碳能力。此外，在西溪湿地的建设过程中，一直重视公众参与，将西溪湿地作为湿地知识普及和生态文明教育场所。

通过湿地公园建设，湿地生态系统得以修复，生物多样性逐步增加，同时西溪的湿地文脉也得以延续，实现了社会经济发展与生态系统保护的双赢，在生态效益、社会效益和经济效益之间达到平衡（李朝秀 2008）。西溪湿地管理的成功也为全国乃至全世界城市湿地生态系统保护与管理提供了科学、有效的模式。

第五节　总结与展望

城市湿地的重要性已经得到学术界和政府的重视，城市湿地生态系统管理也已成为城市管理的一个重要议题。在目前城市湿地生态系统退化严重、生物多样性急剧降低的背景下，加上城市化和工业化的影响，开展城市湿地生态系统管理的相关研究也显得尤为重要。基于城市湿地生态系统的特点分析，结合生态系统管理的研究进展，本章概述了城市湿地生态系统管理的原则、目标和理论基础，以及制定城市湿地生态系统管理的程序步骤，并以典型的城市湿地——西溪国家湿地公园为例，分析了城市湿地生态系统管理的有效途径，并指出城市湿地生态系统管理的有效途径是在科学研究基础上遵循客观规律的积极正面干预，包括生态修复、恢复与重建。被动的“保护”不足以减轻人类活动对湿地直接或间接的负面影响，在掌握湿地生态系统健康的状况下，采取积极的正面干预是高强度开发背景下湿地生态系统管理的有效途径。

参考文献

曹新向，翟秋敏，郭志永. 2005. 城市湿地生态系统服务功能及其保护. 水土保持研究, 12(1): 145-148.

潮洛蒙，李小凌，俞孔坚. 2003. 城市湿地的生态功能. 城市问题, 3: 9-12.

潮洛蒙，俞孔坚. 2003. 城市湿地的合理开发与利用对策. 规划师, 19(7): 75-77.

陈久和. 2003. 城市边缘湿地生态环境脆弱性研究——以杭州西溪湿地为例. 科技通报, 19(5): 395-398, 402.

董鸣，王慧中，匡廷云，等. 2013. 杭州城西湿地保护与利用战略概要. 杭州师范大学学报(自然科学版), 12(5): 385-390.

范学忠，李玉辉，角媛梅. 2008. 对昆明市生态红线区非生态用地转变前后生态效益分析. 水土保持研究, 15(4): 179-183, 188.

冯文利. 2007. 生态安全条件下的土地利用规划研究——区域生态红线区的引入与土地资源管理. 北京: 北京师范大学博士研究生学位论文.

符娜. 2008. 土地利用规划的生态红线区划分方法研究——以云南省为例. 北京: 北京师范大学硕士研究生学位论文.
符娜, 李晓兵. 2007. 土地利用规划的生态红线区划分方法研究初探. 南京: 中国地理学会2007年学术年会论文摘要集.
傅伯杰, 于秀波. 2010. 基于观测与试验的生态系统优化管理. 北京: 高等教育出版社.
高乙梁. 2006. 西溪国家湿地公园模式的实践与探索. 湿地科学与管理, 2(1): 55-59.
李朝秀. 2008. 湿地保护和利用的典范——“西溪模式”. 浙江林业, (8): 12-13.
李春晖, 郑小康, 牛少凤, 等. 2009. 城市湿地保护与修复研究进展. 地理科学进展, 28(2): 271-279.
李建龙, 刚成诚, 李辉, 等. 2015. 城市生态红线划分的原理、方法及指标体系构建——以苏州市吴中区为例. 天津农业科学, 21(2): 57-67.
李文华. 2013. 中国当代生态学研究. 北京: 科学出版社.
李玉凤, 刘红玉, 曹晓, 等. 2010. 城市湿地公园景观健康空间差异研究——以杭州西溪湿地公园为例. 地理学报, 65(11): 1429-1437.
林勇, 樊景凤, 温泉, 等. 2016. 生态红线划分的理论和技术. 生态学报, 36(5): 1244-1252.
刘家宏, 王浩, 高学睿, 等. 2014. 城市水文学研究综述. 科学通报, 59(36): 3581-3590.
刘茜, 洪爽, 钟奇振. 2014-9-7. 红线调控, 绿线提升, 蓝线建设, 生态城市群呼之欲出. 南方日报, 第C02版.
刘秦勤. 2012. 景观生态学的过去、现在和未来//韩兴国, 伍业钢. 生态学未来之展望. 北京: 高等教育出版社: 120-132.
刘想. 2013. 杭州西溪国家湿地公园“依法立园、依法护园”的实践探索. 湿地科学与管理, 9(2): 52-54.
刘永, 郭怀成. 2008. 湖泊-流域生态系统管理研究. 北京: 科学出版社.
刘永, 郭怀成, 黄凯, 等. 2007. 湖泊-流域生态系统管理的内容与方法. 生态学报, 27(12): 5352-5360.
龙熊. 2009. 深圳龙岗区基本生态控制线进行动态监测及优化利用研究. 长沙: 中南大学硕士研究生学位论文.
陆健健, 何文珊, 童春富, 等. 2006. 湿地生态学. 北京: 高等教育出版社.
吕红迪, 万军, 王成新, 等. 2014. 城市生态红线体系构建及其与管理制度衔接的研究. 环境科学与管理, 39(1): 5-11.
吕宪国. 2004. 湿地生态系统保护与管理. 北京: 化学工业出版社.
宁中华, 龙爽, 袁媛, 等. 2015. 城市湿地与城市生态安全关系初探. 东北师大学报(自然科学版), 47(1): 158-162.
牛少凤, 李春晖, 郑珍芝, 等. 2008. 城市湿地保护研究进展. 2008中国环境科学学会学术年会优秀论文集(中卷). 北京: 中国环境科学出版社: 1139-1147.
彭涛, 柳新伟. 2010. 城市化对河流系统影响的研究进展. 中国农学通报, 26(17): 370-373.
深圳市规划局. 2007. 深圳: 坚守基本生态控制线. 城乡建设, (7): 13.
沈清基. 2011. 城市生态环境: 原理、方法与优化. 北京: 中国建筑工业出版社.
沈韫芬, 蔡庆华. 2003. 淡水生态系统中的复杂性问题. 中国科学院研究生院学报, 20(2): 132-138.
宋永昌. 2001. 城市生态学. 上海: 华东师范大学出版社.
田慧颖, 陈利顶, 吕一河, 等. 2006. 生态系统管理的多目标体系和方法. 生态学杂志, 25(9): 1147-1152.
田琳琳, 庄舜尧, 杨浩. 2012. 城市湿地生态系统的结构特征及现存问题. 资源开发与市场, 28(2): 148-150, 174.
汪思龙, 赵士洞. 2004. 生态系统途径——生态系统管理的一种新理念. 应用生态学报, 15(12): 2364-2368.

王建华, 吕宪国. 2007. 城市湿地概念和功能及中国城市湿地保护. 生态学杂志, 26(4): 555-560.
王伟, 陆健健. 2005. 生态系统服务与生态系统管理研究. 生态经济, (9): 35-37.
邬建国. 2012. 景观生态学的过去、现在和未来//韩兴国, 伍业钢. 生态学未来之展望. 北京: 高等教育出版社: 15-25.
谢长永, 徐同凯, 钱爱爱, 等. 2012. 杭州西溪湿地生态系统不同群落营养元素的积累及分配特征. 科技通报, 28(11): 220-227.
徐广才, 康慕谊, 史亚军. 2013. 自然资源适应性管理研究综述. 自然资源学报, 28(10): 1797-1807.
杨春侠, 卢济威. 2008. 充分利用生态资源, 优化组织滨水地区蓝、绿、红线. 城市规划学刊, (5): 102-105.
杨荣金, 傅伯杰, 刘国华, 等. 2004. 生态系统可持续管理的原理和方法. 生态学杂志, 23(3): 103-108.
于贵瑞. 2001. 生态系统管理学的概念框架及其生态学基础. 应用生态学报, 12(5): 787-794.
于敬磊, 鞠美庭, 邵超峰. 2007. 城市湿地管理与恢复. 湿地科学与管理, 3(1): 36-39.
张琼, 宋垚彬, 蒋跃平, 等. 2014. 植物入侵对城市湿地生态系统中本地植物的影响. 杭州师范大学学报(自然科学版), 13(6): 628-633.
张颖, 刘方. 2009. 城市湿地在城市生态建设中的作用及其保护对策. 环境科学与管理, 34(1): 140-144.
赵士洞, 汪业勖. 1997. 生态系统管理的基本问题. 生态学杂志, 16(4): 35-38, 46.
赵云龙, 唐海萍, 陈海, 等. 2004. 生态系统管理的内涵与应用. 地理与地理信息科学, 20(6): 94-98.
郑华, 欧阳志云. 2014. 生态红线的实践与思考. 中国科学院院刊, 29(4): 457-461.
周杨明, 于秀波, 于贵瑞. 2007. 自然资源和生态系统管理的生态系统方法: 概念, 原则与应用. 地球科学进展, 22(2): 172-178.
Bayley S E, Mewhort R L. 2004. Plant community structure and functional differences between marshes and fens in the southern boreal region of Alberta, Canada. Wetlands, 24(2): 277-294.
Boyce M, Haney A. 1997. Ecosystem Management: Applications for Sustainable Forest and Wildlife Management. New Haven: Yale University Press.
Brussard P F, Reed J M, Tracy C R. 1998. Ecosystem management: what is it really? Landscape Urban Plan, 40(1-3): 9-20.
Christensen N L, Bartuska A M, Brown J H, et al. 1996. The report of the Ecological Society of America Committee on the scientific basis for ecosystem management. Ecol Appl, 6(3): 665-691.
Costanza R, Farber S C, Maxwell J. 1989. Valuation and management of wetland ecosystems. Ecol Econ, 1: 335-361.
Ehrenfeld J G. 2004. Exotic invasive species in urban wetlands: environmental correlates and implications for wetland management. J Appl Ecol, 45(4): 1160-1169.
Mackintosh T, Davis J. 2013. The importance of urban wetlands. *In*: Paul S. Workbook for Managing Urbanized Wetlands in Australia. Sydney: Sydney Olympic Park Authority: 2-17.
Stanford J A, Poole G C. 1996. A protocol for ecosystem management. Ecol Appl, 6: 741-744.
Williams B K. 2011. Adaptive management of natural resources—Framework and issues. J Environ Manage, 92(5): 1346-1353.
Yam R, Huang K P, Hsieh H L, et al. 2015. An ecosystem-service approach to evaluate the role of non-native species in urbanized wetlands. Int J Environ Rese Public Health, 12: 3926.
Zedler J B, Kercher S. 2004. Causes and consequences of invasive plants in wetlands: opportunities, opportunists, and outcomes. Crit Rev Plant Sci, 23(5): 431-452.

《生态学研究》丛书已出版图书目录

书名	主要作者	书号	定价
西南民族生态绘画：民族视角中的生态文化和生态文明	许建初　杨建昆	978-7-03-042967-4	98
大亚湾生态环境与生物资源	王友邵	978-7-03-039968-7	210
黄土高原草原生态系统研究——云雾山国家级自然保护区	程积民	978-7-03-040624-8	198
深入理解生态学：理论的本质与自然的理论（译）（第二版）	赵设　何春光　盛连喜 等	978-7-03-040136-6	88
计量海洋生态学——理论、方法与实践	王友邵	978-7-03-038372-3	118
广西湿地与湿地生物多样性	梁士楚	978-7-03-040908-9	168
泉州湾河口湿地红树林生态恢复造林技术	吴沿友　周贵尧　于睿 等	978-7-03-045778-3	98
广西北部湾典型海洋生态系统——现状与挑战	范航清　黎广钊　周浩郎 等	978-7-03-043618-4	98
分布式栅格流域环境系统模拟模型及应用	李勇	978-7-03-049714-7	80